建筑安装工程识图与施工

主　编　何　佳　孙　虎　雷俊花
副主编　辛　萌　聂　瑞　杜祝遥
　　　　陈　蓉　姚　晓　杨　益

北京理工大学出版社
BEIJING INSTITUTE OF TECHNOLOGY PRESS

内容提要

本书共分为上、中、下三篇，共包括 12 个任务，主要介绍了给水排水常用材料、附件及设备，建筑给水排水系统，建筑消防系统，建筑热水、直饮水及中水系统，建筑给水排水工程识图，建筑采暖与燃气系统，建筑通风空调系统，建筑通风空调工程识图，建筑变配电系统，建筑照明与动力系统，建筑防雷接地系统，建筑弱电系统等内容。

本书可作为高等院校工程造价、建筑设备工程、建筑工程技术等相关专业的教材，也可作为相关企业工程技术人员的学习参考用书。

图书在版编目（CIP）数据

建筑安装工程识图与施工 / 何佳，孙虎，雷俊花主编 . -- 北京：北京理工大学出版社，2023.8

ISBN 978-7-5763-2837-0

Ⅰ . ①建… Ⅱ . ①何… ②孙… ③雷… Ⅲ . ①建筑安装—建筑制图—识图—高等学校—教材②建筑安装—工程施工—高等学校—教材 Ⅳ . ① TU204.21 ② TU758

中国国家版本馆 CIP 数据核字（2023）第 167526 号

责任编辑：江　立　　　　文案编辑：江　立
责任校对：周瑞红　　　　责任印制：王美丽

出版发行 / 北京理工大学出版社有限责任公司

社　　址 / 北京市丰台区四合庄路 6 号

邮　　编 / 100070

电　　话 /（010）68914026（教材售后服务热线）
　　　　　　（010）68944437（课件资源服务热线）

网　　址 / http：//www.bitpress.com.cn

版 印 次 / 2023 年 8 月第 1 版第 1 次印刷

印　　刷 / 河北鑫彩博图印刷有限公司

开　　本 / 787 mm×1092 mm　1/16

印　　张 / 16

字　　数 / 428 千字

定　　价 / 88.00 元

前　言

本书是根据全国高等院校土建学科高等教育教学的基本要求和人才培养目标，结合建筑工程实际情况对本课程的需求，参照国家颁布和施行的新规范、新标准来编写的，反映了近年来建筑设备技术的发展。

本书主要分为建筑给排水工程识图与施工、建筑暖通工程识图与施工、建筑电气工程识图与施工3篇共12个任务，系统地介绍了给水排水常用材料、附件及设备，建筑给水排水系统，建筑消防系统，建筑热水、直饮水及中水系统，建筑给水排水工程识图，建筑采暖与燃气系统，建筑通风空调系统，建筑通风空调工程识图，建筑变配电系统，建筑照明与动力系统，建筑防雷接地系统，建筑弱电系统等内容。通过学习，读者能够对现在建筑中所涉及的各种主要设备安装工程与识图有比较全面的了解。

本书由陕西国防工业职业技术学院何佳、孙虎、雷俊花担任主编，由陕西财经职业技术学院辛萌，陕西国防工业职业技术学院聂瑞、杜祝遥、陈蓉、姚晓，以及杨凌职业技术学院杨益担任副主编。其中，何佳编写任务6、任务7和任务8，孙虎编写任务3和任务4，雷俊花编写任务5和任务9，辛萌编写任务1和任务2，杨益编写任务12，杜祝遥编写任务11，姚晓编写任务10，聂瑞协助编写任务2和任务4，陈蓉协助编写任务5和任务8。

本书配套教学资源，读者可通过访问链接：https://pan.baidu.com/s/1Lu EtVhZOC23ZHj3iZQd56Q?pwd=69qy（提取码：69qy），或通过扫描右侧二维码进行下载。

本书在编写过程中参考了大量有关图书和资料，在此谨对相关作者表示衷心的感谢。

由于编者水平有限，时间仓促，书中难免存在不妥之处，敬请各位读者批评指正。

编　者

目 录

上篇 建筑给水排水工程识图与施工

中篇　建筑暖通工程识图与施工

下篇 建筑电气工程识图与施工

建筑给水排水工程识图与施工

任务1 给水排水常用材料、附件及设备

工作任务	给水排水常用材料、附件及设备
教学模式	任务驱动
任务介绍	建筑给水排水工程及采暖工程中，介质的输送主要靠管道、管件、管道附件以及一些设备和机具。本任务主要介绍建筑给水排水中常用的管材、管件、附件及设备等
学有所获	1. 掌握给水排水常用的管材和管件，以及连接方式。 2. 掌握常用的附件及设备。 3. 了解常用的机械和工具

任务导入

建材市场上的管材和管件种类较多，建筑给水排水工程中的管材及管件对系统的安装质量、稳定运行起着决定性作用。因此，管材和管件如何选用就变得很重要。

任务分解

建筑给水排水工程包括室内给水系统、室内排水系统、室外给水系统和室外排水系统。

任务实施

1.1 水暖常用管材及管件

1.1.1 常用管材

建筑常用的管材按材质可分为金属管材、非金属管材和复合管材三大类。

1. 金属管材

金属管材主要包括铸铁管和钢管，在要求较高的建筑中还可采用铜管和不锈钢管等。

（1）铸铁管。铸铁管是由铸铁浇铸成型的管材，按材质分为球墨铸铁管和普通灰口铸铁管。铸铁管具有耐腐蚀性能好、价格低、经久耐用的优点，适合埋地敷设；缺点是质脆、重量大、加工和安装难度比钢管大、不能承受较大的动荷载。球墨铸铁管具有铸铁管的耐腐蚀性、钢管的韧性和强度，耐冲击振动，管道壁薄等优点，多用于给水管道的埋地敷设。

铸铁管常用的连接形式有卡箍、承插和法兰接口等。铸铁管常用公称直径"DN"表示，如$DN\,100$表示该管的公称直径为$100\,mm$。一般情况下，公称直径既不等于管道的实际内径，也不等于管道的实际外径，而是为了使用方便规定的一种名义标准直径。公称直径相同的管材、管件或阀门有互换性，可以相互连接。

（2）钢管。钢管的机械强度高、承压能力大，抗震性能好，长度长、接头少，加工安装方便，管材的可焊性较好，方便制造各种管件，特别是能适应地形复杂及要求较高的管线使用，但造价较铸铁管高，耐腐蚀性差，易影响水质。钢管按其制造方法分为焊接钢管、无缝钢管两种。

1）焊接钢管。焊接钢管又称有缝钢管，是用钢板或钢带经过卷曲成型后焊接制成的钢管，普通焊接钢管可分为镀锌钢管和不镀锌钢管。钢管镀锌的目的是防锈、防腐、不使水质变坏、延长使用年限。

焊接钢管生产工艺相对简单，生产效率高，成本低，通常用于较小口径场合，适用于生活给水、消防、采暖系统等工作压力低和要求不高的管道系统中。其规格常用公称直径"DN"表示，如 DN 80 表示该管的公称直径为 80 mm。普通焊接钢管的规格见表 1.1。镀锌钢管有冷镀锌管和热镀锌管两种，热镀锌管因保护层致密均匀、附着力强、稳定性比较好，在工程中大量应用。

表 1.1　焊接钢管规格

公称直径		外径		普通钢管			加厚钢管		
				壁厚		理论质量 /(kg·m⁻¹)	壁厚		理论质量 /(kg·m⁻¹)
尺寸 /mm	in	尺寸 /mm	允许偏差	尺寸 /mm	允许偏差		尺寸 /mm	允许偏差	
6	1/8	10.0	±0.50 mm	2.00	+12% −15%	0.39	2.50	+12% −15%	0.46
8	1/4	13.5		2.25		0.62	2.75		0.73
10	3/8	17.0	±0.50 mm	2.25		0.32	2.75		0.97
15	1/2	21.3		2.75		1.26	3.25		1.45
20	3/4	26.8		2.75		1.63	3.50		2.01
25	1	33.5	±1%	3.25		2.42	4.0		2.91
32	12/4	42.3		3.25		3.13	4.25		3.78
40	12/2	48.0		3.50		3.84	4.50		4.58
50	3	60.0		3.50	+12% −15%	4.88	4.50	+12% −15%	6.16
65	4	75.5		3.75		6.64	4.50		7.88
80	5	88.5	±1%	4.00		8.34	4.75		9.81
100	6	124.0		4.00		10.85	5.00		13.44
125		140.0		4.00		13.42	5.50		18.24
150		165.0		4.50		17.81	5.50		21.63

焊接钢管常用的连接方式有焊接连接、螺纹连接、法兰连接和沟槽连接等，镀锌钢管应尽量避免焊接。

2）无缝钢管。无缝钢管采用普通碳素钢、优质碳素钢或低合金钢经热轧或冷轧制造而成，其外观特征是纵横向均无焊缝，无缝钢管承压能力较强，一般用于高温高压的管路系统中。采用低合金钢轧制而成的合金钢管用于各种加热炉工程、锅炉耐热管道及过热器管道等。其规格一般采用"外径 D×壁厚"表示，如 D108×4 表示该管的外径为 108 mm、壁厚为 4 mm。管道工作时，温度升高会降低材料的机械强度，管道及附件的最高工作压力随介质温度的升高而降低。因此，外径相同的管道，根据压力和温度不同采用不同壁厚。

无缝钢管通常采用螺纹连接、焊接连接或法兰连接等。

（3）其他金属管。其他常用的金属管材主要有铜管、铅管、铝管和钛管等。规格常用"外径ϕ×壁厚"表示，如 ϕ159×4 表示该管的外径为 159 mm、壁厚为 4 mm。

2. 非金属管材

非金属管材主要由耐火材料、隔热材料、耐腐蚀非金属材料、陶瓷材料、高分子材料（橡胶、塑料、合成纤维）等组成。非金属管材具有化学性能稳定、耐腐蚀、不燃烧、无不良气味、重量小、光滑易加工、强度低、不耐高温等特点，广泛应用于工程领域中。非金属管材有塑料管、钢筋混凝土管等。

（1）塑料管。塑料是现代经济发展应用实现减量化、再利用、资源化的重要材料之一，其加工成型的过程无污染排放、消耗低、效率高。绝大部分塑料使用后能够被回收再利用，是典型的资源节约型、环境友好型材料。目前，塑料管在民用建筑给水排水领域的应用越来越广泛。

塑料管的种类繁多，常用的有聚氯乙烯（PVC）管、聚乙烯（PE）管、聚丙烯（PP-R）管等。与金属管相比，塑料管具有耐腐蚀、防锈、内外壁光滑、流体阻力小、色彩柔和、造型美观、重量小、施工便捷、使用寿命长、造价低等特点。

1）PVC 管。PVC 管是由聚氯乙烯塑料通过一定工艺制成的管材。PVC 管材不导热、不导电、耐腐蚀、力学性能好、容易加工、使用寿命长，在工程中广泛使用在给水、排水、线缆保护中。其规格常用"外径 De×壁厚"表示，如 De50×2 表示该管的外径为 50 mm、壁厚为 2 mm。PVC 管的主要连接方法有承插式连接、螺纹连接、法兰连接等。

2）PE 管。PE 管是由乙烯经聚合制得的一种热塑性树脂管。PE 管具有无毒、不含重金属添加剂、不结垢、不滋生细菌、柔韧性好、抗冲击、强度高、耐强震、耐扭曲等优点。独特的电熔焊接和热熔对接技术使接口强度高于管材本体，保证了接口的安全可靠。PE 管分为高密度HDPE 型管、中密度 MDPE 型管和低密度 LDPE 型管。PE 管被广泛用作建筑给水排水用管、采暖用管、燃气用管、电气保护套管、工业用管、农业用管等。其规格常用"外径 De×壁厚"表示。PE 管的连接方式主要有电熔连接、热熔焊接连接和热熔承插连接等。

3）PP-R 管。PP-R 管是由丙烯经聚合制得的一种热塑性树脂管。PP-R 管具有卫生无毒、管壁光滑、不结垢、耐低温、耐高压、强度高、耐热等优点。PP-R 管被广泛应用于建筑物的冷热水系统、采暖系统、直饮水供水系统、中央空调系统等管道系统。其规格常用"外径 De×壁厚"表示。PP-R 管的连接方式主要有热熔连接、电熔连接和螺纹连接等。

塑料管材具有良好的耐热性、保温性、绿色环保、卫生无毒等优点，也具有抗气体渗透性差、低温脆性大、线膨胀系数大、长期受紫外线照射易老化分解等缺点。

（2）钢筋混凝土管。钢筋混凝土管有普通钢筋混凝土管（RCP）、自应力钢筋混凝土管（SPCP）、预应力钢筋混凝土管（PCP）和预应力钢筒钢筋混凝土管（PCCP）等。它们具有节省钢材，价格低，耐腐蚀性能好，承压高，较好的抗渗性、耐久性等特点，但因钢筋混凝土管的接口易渗漏，容易造成二次污染，部分地区限制其小管径的管道在排污工程中使用。

目前，钢筋混凝土管管径为 100～1 500 mm，预应力钢筋混凝土管最大管径可达 9 m，承压达 4.0 MPa。钢筋混凝土管的规格常用"D 内径×壁厚×管长"表示，如 D800×80×2 000 表示该管的内径为 800 mm、壁厚为 80 mm、长度为 2 000 mm。

钢筋混凝土管的接口形式有套环式、企口式、承插式等。

3. 复合管

复合管是金属与塑料混合型管材，它结合金属管材与塑料管材的优势，常见的有钢塑复合管、铝塑复合管和铜塑复合管等。

（1）钢塑复合管。钢塑复合管是以钢管或钢骨架为基体，与各种类型的塑料（如聚丙烯、聚乙烯、聚氯乙烯等)复合而成。按塑料与基体结合的工艺又可分为衬塑复合钢管和涂塑复合钢管两种。

1)衬塑复合钢管是由镀锌管内壁复衬一定厚度的塑料复合而成，因而同时具有钢管和塑料管的优越性，适用于建筑给水、生活饮用水、热水等系统中。涂塑复合钢管是以普通碳素钢管为基材，内涂或内外均涂塑料粉末，经加热熔融黏合形成。

2)钢塑复合管广泛应用于石油、天然气、给水管、排水管等各种领域，其连接方式主要有螺纹连接、沟槽式连接、法兰连接等。钢塑复合管规格表示由衬塑材料代号和公称直径组成，如 SP-C-(PEX)-DN100，表示公称直径为 100 mm，内衬交联聚乙烯钢塑复合管。

(2)铝塑复合管。铝塑复合管是中间以铝合金为骨架，内外壁均为聚乙烯，经胶合层黏结而成的管道，具有聚乙烯塑料管耐腐蚀性好和金属管耐高压的优点。铝塑复合管按聚乙烯材料不同分为适用于热水的交联聚乙烯铝塑复合管和适用于冷水的高密度聚乙烯铝塑复合管。铝塑复合管具有强度高、韧性好、耐冲击、热导率小、耐高温高压、安装方便、弯曲不反弹等优点，一般采用卡套连接，主要用于建筑内配水支管、热水器管、纯净水管、燃气管、压缩空气管等，价格较高。铝塑复合管的规格用内径、外径表示，如 P-1620，表示普通型铝塑复合管，内径为 16 mm，外径为 20 mm。

(3)铜塑复合管。铜塑复合管是一种新型管材，通常外层为热导率小的塑料、内层为稳定性极高的铜管复合而成，从而综合了塑料和铜管的优点，具有良好的保温性能以及耐腐蚀性能。其有配套的铜制管件，连接方便、快捷，但造价较高，主要用于高级宾馆热水供应系统。

1.1.2　常用管件

管件是管道系统中起连接、控制、变向、分流、密封、支撑等作用的零部件的统称，大多采用与管道相同的材料制成。

管件按用途分为用于连接的管件(法兰、活接、管箍、卡套等)、改变管道方向的管件(弯头、弯管等)、改变管道管径的管件(变径管、异径弯头等)、增加管路分支的管件(三通、四通等)、用于管路密封的管件(堵头、盲板等)和用于管路固定的管件(拖钩、支架、管卡等)。

管件按连接方法可分为承插式管件、螺纹管件、法兰管件和焊接管件等。

管件按材料可分为金属管件、非金属管件、复合管管件等。

部分常用管件如图 1.1 所示。

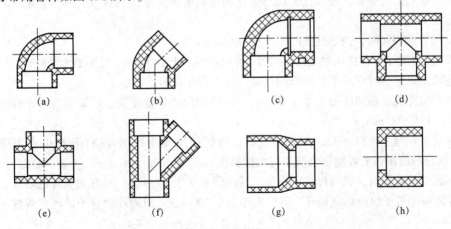

图 1.1　常用管件

(a)90°弯头；(b)45°弯头；(c)弯接头(90°弯头)；(d)弯接头(90°三通)；
(e)90°三通；(f)45°三通；(g)异径管(长型)；(h)异径管(短型)

1.1.3 管道的连接方式

管道连接是指按照图纸和有关规范的要求，将管子与管子或管子与管件、阀门等连接起来，使之形成一个严密的整体，以达到使用的目的。管道连接方式有很多种，常用的连接方式有螺纹连接、焊接连接、法兰连接、承插连接、热熔连接、电熔连接和沟槽连接等。

（1）螺纹连接。螺纹连接是通过管子上的内外螺纹将管子与带内外螺纹的管件、阀件和设备连接起来的方法，简称"丝接"，如图1.2所示。为了增加连接的严密性，在连接前应在带有外螺纹的管头或配件上按螺纹方向缠以适量的生料带，螺纹连接应留2～3牙螺尾。

管道螺纹的加工也称为套丝，分为手工套丝和机械套丝两种。手工套丝是使用管子铰板套出螺纹。套丝时，应选择与管子规格相应的板牙，在套丝过程中应向丝扣上加机油润滑，使丝扣和板牙保持润滑和冷却，保证螺纹表面粗糙度和防止烂牙。为了操作省力及防止板牙过度磨损，一般在加工公称直径为25 mm以下的螺纹时分1～2次套成；加工公称直径为32 mm以上的螺纹时应分2～3次套成。

机械套丝一般采用套丝机，有时也利用车床车制螺纹。使用套丝机时注意套丝机转速，宜低速工作，螺纹切削应分2～3次进行，不可一次套成，以免损坏板牙或产生烂牙。

（2）焊接连接。焊接连接是管道安装工程中最重要和应用最广泛的连接方式之一，如图1.3所示。其优点包括焊接牢固、强度大、安全可靠、经久耐用，接口严密性好，不需要接头配件，造价相对较低，维修费用低等。缺点包括接口固定，检修、更换管子不方便等。

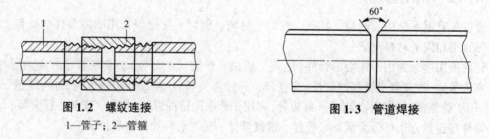

图1.2　螺纹连接　　　　　　　　　　　图1.3　管道焊接
1—管子；2—管箍

焊接工艺有气焊、手工电弧焊、手工氩弧焊、埋弧自动焊、钎焊等多种焊接方法。焊件经焊接后所形成的结合部分，即填充金属与熔化的母材凝固后形成的区域，称为焊缝。焊缝的位置应满足以下要求：

1）支线管段连接时，两环缝间距不小于100 mm。

2）焊缝距弯管（不包括压制或热推弯管）起弯点不小于100 mm，且不小于管外径。

3）卷管的纵向焊缝应置于易检修的位置，且不宜在底部。

4）环焊缝距支、吊架净距不小于50 mm，需热处理的焊缝距支、吊架不得小于焊缝宽度的5倍，且不小于100 mm。

5）在管道焊缝上不得开孔，如必须开孔，焊缝应经无损探伤合格（开孔中心周围不小于1.5倍开孔直径范围内的焊缝应全部进行无损探伤）。

6）钢板卷管对焊时，纵向焊缝应错开，其间距不小于100 mm。具有加固环的卷管，加固环的对接焊缝应与管子纵向焊缝错开，其间距不小于100 mm。加固环距管子的环向焊缝不应小于50 mm。

（3）法兰连接。法兰连接是指将垫片放入一对固定在两个管口上的法兰或一个管口法兰、一个带法兰的设备中间，用螺栓拉紧使其紧密结合起来的一种可以拆卸的接头，如图1.4所示。这种方法主要用于管子与管子、管子与带法兰的附件（如阀门）或设备的连接，以及管子需经常拆卸部件的连接。法兰连接是管道安装中常用的连接方式之一，其优点是结合强度大、结合面严密性好、易于加工、便于拆卸。法兰连接适用于明设和易于拆装的管沟、管井中，不宜用于埋地管道，以免腐蚀螺栓、拆卸困难。

法兰按其与管子的固定方式分为螺纹法兰、焊接法兰(平焊法兰和对焊法兰)、松套法兰等；按密封面形式可分为光滑式、凹凸式、榫槽式、透镜式和梯形槽式等。

法兰装配前，必须清除表面及密封面上的铁锈、油污等杂物，直至露出金属光泽，且要将法兰的密封线清除。法兰连接应保持平行，其偏差不应大于法兰外径的 1.5‰，且不大于 2 mm，不得用强紧螺栓的方法消除歪斜。法兰连接应保持同轴，其螺栓孔中心偏差一般不超过孔径的 5%，并保证螺栓能自由穿入。

法兰装配时，法兰面必须垂直于管中心，允许偏差斜度应满足：当公称直径小于等于 300 m 时为 1 mm，公称直径大于 300 mm 时为 2 mm。水平管道上安装的法兰，其最上面的两螺栓孔应保持水平。垂直管道上的法兰，其靠墙最近的两螺栓孔应与墙面平行。高温或低温管路的法兰在保持工作温度 2 h 后应进行热紧或冷紧。当管路设计压力小于 6.0 MPa 时，热紧的最大压力为 0.3 MPa；当管路设计压力大于 6.0 MPa 时，热紧的最大压力为 0.5 MPa，冷紧一般应泄压处理。高压螺纹法兰安装前应用白煤油、丙酮等清洗管端螺纹和法兰螺纹，不得有任何细小的垃圾。管道螺纹用环规进行检查，法兰螺纹用塞规进行检查。平焊法兰装配时，管端应插入法兰 2/3，平焊法兰内外部均应与管子焊接。

(4)承插连接。承插连接常用于带有承插口的管道安装，分为刚性承插连接和柔性承插连接两种。刚性承插连接是将管道的插口插入管道的承插口内，对位后先用嵌缝材料嵌缝，然后用密封材料密封；柔性承插连接接头在管道承插口的止封口上放入富有弹性的橡胶圈，然后施力将管子插端插入，形成一个能适应一定范围内的位移和振动的封闭管。

(5)热熔连接。热熔连接是利用热塑性管材的性质进行管道连接，如图 1.5 所示。热熔时采用专门的加热设备(一般采用电热式)，使同种材料的管材与管件的连接面达到熔融状态，用手工或机械将其压合在一起。热熔方式结合紧密，安全耐用，避免了金属管件接头处水跑、冒、滴、漏等现象。

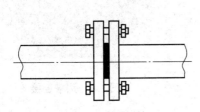

图 1.4　法兰连接

图 1.5　热熔连接

热熔操作步骤如下：

1)用钢锯或管子割刀切割管子，要求管子断面垂直于管中心；

2)开启热熔机，用干净、无纤维的布清除加热套管和加热头上的灰尘，除去管子切制断面的毛刺；

3)对管子插入端进行倒角，倒角角度为 15°，倒角应倒至管端半个壁厚为止；

4)用酒精清洗管子插入端、管配件的承插表面，使其清洁、干净、无油；

5)用卡尺和笔在管道上测量并标注出熔接插入深度，热熔机达到工作温度后，同时将管端和管件分别导入加热套内和推到加热头上，均达到规定的标志处，到达加热时间后，立即将管子和管件从加热套和加热头上同时取下，迅速无旋转地直线插入到所标深度，保持轴向推力一段时间，热熔连接完成。

热熔连接后，要求在接头处形成一圈完整均匀的凸缘，其技术要求应符合表 1.2 的规定。

表 1.2 热熔连接技术要求

工艺 ＼ 管外径/mm	20	25	32	40	50	63	75	90	120
熔接深度/mm	14	16	20	21	22.5	24	26	32	38.5
加热时间/s	5	7	8	12	18	24	30	40	50
插接时间/s	4	4	4	6	6	6	8	8	10
冷却时间/min	3	3	4	4	5	6	8	8	10

注：若环境温度小于 5 ℃，加热时间应延长 50%。

(6)电熔连接。管件出厂时将电阻丝埋在管件中，做成电热熔管件。在现场施工时，只需将专用连接仪的插头和管件的插口连接，利用管件内部发热体将管件外层塑料与管件内层塑料熔融，形成可靠连接，称为电熔连接，如图 1.6 所示。电熔连接效果可靠，人为因素低，施工质量稳定。另外，安装时仅使用电缆插头，可克服操作空间狭小导致安装困难的问题。电熔连接适用于 PE、PPE 管道等。

(7)沟槽连接。沟槽连接是在管材、管件等管道接头部位加工成环形沟槽，用卡箍件、橡胶密封圈和紧固件等组成的套筒式快速接头，如图 1.7 所示。沟槽连接具有不破坏钢管镀锌层、施工快捷、密封性好、便于拆卸等优点。沟槽管道安装首先做好安装准备，然后用液槽机滚槽，安装机械三通、四通等管件，最后系统试压。

图 1.6 电熔连接

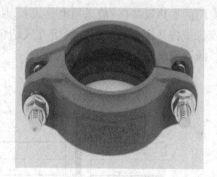

图 1.7 沟槽连接

1.1.4 其他常用的管道安装材料

1. 密封材料

密封材料是指能承受接缝位移以达到气密、水密的目的而嵌入接缝中的材料。密封材料有金属材料(铝、铅等)、非金属材料(橡胶、塑料、陶瓷、石墨等)和复合材料(橡胶石棉板)。

(1)生料带。生料带化学名称为聚四氟乙烯，是管道螺纹连接中常用的一种密封材料。生料带无毒、无味，具有优良的密封性、绝缘性、耐腐性等优点，被广泛应用于水处理、天然气、化工、塑料、电子工程等领域。

(2)密封垫片。密封垫片是以金属或非金属板状材质，经切制、冲压或剪裁等工艺制成，常用于管道法兰的密封连接。金属垫片是指用钢、铜、铝、镍或合金等金属制成的垫片；非金属垫片是指用石棉、橡胶、合成树脂、聚四氟乙烯等非金属制成的垫片；缠绕垫片是指用金属带与非金属带缩绕成环形的整片，金属带与非金属带交替缠绕，由于其具有较好的弹性，广泛用于石化、化工、电力等行业的法兰密封结构中。

2. 焊接材料

焊接材料是焊接时使用的形成熔敷金属的填充材料，保护熔融金属不受氧化、氮化的保护材料，以及协助熔融金属凝固成型的衬垫材料等，包括焊条、焊丝、电极、焊剂、气体、衬垫等。

(1)焊条。焊条由焊芯和药皮组成。手工焊条电弧焊时，焊条焊芯既是电极，又是填充金属。其种类有碳钢电焊条、纤维素电焊条、低合金钢电焊条、不锈钢电焊条、低温钢电焊条、钼及铬铝耐热钢电焊条、镍及镍合金电焊条、堆焊电焊条、铸铁电焊条等。

(2)焊丝。焊丝是焊接时作为填充金属或同时作为导电用的金属丝焊接材料。焊丝可分为实心焊丝和药芯焊丝。实心焊丝是从金属线材直接拉拔或铸造而成的焊丝；药芯焊丝是将薄钢带卷成圆形钢管或异形钢管的同时，在其中填满一定成分的药粉，经拉制而成的焊丝。

(3)钨极。钨极是不熔化为填充金属的电极，钨的熔点为 3 410 ℃，沸点为 5 900 ℃，是常见金属中最高的，因此是不熔极电弧最合适的电极材料。钨极氩弧焊特别适用于薄板的焊接。

(4)焊剂。焊剂是焊接时，能够熔化形成熔渣和气体，对熔化金属起保护和冶金处理作用的一种物质。埋弧焊、电渣焊等都用焊剂，常用焊剂有熔炼焊剂和烧结焊剂。

3. 紧固材料

紧固件是将两个或两个以上的零件(构件)紧固连接成为一个整体时所采用的机械零件的总称。紧固材料的特点是品种规格繁多，性能用途各异，标准化、系列化、通用化的程度极高，主要有螺栓、螺柱、螺母、螺钉、垫圈等。

4. 保温隔热材料

保温隔热材料又称绝热材料，是指对热流具有显著阻抗性的材料或材料复合体。其热导率小、表观密度小，保温隔热材料有板、毯、棉、纸、毡、异形件、纺织品等。常用的管道绝热材料有膨胀珍珠岩制品、超细玻璃棉制品、矿棉制品、橡塑材料等，其辅助材料有镀锌薄钢板、铁丝、油毡、玻璃布等。

5. 管道刷油防腐材料

防腐就是采取各种手段保护容易锈蚀的金属物品，以达到延长其使用寿命的目的。管道安装中常用的防腐工艺有刷油、喷涂等，刷油的主要材料为各种防锈漆及调和漆，喷涂的主要材料为铝、锌等。

1.2 给水排水常用的附件及设备

1.2.1 给水附件

给水附件是指安装在管道及设备上的具有启闭、调节或计量功能的装置，如配水附件、控制附件、水表及其他仪表和附件等。

1. 配水附件

配水附件主要指安装在卫生洁具及用水点的各式水龙头，用以调节和分配水流，它们是使用最频繁的管道附件，应满足节水、耐用、美观、开关灵活等要求，如图 1.8 所示。

图 1.8 配水龙头
(a)旋启式水龙头；(b)旋塞式水龙头；(c)混合式水龙头；
(d)延时自闭水龙头；(e)自动控制水龙头

(1)旋启式水龙头。旋启式水龙头普遍用于洗涤盆、污水盆、盥洗槽等卫生洁具的配水，由于胶垫磨损容易造成滴漏现象，现已很少采用。

(2)旋塞式水龙头。手柄旋转 90°即完全开启，可在短时间内获得较大流量。由于启闭迅速，容易产生水击，一般设在浴池、洗衣房、开水间等压力不大的给水设备上。因水流直线流动，阻力较小。

(3)混合式水龙头。混合式水龙头安装在洗面盆、浴盆等卫生洁具上，通过控制冷、热水流量调节水温，作用相当于两个水龙头，使用时将手柄上下移动控制流量，左右偏转调节水温。

(4)延时自闭水龙头。延时自闭水龙头主要用于酒店及商场等公共场所的洗手间，使用时将按钮下压，每次开启持续一定时间后，靠水的压力及弹簧的增压而自动关闭水流，能够有效避免"长流水"现象，避免浪费。

(5)自动控制水龙头。根据光电效应、电磁感应等原理，自动控制水龙头的启闭，常用于建筑装饰标准较高的盥洗、淋浴、饮水等设备的水流控制，具有防止交叉感染、提高卫生水平和舒适程度的功能。

2. 控制附件

控制附件是用来调节或控制介质流量、方向及压力，起到开启或切断介质作用的装置。水暖安装工程中，控制附件主要是指阀门。阀门是流体管路的控制装置，在安装工程中发挥着重要作用。

阀门的主要零件包括阀体、阀盖、阀杆、阀瓣、密封面等。阀门与管道的连接形式包括法兰连接、螺纹连接、卡套连接、焊接连接等。阀门按传动方式可分为自动阀门与驱动阀门。自动阀门(如安全阀、减压阀、蒸汽疏水阀、止回阀)是靠装置或管道本身的介质压力的变化来达到启闭目的。驱动阀门(闸阀、截止阀、球阀、蝶阀等)是靠驱动装置(手动阀、电动阀、电磁动阀、液动阀、气动阀等)驱动控制装置，来改变管道中介质的压力、流量和方向。手动阀借助手轮、手柄、杠杆、链轮，由人力来操纵阀门动作。当阀门启闭力矩较大时，可在手轮和阀杆之间设置齿轮或蜗轮减速器。必要时，也可以利用万向接头及传动轴进行远距离操作。电动阀以电动机作为启闭阀门动力。气动阀以压缩空气作为启闭阀门的动力。液动阀以液体介质(如油等)压力作为启闭阀门的动力。

常用的阀门如下：

（1）截止阀。截止阀是指关闭件（阀瓣）由阀杆带动，沿阀座轴线做升降运动来启闭的阀门，如图 1.9 所示。其结构简单、密封性能好、维修方便，但水流在通过阀门时要改变方向，低进高出，阻力较大。截止阀适用压力、温度范围很大，一般适用于管径不大于 50 mm 的管道或经常启闭的管道上。

图 1.9 截止阀

（2）闸阀。闸阀是指启闭件（闸板）由阀杆带动沿阀座密封面做升降运动的阀门，如图 1.10 所示。全开时，水流呈直线通过，压力损失小，但当水中有杂质落入阀座后，会使阀门关闭不严，易产生磨损和漏水。一般在不需要经常启闭，管径大于 50 mm 或需要双向流动的管段上采用，不适合作为调节流量来使用。

（3）蝶阀。蝶阀是用随阀杆转动的圆形蝶板作为启闭件，以实现启闭动作的阀门，如图 1.11 所示。蝶阀主要设计为截断阀，也可设计成具有截断兼调节的功能。目前，蝶阀在低压大中管径管道上使用越来越多。蝶阀的蝶板安装于管道的直径方向。在蝶阀阀体圆柱形通道内，圆盘形蝶板绕着轴线旋转，旋转角度为 0°～90°，旋转到 90° 时，阀门处于全开状态。蝶阀结构简单、体积小、重量小，只由少数几个零件组成，而且只需旋转90°即可快速启闭，操作简单，同时该阀门具有良好的流体控制特性。蝶阀处于完全开启位置时，蝶板厚度是介质流经阀体时唯一的阻力，因此通过该阀门所产生的压力降很小，故具有较好的流量控制特性。蝶阀有弹性密封和金属密封两种密封形式。弹性密封阀门，密封圈可以镶嵌在阀体上或

图 1.10 闸阀

附在蝶板周边。常用的蝶阀有对夹式蝶阀和法兰式蝶阀两种。对夹式蝶阀是用双头螺栓将阀门连接在两管道法兰之间。一般在管径大于 50 mm 或需要双向流动的管段上采用蝶阀。

（4）球阀。球阀和旋塞阀是同属一个类型的阀门，区别在于它的关闭件是个球体，球体绕阀体中心线做旋转来达到开启、关闭，如图 1.12 所示。球阀在管路中主要做切断，一般安装在直径 50 mm 以下的管路上，适用于安装空间较小的场合。球阀是近年来被广泛采用的一种新型阀门，它具有的优点有：球阀流体阻力小，其阻力系数与同长度的管段相等；球阀结构简单、体积和重量小；球阀紧密可靠，目前球阀的密封面材料广泛使用塑料，密封性好，在真空系统中也已广泛使用；球阀操作方便，开闭迅速，从全开到全关只要旋转 90°，便于远距离控制。缺点是：容易产生水击，不宜用于调节流量，否则易漏水。

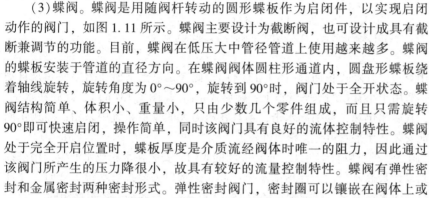

| 图 1.11 蝶阀 | 图 1.12 球阀 |

（5）止回阀。止回阀又称单向阀或逆止阀，如图 1.13 所示，启闭件靠介质流动自行开启或

关闭，用以阻止水流反向流动，应装设处有：引入管，利用室外管网压力进水的水箱(其进水管和出水管合并为一条出水管道)，消防水泵接合器的引入管和水箱消防出水管，生产设备可能产生的水压高于室内给水管网水压的配水支管，水泵出水管和升压给水方式的水泵旁通管。安装时要注意方向，必须使水流的方向与阀体上箭头方向一致，不得装反。

(a)　　　　　　　　　(b)　　　　　　　　　(c)

图 1.13　止回阀

(a)升降式止回阀；(b)旋启式止回阀；(c)碟式止回阀

止回阀有三种常用类型：升降式止回阀[图 1.13(a)]，此阀是靠上下游压力差使阀盘自动启闭，水流阻力较大，适用于小管径的水平管道上；旋启式止回阀[图 1.13(b)]，此阀在水平、垂直管道上均可设置，其启闭迅速，易引起水击，不宜在压力大的管道系统中采用；碟式止回阀[图 1.13(c)]，只能安装在水平管道上，密封性较差。

(6)浮球阀。浮球阀是一种可以自动进水、自动关闭的阀门，安装在水箱或水池内，用来控制水位。当水箱充水到设计最高水位时，浮球随水位浮起，进水口关闭；当水位下降时，浮球下落，进水口开启，自动向水箱充水。浮球阀直径为 15～100 mm，与各种管径规格相同。

(7)安全阀。安全阀是一种安全保护用阀，介质压力过高时可以泄压。管网中安装此阀可以避免管网、用具或密闭水箱超压遭到破坏。安全阀一般有弹簧式和杠杆式两种。弹簧式安全阀如图 1.14 所示。当压力恢复到安全值后，阀门再自行关闭以阻止介质继续流出。

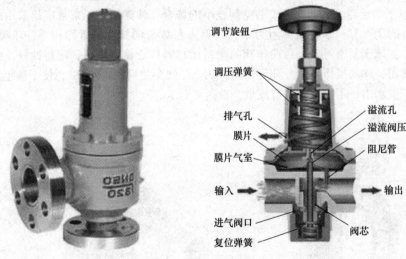

图 1.14　弹簧式安全阀

(8)减压阀。其作用是降低水流压力。在高层建筑中使用它，可以简化给水系统，减少水泵数量或减少减压水箱，同时可增加建筑的使用面积，降低投资，防止水质的二次污染。在消火栓给水系统中可用它防止消火栓栓口处超压现象。

3. 水表

水表是用来计量用户累积用水量的仪表。在建筑内部给水系统中广泛采用流速式水表。这种水表是管径一定时，根据水流速度与流量成正比的原理来测量水量的。它主要由外壳、翼轮和传动指示机构等部分组成。当水流通过水表时，推动翼轮旋转，翼轮转轴传动一系列联动齿轮，指示针显示到度盘刻度上，便可读出流量的累积值。

（1）流速式水表。流速式水表按翼轮构造不同可分为旋翼式和螺翼式。旋翼式的翼轮转轴与水流方向垂直，如图 1.15 所示。它的阻力较大，多为小口径水表，适用于测量小的流量。螺翼式的翼轮转轴与水流方向平行，如图 1.16 所示。它的阻力较小，多为大口径水表，适用于测量较大的流量。

图 1.15　旋翼式水表　　　　　　图 1.16　螺翼式水表

旋翼式水表按计数器的形式不同，可分为指针式、指针数字混合式、电子数字式。电子数字式水表是目前较为先进的一种，它采用液晶屏显示，信息可以远传。老式旋翼式水表的读数不太方便，共有 7 挡，从 ×1 000～×0.001 m³，方法是由高位向低位读数，取小不取大。

（2）IC 卡智能水表。IC 卡智能水表是一种新型的预付费水表，如图 1.17 所示。它由控制器和电磁阀组成，将使用水计量管理水平提高到一个新台阶。用户将已充值的 IC 卡插入水表存储器，通过电磁阀来控制水的通断，用水时 IC 卡上的金额会自动被扣除。IC 卡水表结构紧凑、体积小，具有抗外界磁场干扰的功能，各项参数采用液晶显示，读数方便、清晰。

（3）电子远传水表。电子远传水表是基表与电子装置组合，具有计量、数据处理与存储、信号远程传输（包括有线和无线）等功能的水表，如图 1.18 所示。

图 1.17　IC 卡智能水表　　　　　图 1.18　电子远传水表

4. 常用的其他仪表及附件

（1）流量计。流量计是用来测量管路中流体流量（单位时间内通过的流体体积）的仪表。流量计分为转子流量计、涡街流量计、压差流量计、容积式流量计、电磁流量计（图 1.19）、超声波流量计、冲板式流量计、质量流量计等。其中，容积式流量计在流量仪表中是精度最高的一类。它利用机械测量元件将流体连续不断地分割成单个已知的体积部分，根据测量室逐次、重复地充满和排放该体积部分流体的次数来测量流体体积总量。容积式流量计可以计量各种液体和气体的累积流量，包括家用煤气表、大容积的石油和天然气计量仪表。

（2）压力表。压力表是指以弹性元件为敏感元件，测量并指示高于环境压力的仪表，如图1.20所示。压力表的应用极为普遍，它几乎遍及所有的工程领域、工业流程及科研领域。

（3）温度计。温度计是测温仪器的总称，如图1.21所示，可以准确地判断和测量温度，分为指针温度计和数字温度计两种。

图1.19 电磁流量计　　　　图1.20 压力表　　　　图1.21 温度计

（4）Y形过滤器（图1.22）。Y形过滤器是输送介质的管道系统中不可缺少的一种过滤装置，通常安装在减压阀、泄压阀、水表或其他设备的进口端，用于清除介质中的杂质，以保护阀门及设备的正常使用。Y形过滤器具有结构先进、阻力小、排污方便等特点。

图1.22 Y形过滤器

（5）阻火圈（图1.23）。阻火圈是由金属材料制作外壳，内填充阻燃膨胀芯材，套在硬聚氯乙烯管道外壁，固定在楼板或墙体部位的装置。火灾发生时，芯材受热迅速膨胀，挤压硬聚氯乙烯管道，在较短时间内封堵管道穿洞口，阻止火势沿洞口蔓延。

（6）套管。套管分为一般刚套管、刚性防水套管、柔性防水套管等，如图1.24所示。一般刚套管适用于穿楼板层或墙壁处不需要防水密封的管道；刚性防水套管适用于管道穿墙处不承受管道振动和伸缩变形的建筑物，用于一般管道穿墙，利于墙体的防水；柔性防水套管适用于管道穿墙处承受振动、管道有伸缩变形或有严密防水要求的建筑物，如和水泵连接的管道穿墙。

图1.23 阻火圈　　　　　　图1.24 套管

1.2.2　常用的设备

（1）水泵。水泵是输送液体或使液体增压的机械。它将原动机的机械能或其他外部能量传送给液体，使液体能量增加，主要用来输送液体（包括水、油、酸碱液、乳化液、悬乳液和液态金属等），也可输送液体、气体混合物以及含悬浮固体物的液体。衡量水泵性能的技术参数有流量、吸程、扬程、轴功率、水功率、效率等。

水泵根据不同的工作原理可分为容积泵、叶片泵和其他类型。容积泵是利用其工作室容积的变化来传递能量；叶片泵是利用回转叶片与水的相互作用来传递能量，有离心泵、轴流泵和混流泵等类型。

1)离心泵是利用叶轮高速旋转所产生的离心力来将液体提向高处的，所以称为离心泵，如图 1.25 所示。离心泵的工作原理：水泵在启动前，必须使泵壳和整个吸入管内充满水；当原动机带动泵轴和叶轮旋转时，叶片间的液体也跟着旋转起来，液体在离心力的作用下，沿着叶片间的流道甩向叶轮外缘，进入螺旋形的泵壳内；由于流道面积逐渐扩大，被甩出的流体流速减慢，将部分动能转化为静压能，使压力上升，最后从排出管排出。与此同时，由于液体自叶轮甩出时，叶轮中心部分造成低压区，与吸入液面的压力形成压力差，在压力差的作用下液体不断地被吸入，并以一定的压力排至泵外，达到了输送液体的目的。

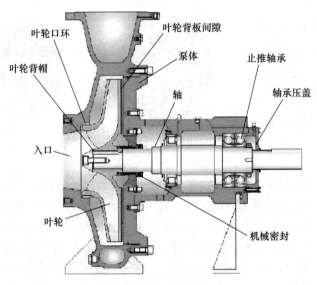

图 1.25　离心泵

2)轴流泵是液体沿叶轮的轴向吸入、轴向流出。轴流泵的叶片一般浸没在被吸水源的水池中。由于叶轮高速旋转，在叶片产生的升力作用下，连续不断地将水向上推压，使水沿出水管流出。叶轮不断地旋转，水也被连续压送到高处。轴流泵的特点是扬程短、流量大、效益高、启动前不需灌水、操作简单。

3)混流泵的叶轮形状介于离心泵叶轮和轴流泵叶轮之间，既有离心力又有升力，靠两者的综合作用使液体以与轴成一定角度流出叶轮，通过蜗壳室和管路提向高处。

水泵的安装工艺如下：

1)在地理环境许可的条件下，水泵应尽量靠近水源，以减小吸水管的长度，水泵安装处的地基应牢固，对固定式泵站应修建专门的基础。

2)进水管路应密封可靠，必须有专用支撑，不可吊在水泵上；装有底阀的进水管，应尽可能使底阀轴线与水平面垂直安装，其轴线与水平面的夹角不得小于 45°；水源为渠道时，底阀座高于水底 0.50 m 以上，且加网防止杂物进入泵内。

3)机泵底座应水平，与基础的连接应牢固，机泵皮带传动时，皮带紧边在下，这样传动效率高，水泵叶轮转向应与箭头指示方向一致；采用联轴器传动时，机、泵必须同轴线。

4)水泵的安装位置应满足允许吸上真空高度的要求，基础必须水平稳固，保证动力机泵的旋转方向与水泵的旋转方向一致。

5)若同一机房内有多台机组，机组与机组之间、机组与墙壁之间都应有 800 mm 以上的距离。

6)水泵吸水管必须密封良好，且尽量减少弯头和闸阀，加注引水时应排尽空气，运行时管内不应积聚空气，要求吸水管微呈上斜与水泵进水口连接，进水口应有一定的淹没深度。

7）水泵安装基础上的预留孔，应根据水泵的尺寸浇筑。

（2）风机。风机是依靠输入的机械能提高气体压力并排送气体的机械，如图1.26所示。风机的主要结构部件是叶轮、机壳进风口、支架、电机、皮带轮、联轴器、消声器、传动件（轴承）等。风机的性能参数主要有流量、压力功率、效率和转速。另外，噪声和振动的大小也是主要的风机设计指标。风机有很多种分类，按气体流动的方向可分为离心式、轴流式、斜流式（混流式）。

图1.26　风机

风机的型号通常包括名称、型号、机号、传动方式、旋转方向和出风口位置等内容。

风机开箱前，应检查包装是否完整无损，风机的铭牌参数是否符合要求，随带附件是否完整齐全；仔细检查风机在运输过程中有无变形或损坏，紧固件是否松动或脱落，叶轮是否有擦碰现象，并对风机各部分零件进行检查。检查完毕后，用500 V兆欧表测量风机外壳与电机绕组间的绝缘电阻，其值应大于0.5 MΩ，否则应对电机绕组进行烘干处理，烘干时温度不容许超过120 ℃。

风机的安装工艺如下：

1）仔细阅读风机使用说明书及产品样本，熟悉和了解风机的规格、形式、叶轮旋转方向和气流进出方向等。再次检查风机各零部件是否完好，否则应待修复后方可安装使用。

2）风机安装时，必须有安全装置以防止事故发生，并由熟悉相关安全要求的专业人士安装和接线。

3）连接风机进出口的风管有单独支撑，不允许将管道重量重叠加在风机的部件上。风机安装时应注意风机的水平位置，应调整风机与地基的结合面、出风管道的连接，使之自然吻合，不得强行连接。

4）风机安装后，用手或杠杆拨动叶轮，检查是否有过紧或擦碰现象，在无妨碍转动的物品、无异常现象下，方可进行试运转。风机传动装置的外露部分应有防护罩，如果风机进风口不接管道，也需要添置防护网或其他安装装置。

5）风机所配电控箱必须与对应风机相匹配。

6）风机接线应由专业电工接线，接线必须正确可靠，尤其是电控箱处的接线编号应与风机接线柱上的编号一致对应，风机外壳接地必须可靠，不能用接零线代替接地。

7）风机全部安装后，应检查风机内部是否有遗留的工具盒等杂物。

总结回顾

1. 给水排水常用的管材分类、特点及连接方式。管材主要有金属管、非金属管和复合管，民用建筑中主要使用的有镀锌钢管、塑料管和复合管。

2. 常用的给水附件主要有配水附件和控制附件。常用的阀门有闸阀、截止阀、蝶阀、球阀、安全阀、止回阀等。

3. 给水排水常用的仪表及设备。

➤ 课后评价

一、填空题

1. 管材按材质可分为_____、_____、_____。

2. 公称直径 25 mm 的镀锌钢管的规格表示方式为_____。

3. 建筑给水排水工程中，控制附件主要指_____，常用的主要有_____、_____、_____、_____、_____、_____和_____。

二、选择题

1. 混凝土管道一般采用的连接方式为(　　)。

　　A. 焊接连接　　　　B. 套管连接　　　　C. 螺纹连接　　　　D. 承插连接

2. 下面管材属于金属管材的是(　　)。

　　A. PVC 管　　　　B. PP-R 管　　　　C. 铝塑管　　　　D. 镀锌钢管

三、简答题

1. 建筑安装工程中，常用的管材有哪些？规格怎么表示？

2. 管道常用的连接方式有哪些？

3. 建筑设备安装工程中，常用的设备和仪表有哪些？

任务 2 建筑给水排水系统

工作任务	建筑给水排水系统
教学模式	任务驱动
任务介绍	建筑给水排水工程是建筑安装工程的一个重要组成部分。建筑给水排水工程主要分为建筑给水系统、建筑排水系统(包括雨水系统以及污水、废水系统)、消防给水系统、热水供应系统、建筑直饮水系统、中水系统等。本任务主要讲解建筑给水系统和建筑排水系统
学有所获	1. 了解生活给水系统、建筑排水系统及消防系统的分类、组成。 2. 熟悉室内给水系统的常用给水方式。 3. 掌握建筑给水排水系统的管路布置、敷设方法。 4. 掌握建筑给水排水施工图的组成和识图方法

任务导入

建筑给水工程的任务是通过室外给水系统将水引入建筑物内,并在满足用户对水质、水量、水压等要求的情况下,既经济又科学、合理地将水输送到各个用水点,如配水龙头、卫生洁具、消防设备等。

建筑排水工程的任务是将房屋内的卫生洁具和生产设备排出的污、废水以及雨雪水收集起来,通过排水管道排出室外。

任务分解

建筑给水排水工程包括室内给水系统、室内排水系统、室外给水系统和室外排水系统。

任务实施

2.1 生活给水系统

建筑内部给水系统主要任务是选用适用、经济、合理的最佳供水方式将自来水从建筑外部管道输送到各种卫生洁具、取水龙头、生产装置和消防设备,并保证满足用户对水质、水压和水量的要求。建筑室内给水系统按用途的不同可分为生活给水系统、生产给水系统和消防给水系统3类。

生活给水系统是指提供各类建筑物内部饮用、烹饪、洗涤、洗浴等生活用水的系统,要求水质必须符合《生活饮用水卫生标准》(GB 5749—2022)。

生产给水系统主要解决生产车间内部的用水问题,对象范围比较广,如设备的冷却、原料和产品的洗涤、锅炉用水以及各类工业产品制造过程中所需的用水。

消防给水系统是指提供层数较多的民用建筑物、大型公共建筑以及某些车间的各类消防设备用水的系统。

上述三种给水系统，在一栋建筑物内，在实际应用中不一定单独设置，可根据水质、水压、水量的要求，并结合建筑物外部给水系统情况，组成不同的共用给水系统。

2.1.1 生活给水系统组成

一般情况下，建筑内部生活给水系统由引入管、水表节点、管道系统、用水设备、给水附件、增压和储水设备、给水局部处理设备等部分组成，如图 2.1 所示。

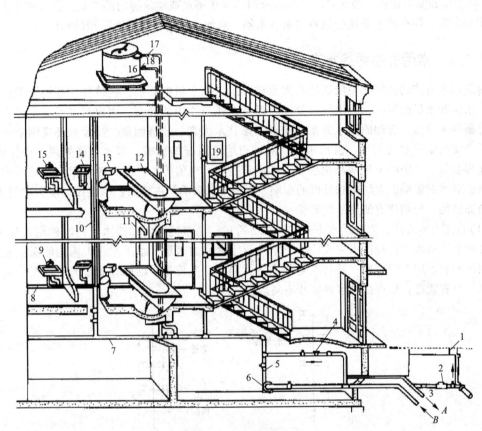

图 2.1 建筑给水系统

1—阀门井；2—闸阀；3—引入管；4—水表；5—逆止阀；6—水泵；7—干管；8—支管；9—水龙头；10—立管；11—淋浴器；12—浴盆；13—大便器；14—洗脸盆；15—洗涤盆；16—水箱；17—进水管；18—出水管；19—消火栓

(1)引入管。引入管是指室外给水管网与建筑物内部给水管道之间的联络管段，也称进户管。其作用是将水从外部给水管网引入到建筑内部给水系统。引入管的敷设方式通常为埋地暗敷。对于一个工厂、一个建筑群体、一个学校区，引入管是指总进水管。从供水的可靠性和配水平衡等方面考虑，引入管一般从建筑物用水量最大处和不允许断水处引入。

(2)水表节点。水表节点是指引入管上装设的水表、前后设置的阀门及泄水装置的总称。阀门用于关闭管网，以便维修和拆换水表；泄水装置的作用主要是在检修时放空管网，检测水表精度以及测定进户点压力值。

(3)管道系统。管道系统包括建筑内部给水的水平干管、立管、支管等，将水输送到各个供水区域和用水点。生活给水管道一般采用钢管、塑料管和铸铁管等。

(4)给水附件。为了便于取水、调节水量和管道维修，通常在给水管路上设置各种给水附件，主要包括管道上的各种管件、阀门、配水龙头、仪表等。给水附件分为管件、控制附件、配水附件等。管件主要用于管道的连接、变向、分流等；控制附件是用来调节管道系统中水量、水压，控制水流方向以及关断水流便于管道仪表和设备检修的各类阀门；配水附件是指为各类卫生洁具或受水器分配或调节水流的各式水嘴（或阀件），是使用最频繁的管道附件。

（5）用水设备。用水设备是指给水系统管网的终端用水点上的装置。生活给水系统最常用的用水设备是卫生洁具。

（6）增压和储水设备。当建筑外部给水管网的水压不足或建筑物内部对安全供水和水压稳定有一定要求时，需在给水系统中设置水泵、水箱、水池、气压装置等增压和储水设备。

2.1.2　常用的生活给水方式

建筑给水方式的选择必须依据用户对水质、水压和水量的要求，建筑外部管网所能提供的水质、水压和水量的情况，卫生器具及消防设备在建筑物内的分布，用户对供水安全可靠性的要求等条件来确定。合理的供水方案应充分考虑技术因素、经济因素、社会和环境因素等。技术因素主要包括供水可靠性、供水水质、对城市给水系统的影响、节水节能效果、操作管理、自动化程度等；经济因素包括基建投资、年经营费用、现值等；社会和环境因素包括对建筑立面和城市观瞻的影响、对结构和基础的影响、对环境的影响、占地面积、建设难度和建设周期、抗寒防冻性能、分期建设的灵活性等。

（1）直接给水方式。直接给水方式如图 2.2 所示，是将建筑内部给水管网与外网直接相连，利用外网水压供水。这种供水方式适用于室外给水管网的水量、水压在一天内均能保证建筑室内管网最不利点用水的情况。其特点是供水方式简单、造价低、维修管理容易、能充分利用外网水压、节省能耗；缺点是供水可靠性不高。

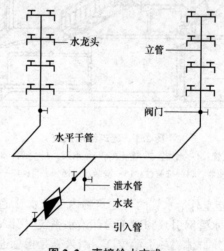

图 2.2　直接给水方式

（2）单设水箱的给水方式。单设水箱的给水方式如图 2.3 所示，在建筑物顶部设水箱，在外网水压不足或用水高峰时以及水压力周期性不足的情况下采用。其优点是投资小、运行费用低、供水安全性高；缺点是增大建筑物荷载，占用室内面积，易造成水质二次污染。

（3）单设水泵的给水方式。单设水泵的给水方式如图 2.4 所示，宜在室外给水管网的水压经常不足时采用。此种方式是水泵直接从室外管网抽水向建筑物室内管网供水，易造成外网压力降低，影响附近用户用水水质。

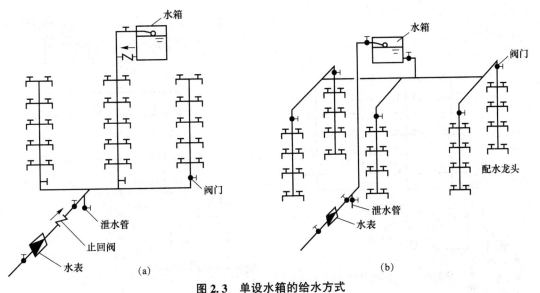

图 2.3　单设水箱的给水方式

(a)下行上给式；(b)上行下给式

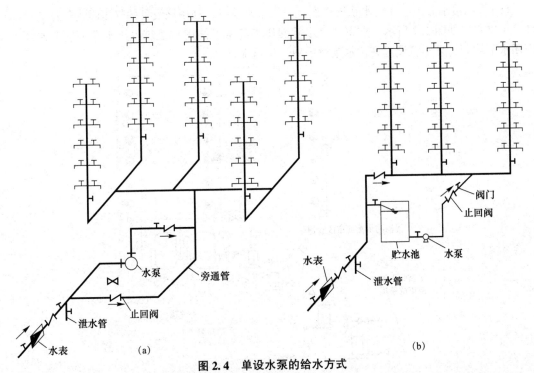

图 2.4　单设水泵的给水方式

(a)水泵直接从室外管网抽水；(b)水泵从贮水池抽水

(4)设水泵和水池的给水方式。设水泵、水池的给水方式是当室外管网压力足够大时，可自动开启旁通的止回阀由室外管网向室内供水，如图2.5所示。

(5)设水泵和水池、水箱的给水方式。这种供水方式宜在室外给水管网压力低于或经常不能满足建筑内给水管网所需水压且室内用水不均匀，又不允许直接接泵抽水时采用，如图2.6所示。其优点是水泵能及时向水箱供水，可缩小水箱容积，水泵出水量稳定，供水可靠；缺点是该系统不能利用外网水压，能耗较大，造价高，安装与维修复杂。

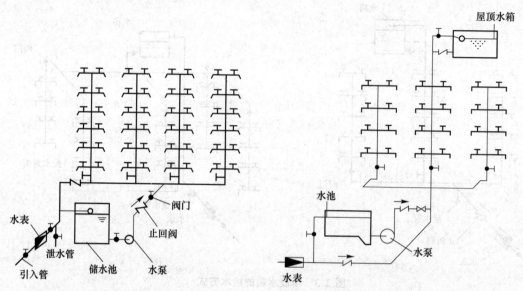

图 2.5　设水泵和水池的给水方式　　　　　图 2.6　设水泵和水池、水箱的给水方式

（6）气压给水方式。在给水系统中设置气压给水设备，利用该设备的气压罐内气体的可压缩性升压供水，如图 2.7 所示。在室外给水管网压力经常不能满足建筑内给水管网所需水压，室内用水不均匀，且不宜设置高位水箱时采用气压给水方式。

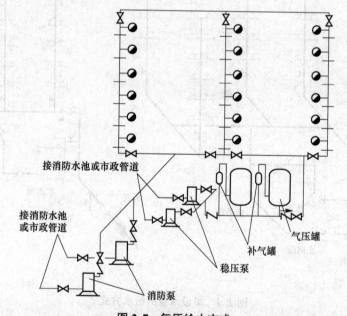

图 2.7　气压给水方式

（7）变频调速泵给水方式。变频调速泵给水方式是使用比较广泛的一种供水方式，其特点是水泵在高效区运行，能耗低、运行安全可靠、自动化程度高，设备紧凑、占地小，对管网用水量变化能力强，但要求电源可靠、投资较大。

变频调速泵由变频控制柜、自动化控制系统、远程监控系统、水泵机组、调节器、压力传感器、阀门、仪表和管路系统等组成。其基本工作原理是根据用户用水量变化自动调节运行水泵台数和水泵转速，使水泵出口压力保持恒定。

当用户用水量小于一台水泵出水量时，系统根据用水量变化有一台水泵变频调速运行；当用水量增加时，管道系统内压力下降，这时压力传感器将检测到的信号传送给微机控制单元，通过微机运行判断，发出指令到变频器，控制水泵电机，使其转速加快以保证系统压力恒定。反之，当用水量减少时，使水泵转速减慢，以保持恒压。

当用水量大于一台水泵出水量时，第一台水泵切换到工频运行，第二台水泵开始变频调速运行；当用水量小于两台水泵出水量时，能自动停止一台或两台泵运行。在整个运行过程中，始终保持系统恒压不变，使水泵始终工作在高效区，既保证用户恒压供水，又节省电能。

（8）分质给水方式。分质给水是指给水系统根据用户对水质要求不同而分开供应相应用水的给水方式，如图2.8所示。

（9）分区给水方式。分区给水适用于室外给水压力只能满足建筑物下层供水的建筑，尤其在高层建筑中最为常见，如图2.9所示。在高层建筑中为避免底层承受过大的静水压力，常采用竖向分压的供水方式。高区由水泵水池供水，低区可由室外给水管网直接供水，以充分利用外网水压，节省能耗。

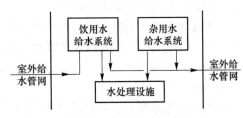

图 2.8　分质给水方式

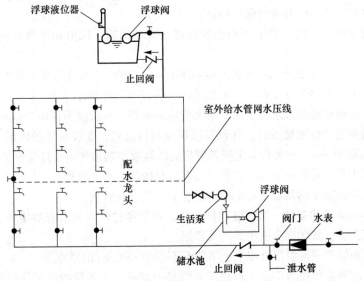

图 2.9　分区给水方式

2.1.3　给水管道布置

给水管道的布置受建筑结构、用水要求、配水点和室外给水管道的位置，以及采暖、通风、空调和供电等其他建筑设备工程管线布置等因素的影响。进行管道布置时，不但要处理和协调好各种相关因素的关系，还要满足以下基本要求。

（1）最佳水力条件。

1）尽可能与墙、梁、柱平行，呈直线走向，力求管路简短。

2）为充分利用室外给水管网中的水压，给水引入管、给水干管应布设在用水量最大位置或不允许间断供水处。

（2）维修及美观要求。

1）管道应尽量与墙、梁、柱平行，呈直线走向，力求管路简短，以减少工程量，降低造价。

2）对美观要求较高的建筑物，给水管道可在管槽、管井、管沟及吊顶内暗设。

3）为便于检修，管井应每层设检修门。暗设在顶棚或管槽内的管道，在阀门处应留有检修门。

4）布置管道时，其周围要留有一定的空间，以满足安装、维修的要求。

5）给水水平管道应设有 0.002～0.005 的坡度坡向泄水装置，以便检修时排放存水。

（3）保证使用安全。

1）给水管道的位置，不得妨碍生产操作、交通运输和建筑物的使用。

2）给水管道不得布置在遇水能引起燃烧、爆炸或原料、产品和设备遇水易损坏的区域，并应尽量避免在生产设备上面通过。

3）给水管道不得穿过商店的橱窗、民用建筑的壁橱及木装饰等。

4）对不允许断水的车间及建筑物，给水管道应从室外环状管网不同管段引入，引入管不少于两条。若必须同侧引入，两条引入管的间距不得小于 10 m，并在两条引入管之间的室外给水管安装阀门。

5）室内给水管道连成环状或贯通枝状双向供水。若条件不可能达到，可采取设置储水池（箱）或增设第二水源等安全供水措施。

（4）保护管道不受破坏。

1）给水埋地管道应避免设置在可能受重物压坏处。管道不得穿越生产设备基础，在特殊情况下，如必须穿越，应采取有效的保护措施。

2）为防止管道腐蚀，给水管道不得敷设在排水沟、烟道、风道和电梯井内，不得穿过大、小便槽。

3）室内给水管与排水管的水平距离不得小于 1.0 m。室内给水管与排水管平行敷设时，两管间的最小水平净距不得小于 0.5 m；交叉敷设时，垂直净距不得小于 0.15 m。给水管应敷设在排水管上面，若必须敷设在排水管下面，给水管应加套管，其长度不得小于排水管管径的 3 倍。

4）给水管道穿过墙壁和楼板时，宜设置金属或塑料套管。安装在楼板内的套管，其顶部应高过楼层装饰地面 20 mm；安装在卫生间及厨房内的套管，其顶部应高过楼层装饰面 50 mm，底部应与楼板底面相平；安装在墙内的套管，其两端与楼层装饰地面相平。

5）铺设在铁路或地下构筑物下面的给水管，宜敷设在套管内。

6）给水管不宜穿过伸缩缝、沉降缝和抗震缝，必须穿过时应采取有效措施。常用的措施有留净空、螺纹弯头法、软性接头法和活动支架法。

①留净空是在管道或保温层外皮上、下留有不小于 150 mm 的净空。

②螺纹弯头法又称丝扣弯头法，适用于小管径的管道。在建筑物的沉降过程中，两边的沉降差由丝扣弯头的旋转补偿。

③软性接头法是用橡胶软管或金属波纹管连接沉降缝、伸缩缝两边的管道。

④活动支架法是在沉降缝两侧设立支架，使管道只能垂直位移，不能水平横向移动，以适应沉降伸缩的应力。

2.1.4 给水管道安装

1. 给水管网的敷设方式

根据美观、卫生方面的要求不同，建筑内部给水管道的敷设可分为明装和暗装。

（1）明装。明装是指管道沿墙、梁、柱或沿天花板等处暴露安装，适用于一般民用建筑、生产车间或建筑标准不高的公共建筑等。其优点是造价低，安装、维修、管理方便；缺点是管道表面容易积灰、结露等，影响环境卫生和房间美观。

（2）暗装。暗装是指管道隐蔽敷设，如敷设在管沟、管槽、管井内，专用的设备层内或敷设在地下室的顶板下、房间的吊顶中。暗装适用于建筑标准比较高的宾馆、高层建筑，或由于生产工艺对室内洁净无尘要求比较高的情况。其优点是卫生条件好、房间美观；缺点是造价高，施工要求高，一旦发生问题，维修、管理不便。

2. 给水管道的敷设

引入管进入室内，必须注意保护引入管不致因建筑物的沉降而受到破坏，一般有以下两种情况：

（1）引入管从建筑物的外墙基础下面通过时，应有混凝土基础固定管道。

（2）引入管穿过建筑物的外墙基础或穿过地下室的外墙墙壁进入室内时，引入管穿过外墙基础或穿过地下室墙壁的部分，应配合土建预留孔洞，管顶上部净空不得小于建筑物的沉降量。

管道应有套管，有严格防水要求的应采用柔性防水套管连接。管道穿过孔洞安装好以后，用水泥砂浆堵塞，以保证墙壁的结构强度。

水平干管敷设应保证最小坡度，与其他管道平行或交叉敷设时，管道外壁之间的距离应符合规范的有关要求。给水管道与排水管道或其他管道同沟敷设、共架敷设时，给水管宜敷设在排水管、冷冻管的上面及热水管、蒸汽管的下面。

每根立管的始端应安装阀门，以免维修时影响其他立管供水。室内冷、热水管垂直敷设时，冷水管应在热水管的右侧。

给水横管在敷设时应设有 0.002～0.005 的坡度坡向泄水装置，便于维修时管道泄水及排气。给水横管穿承重墙或基础立管穿楼板时均应预留孔洞，暗装管道在墙中敷设时，也应预留墙槽，以免临时打洞、刨槽影响建筑结构的强度。

管道在空间敷设时，必须采取固定措施（管卡、托架、吊架），以保证施工方便和安全供水。这种固定的结构称为支架，它是管道系统的重要组成部分。按支架在管道中的作用，分为活动支架（允许管道在支架上有位移的支架）和固定支架（固定在管道上的支架）。活动支架有滑动支架、导向支架、滚动支架、吊架 4 种。

管道支架间距与管子及其附件、保温结构、管内介质重量对管子造成的应力和应变等都有关，一般应符合表 2.1、表 2.2 的要求。

表 2.1 钢管支架最大间距

公称直径/mm		15	20	25	32	40	50	70	80	100	125	150	200	250	300
最大间距/m	保温管	2	2.5	2.5	2.5	3	3	4	4	4.5	6	7	7	8	8.5
	不保温管	2.5	3	3.5	4	4.5	5	6	6	6.5	7	8	9.5	12	12

表 2.2 塑料管及复合管管道支架的最大间距

管径/mm			12	14	16	18	20	25	32	40	50	63	75	90	120
最大间距/m	立管		0.5	0.6	0.7	0.8	0.9	1.0	1.1	1.3	1.6	1.8	2.0	2.2	2.4
	水平管	冷水管	0.4	0.4	0.5	0.5	0.6	0.7	0.8	0.9	1.0	1.1	1.2	1.35	1.55
		热水管	0.2	0.2	0.25	0.3	0.3	0.35	0.4	0.5	0.6	0.7	0.8	—	—

3. 给水系统安装工艺

给水系统安装工艺流程：安装准备→专架制作、安装→预制加工→干管安装→立管安装→支管安装→管道试压→管道冲洗→管道防腐和保温→管道通水。

（1）安装准备。认真熟悉图纸，根据施工方案的施工方法，配合图纸会审等相关内容做好技术准备工作；现场应安排好适当的工作场地、工作棚和料具，水电源应接通，设置必要的消防设施；准备好相应的机具及材料，材料必须达到饮用水卫生标准并对各种进场材料做好进场检验和试验工作。

（2）支架制作。管道支架、支座的制作应按照图纸要求进行施工，代用材料应取得设计者同意；支吊架的受力部件，如横梁、吊杆及螺栓等的规格应符合设计及有关技术标准的规定；管道支吊架、支座及零件的焊接应遵守结构件焊接工艺，焊缝高度不应小于焊件最小厚度，并不得有漏焊、结渣或焊缝裂纹等缺陷；制作合格的支吊架，应进行防腐处理和妥善保管。

（3）预制加工。按设计图纸画出管道分路、管径、变径、预留管口、阀门位置等施工草图，在实际位置做上标记。按标记分段量出实际安装的准确尺寸，记录在施工草图上，然后按草图测得的尺寸预制加工，按管段及分组编号。

（4）干管安装。干管的连接方式有螺纹连接、承插连接、法兰连接、热熔连接等。

1）采用螺纹连接时，一般均加填料（铅油麻丝、聚四氟乙烯生料带和一氧化铅甘油调合剂）。螺纹加工和连接的方法要正确。无论是手工还是机械加工后的管螺纹，都应端正、清楚、完整、光滑。断丝和缺丝的总长不得超过全螺纹长度的10%。螺纹连接时，应在管端螺纹外面敷上填料，用手拧入2～3扣，再用管子钳一次装紧，不得倒回。装紧后应留有螺尾，管道连接后，应把挤到螺栓外面的填料清除掉。填料不得挤入管道，以免阻塞管路。各种填料在螺纹中只能使用一次；若螺纹拆卸，重新装紧时，应更换新填料。

2）给水管的承插连接是在承口与插口的间隙内加填料，使之密实，并达到一定的强度，以实现密封压力介质。承口、插口填料分为两层，内层用油麻或胶圈，外层用石棉水泥接口、自应力水泥砂浆接口、石膏氧化钙水泥接口、青铅接口等。承口、插口的内层填料使用油麻时，将油麻拧成直径为接口间隙1.5倍的麻辫，其长度应比管外径周长长100～150 mm。油麻辫从接口下方开始逐渐塞入承口、插口间隙内，且每圈首尾搭接50～100 mm，一般嵌塞油麻辫两圈，并依次用麻凿打实，填麻深度约为承口深度的1/3；当管径不小于300 mm时，可用胶圈代替油麻，操作时可由下而上逐渐用捻凿贴插口壁把胶圈打入承口内，在此之前，宜将胶圈均匀滚动到承口内水线处，然后分2～3次使其到位。

3）采用法兰连接时，法兰与管子组装前对管子端面进行检查，管口端面倾斜尺寸不得小于1.5 mm；法兰与管子组装时，要用角尺检查法兰的垂直度，法兰连接的平行度偏差尺寸不应大于1.5 mm；法兰与法兰对接时，密封面应保持平衡。

4）热熔连接时，将热熔工具接通电源，到达工作温度指示灯亮后方能开始操作。切割管材时，必须使端面垂直于管轴线，管材断面应去除毛边和毛刺，管材与管件连接端面必须清洁、干燥无油。用卡尺和合适的笔在管端测量并标绘出热熔深度。熔接弯头或三通时，按设计图纸要求，应注意其方向，在管件和管材的直线方向上用辅助标志标出位置。连接时，应旋转地把管端导入加热套内，插入到所标记的深度，同时，无旋转地把管件推到加热头上，达到规定的标志处。达到加热时间后，立即把管材与管件从加热套的加热头上同时取下，迅速无旋转地直线均匀插入到所标深度，使接头处形成均匀凸缘。在规定的加工时间内，刚熔接好的接头还可校正，但严禁旋转。

（5）立管安装。立管安装时，每层从上至下统一吊线安装卡件，将预制好的立管按编号分层排开，按顺序安装，对好调直时的印记，丝扣外露2～3扣，清除麻头，校核预留甩口的高度、方向是否正确。支管甩口均加好临时丝堵；立管阀门安装朝向应便于操作和修理；安装完成后用线锤吊直找正，配合土建堵好楼板洞。

（6）支管安装。将预制好的支管从立管甩口依次逐段进行安装，根据管道长度适当加好临时固定卡，核定不同卫生洁具的冷热水预留口高度、上好临时丝堵。支管装有水表位置先装上连接管，试压后在交工前拆下连接管，换装水表。

（7）管道试压。铺设、暗装、保温的给水管道在隐蔽前做好单项水压试验，管道系统安装完成后进行综合水压试验。水压试验时放净空气，充满水后进行加压，当压力升到规定要求时停止加压，进行检查。如果各接口和阀门均无渗漏，持续到规定时间，观察其压力下降在允许范围内，通知有关人员验收，办理交接手续。

（8）管道冲洗。管道在试压完成后即可做冲洗，冲洗应用自来水连续进行，应保证有充足的流量。冲洗洁净后办理验收手续。

（9）管道防腐和保温。给水管道铺设与安装的防腐均按设计要求及国家验收规范施工，所有型钢支架及管道镀锌层破损处和外露丝扣要补刷防锈漆。

给水管道明装、暗装的保温有防冻保温、防热损失保温、管道防结露保温。其保温材质及厚度均应符合设计要求，质量应达到国家验收规范标准。

2.2　建筑排水系统

建筑排水系统是指人们将日常工作生活和工业生产中产生的废水、污水以及收集的雨水及时排到室外的工程。

2.2.1　建筑排水系统分类

根据接纳排水的性质与来源的不同，建筑内部排水系统可分为生活排水系统、工业生产废水排水系统和雨水排水系统三类。

（1）生活排水系统主要用于排出居住建筑、公共建筑以及工厂生活间的污、废水。生活排水系统又可分为排除冲洗便器的生活污水排水系统和排除盥洗、洗涤废水的生活废水排水系统。生活废水经过处理可作为杂用水，用于冲洗厕所、洗车、绿化用水或冲洗道路等。

（2）工业生产废水排水系统用于排出工艺生产过程中产生的污、废水。为便于污、废水的处理和综合利用，按污染程度不同，工业生产废水排水系统可分为生产污水排水系统和生产废水排水系统。污染程度较重的生产污水经过处理后达到排放标准排放；生产废水污染较轻，可经过简单的处理后加以重复利用。

（3）雨水排水系统是用于收集并排出降落在工业厂房、大屋面建筑及高层建筑屋面上的雨雪水。

建筑分流制排水是指生活排水、工业废水排水及雨水排水分别设置管道排出室外；建筑合流制排水是指将其中两类以上的污水、废水合流排出。建筑排水系统是选择分流制排水系统还是合流制排水系统，应综合考虑污水污染性质、污染程度、室外排水体制是否有利于水质综合利用及处理等因素来确定。

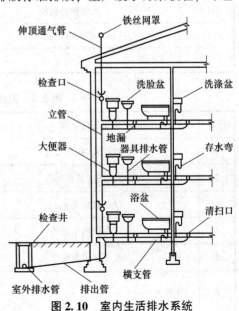

2.2.2　生活排水系统

生活排水系统如图2.10所示。

室内生活排水系统一般由卫生洁具、排水管道系统、通气管系统、清通设备、抽升设备及污水局部处理设备组成。

图2.10　室内生活排水系统

（1）卫生洁具。卫生洁具是建筑内部排水系统的起点，用来收集和排出废水及污水，并满足日常生活和生产过程中的各种卫生要求的设备。卫生洁具的结构、形式和材料各不相同，应根据其用途、设置地点、维护条件和安装条件选用。卫生洁具按用途可分为便溺用卫生洁具（如大便器、小便器等），盥洗、沐浴用卫生洁具（如洗脸盆、浴盆、淋浴器等），洗涤用卫生洁具（如洗涤盆、污水盆、化验盆等），专用卫生洁具（如地漏、水封等）。卫生洁具和给水配件的安装高度若无特殊要求，应分别符合表2.3、表2.4的规定。

表2.3 卫生洁具安装高度

序号	卫生洁具名称			卫生洁具安装高度/mm	
				民用建筑	幼儿园
1	污水盆	架空式		800	800
		落地式		500	500
2	洗涤盆			800	800
3	洗脸盆			800	500
4	盥洗槽			800	500
5	浴盆			≤520	—
6	蹲便器	高水箱		1 800	1 800
		低水箱		900	900
7	坐便器	高水箱		1 800	1 800
		低水箱	外露排水管式	510	370
			虹吸喷射式	470	
8	挂式小便器			600	450
9	小便槽			200	150
10	大便槽冲洗箱			≥2 000	—
11	妇女卫生盆			360	
12	化验盆			800	

表2.4 卫生洁具给水配件的安装高度

序号	给水配件名称		给水配件中心距地面高度/mm	冷热水龙头距离/mm
1	架空式污水盆水龙头		1 000	—
2	落地式污水盆水龙头		800	—
3	洗涤盆水龙头		1 000	150
4	住宅集中给水龙头		1 000	—
5	洗手盆水龙头		1 000	—
6	洗脸盆	水龙头	1 000	150
		角阀	450	—

序号	给水配件名称		给水配件中心距地面高度/mm	冷热水龙头距离/mm
7	盥洗槽	水龙头	1 000	150
		冷热水管	1 200	150
8	浴盆	水龙头	670	150
9	淋浴器	截止阀	1 250	95
		混合阀	1 250	—
		淋浴喷头	2 100	—
10	蹲式大便器	高水箱角阀及截止阀	2 040	
		低水箱角阀	250	
		手动式自闭冲洗阀	600	
		脚踏式自闭冲洗阀	150	
		拉管式冲洗阀	1 600	
		带防污助冲器阀门	900	
11	坐式大便器		2 040	—
			150	—
12	大便槽冲洗水箱截止阀		≥2 400	
13	立式小便器角阀		1 230	
14	挂式小便器角阀及截止阀		1 050	
15	小便槽多孔冲洗管		1 200	
16	实验室化验水龙头		1 000	
17	妇女混合阀		360	

（2）排水管道系统。排水管道系统由连接卫生洁具的排水管道、排水横支管、立管、横干管和自横干管与末端立管的连接点至室外检查井之间的排出管等组成。

（3）通气管系统。通气管系统可使室内外排水管道与大气相通，其作用是将排水管道中散发的臭气和有害气体排到大气中，使管道内常有新鲜空气流通，以减轻管内废气对管壁的腐蚀，同时使管道内的压力与大气平衡，防止水封破坏，稳定排水管中的气压波动，使水流畅通。

通气管有伸顶通气立管、专用通气内立管、结合通气管、环形通气管等类型，如图2.11所示。当建筑物层数与卫生洁具不多时，可将排水立管上端延伸出屋顶，进行升顶通气；当建筑物层数和卫生洁具较多时，因排水量大，空气流动过程宜受排水过程干扰，须将排水立管和通气立管分开，连接4个及以上卫生器具的排水横支管的长度大于12 m时，应设环形通气管；对一些卫生标准与噪声控制要求较高的建筑物，应在各个卫生洁具存水弯出口端设置器具通气管。

排水系统根据通气立管设置情况可分为单立管排水系统、双立管排水系统、三立管排水系统。

（4）清通设备。在室内排水系统中，为疏通建筑内部排水管道，保障排水畅通，需在横支管上设置清扫口，立管上设置检查口，埋地干管上设置检查井等清通设备。

（5）抽升设备。一些建筑内部标高低于室外地坪的民用建筑和公共建筑的地下室、人防建筑物、建筑的地下技术层、某些工业企业车间或半地下室、地下铁道等建筑物内的污水、废水不能自流排至室外管道时，必须设置污水局部抽升设备，以保证生产正常进行和保护生产、生活环境。

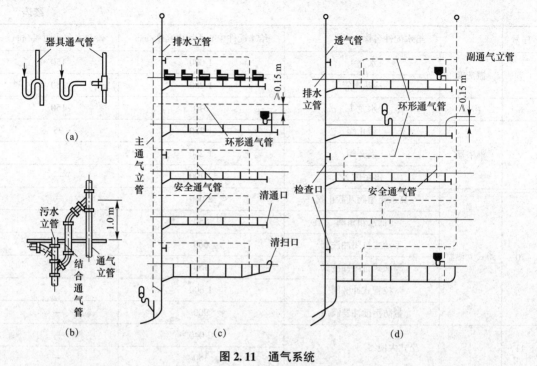

图 2.11　通气系统

(a)器具通气管；(b)结合通气管；(c)排水、通气立管同边设置；(d)排水、通气立管分开设置

(6)污水局部处理设备。室内污水不符合排放要求时，必须进行局部处理，常用的污水局部处理构筑物有化粪池、隔油池等。化粪池是一种利用沉淀和厌氧发酵原理去除生活污水中悬浮性有机物的最初级处理构筑物。目前，由于我国许多小城镇还没有生活污水处理厂，所以建筑物卫生间内所排出的生活污水必须经过化粪池处理后才能排入合流制排水管道。

2.2.3　雨水排水系统

为避免屋面漏水，屋面上的雨水、雪水应及时、系统地有组织排出。屋面雨水的排出方式，按雨水管道的位置可分为雨水外排水系统、雨水内排水系统和雨水混合排水系统三种。

(1)雨水外排水系统。雨水外排水系统是指建筑物内部没有雨水管道的雨水排除方式。按屋面有无天沟，又可以分为檐沟外排水和天沟外排水。

1)檐沟外排水由檐沟、水落管组成，如图 2.12 所示。降落在屋面的雨水沿屋面集流到檐沟，然后流入隔一定距离设置的沿外墙的水落管排至地面或雨水口。普通外排水适用于普通住宅、一般公共建筑和小型单跨厂房。一般情况下，

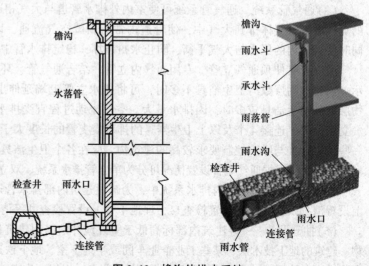

图 2.12　檐沟外排水系统

水落管管径有 75 mm 和 100 mm 两种规格，设置间距为：民用建筑 12～16 m，工业建筑 18～24 m。

2）天沟外排水系统由天沟、雨水斗和排水立管组成，如图 2.13 所示。天沟设置在两跨中间并坡向端墙，雨水斗设在伸出山墙的天沟末端，排水立管连接雨水斗并沿外墙布置。降落在屋面的雨水沿坡向天沟的屋面汇集到天沟，沿天沟流至建筑物两端(山墙、女儿墙)，进入雨水斗，经排水立管排至地面或雨水井。这种排水系统适用于长度不超过 100 m 的多跨工业厂房。

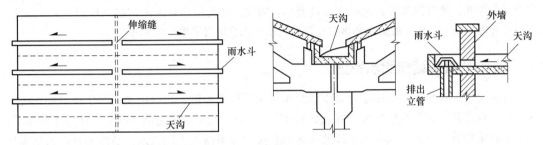

图 2.13 天沟外排水系统

(2)雨水内排水系统。雨水内排水系统是指屋面设置雨水斗，建筑物内部有雨水管道的雨水排水系统，如图 2.14 所示。对于屋面设立天沟有困难的壳形屋面或设有天窗的厂房，考虑设立内排水系统；对于建筑立面要求高的高层建筑、大屋面建筑及寒冷地区建筑的外墙设置雨水排水立管有困难时，也可以考虑采用内排水形式。雨水内排水系统一般由雨水斗、连接管、悬吊管、立管、排出管、埋地干管和检查井组成。

雨水内排水系统按雨水斗的连接方式可分为单斗雨水排水系统和多斗雨水排水系统。单斗雨水排水系统一般不设悬吊管，雨水斗和排水立管连接起来；多斗雨水排水系统就是悬吊管上连接多个雨水斗(一般不得多于 4 个)的系统，其排水量大约为单斗雨水排水的 80%。在条件允许的情况下，应尽量采用单斗雨水排水系统，以充分发挥管道系统的排水能力。

按排出雨水的安全程度，雨水内排水系统分为敞开式排水系统和密闭式排水系统。敞开式排水系统为重力排水，检查井设置在室内，可以接纳生产废水，省去生产废水的排出管，但在暴雨时可能出现检查井冒水现象；密闭式排水系统雨水由雨水斗收集，进入雨水立管，或通过悬吊管直接排至室外的系统，室内不设检查井，密闭式排水系统为压力排水。

(3)雨水混合排水系统。大型工业厂房的屋面形式复杂，为了及时有效地排出屋面雨水，往往同一建筑物采用几种不同形式的雨水排出系统，分别设置在屋面的不同部位，由此组合成屋面雨水混合排水系统，如图 2.14 所示。

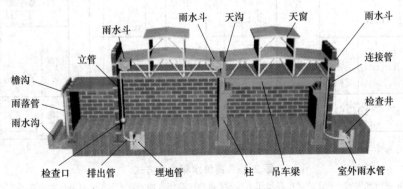

图 2.14 雨水混合排水系统

2.3　高层建筑给水排水系统

随着我国社会的不断发展，建筑层数越来越多，高度越来越大，一般十层及以上的高层住宅和超过 24 m 的其他民用建筑称为高层建筑。高层建筑对系统的供水量、供水压力、水温以及对供水的安全程度、噪声控制等方面提出较高要求。因此，在高层建筑给水排水工程的设计、施工、材料及管理方面，都比一般低层和多层建筑的给水排水系统有了更高的要求。

2.3.1　高层建筑给水系统

选择合适的给水方式是高层建筑生活给水系统设计的关键，它直接关系到生活给水系统的使用和工程造价。对于高层建筑，城市给水管网的水压一般不能满足高区部分生活用水的要求，绝大多数采用分区给水方式供水，即低区部分直接由城市给水管网供水，高区部分由水泵加压供水。

为保证高层建筑的供水安全，高层建筑室内给水系统应采用竖向分区给水方式。竖向分区原则上应根据建筑物的使用要求、供水材料及设备的性能、维护管理条件，并结合建筑物层数和室外给水管网水压等情况来确定。如果分区压力过高，会造成低层处配水点压力大、流量多、噪声大，用水器材损坏，检修频繁，降低管网的使用寿命等后果；如果分区压力过低，势必增加给水系统的设备、材料及相应的建设费用和维护管理费用。

高层建筑主要采用高位水箱给水方式、气压罐给水方式和变频调速水泵给水方式三种分区给水方式。

（1）高位水箱给水方式。高位水箱供水属于水池、水泵和水箱联合供水方式，如图 2.15 所示。其可分为分区并联给水方式、分区串联给水方式、分区减压水箱给水方式和分区减压阀减压给水方式。

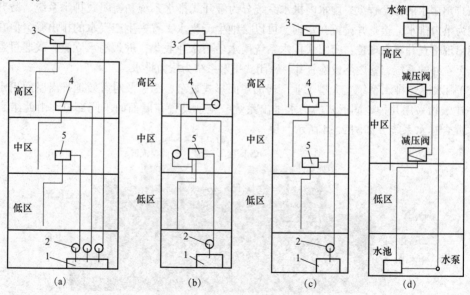

图 2.15　高位水箱给水方式

（a）分区并联给水方式；（b）分区串联给水方式；（c）分区减压水箱给水方式；（d）分区减压阀减压给水方式

1,3,4,5—水箱；2—水泵

1)分区并联给水方式：在各分区独立设置水箱，水泵集中设置在建筑底层或地下室，分别向各区供水。

2)分区串联给水方式：在各分区独立设置水箱和水泵，水泵分散设置在各区的楼层中，低区的水箱兼作上一分区的水池，自下区水箱抽水供上区用水。

3)分区减压水箱给水方式：整个高层建筑的用水量由底层水泵提升至屋顶的总水箱，然后送至各分区减压水箱，上区供下区用水。

4)分区减压阀减压给水方式：该给水方式与分区减压箱给水方式相似，是在建筑物地下室设置水泵并统一加压，在建筑物屋面上设置水箱向下各区供水，其中高区直接供水，中区和低区通过减压阀减压后再供水。

以上4种设高位水箱的给水方式，其特点以及使用范围详见表2.5。

表2.5　4种设高位水箱的给水方式的优缺点及适用对象

给水方式	优点	缺点	适用范围
分区并联给水方式	1. 各区是独立系统，运行互不干扰，供水安全可靠； 2. 水泵集中布置，便于维护管理； 3. 运行费用经济	1. 高压管线长、管材耗用较多； 2. 水泵数量多，设备费用增加； 3. 分区水箱占用建筑面积，影响经济效益	广泛用于允许分区设置水箱的各类高层建筑中； 储水池进水管上应尽量装设液压水位控制阀； 水泵宜采用同型号不同基数的多级水泵
分区串联给水方式	1. 无高压水泵和高压管线，节省运行动力费用； 2. 设备管道较简单、投资较省	1. 水泵分散设置，占用较大面积，管理维护不便； 2. 防震、隔声要求高； 3. 上区供水受下区限制，供水可靠性差	用于允许分区设置水箱、水泵的高层工业与民用建筑； 储水池进水管上应尽量装设液压水位控制阀； 水泵设计应有消声减震措施，可选用橡胶隔震垫、可曲挠接头和弹性吊架等
分区减压水箱给水方式	1. 供水较可靠； 2. 水泵数量少、设备费用低，维护管理比较方便； 3. 设备布置比较集中，泵房面积小、减压水箱容积小	1. 水泵运行动力费用高； 2. 屋顶水箱容积大，对建筑结构不利，供水可靠性较差； 3. 下区供水受上区的限制	用于允许分区设置高位水箱、电力供应比较充足、电价较低的各类高层建筑
分区减压阀减压给水方式	1. 供水可靠； 2. 设备与管材较少，投资小； 3. 设备布置集中，便于维护管理，不占用建筑上层使用面积	下区供水压力损失较大，浪费电力资源	用于电力供应充足、电价较低和建筑物内不便于设置水箱的工业和民用高层建筑

(2)气压罐给水方式。气压罐给水方式是用密闭的气压罐代替高位水箱并设置补气装置和控制仪表向高层用户供水，如图2.16所示，其可分为并联给水方式和串联减压阀给水方式。

气压罐给水方式的特点：不设置高位水箱，减小建筑物荷载，不占用建筑面积；但水泵启闭频繁，气压罐调节容积小，运行动力费用高，气压给水压力变化幅度大，耗能多，造价较高。该给水方式多用于消防给水，也可用于建筑工地施工供水和人防工程供水。

(3)变频调速水泵给水方式。变频调速水泵给水方式是根据用户用水量的情况，自动改变水泵的转速，调整水泵出水量，使水泵具有较高的工作效率，并能随时满足室内给水管网对水压和水量的要求，如图 2.17 所示。其可分为并联变频泵给水方式和减压阀减压变频泵给水方式。

图 2.16　气压罐给水方式

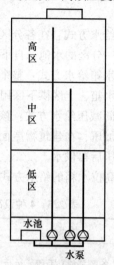

图 2.17　变频调速水泵给水方式

变频调速水泵给水系统由变频控制柜、无负压装置、自动化控制系统、远程监控系统、水泵机组、稳压补偿器、压力传感器、阀门、仪表和管路系统等组成。

变频调速水泵给水方式的特点是：建筑物不设高位水箱，变频水泵设置在地下室，设备布置集中，便于维护管理，占用建筑面积少，水泵工作效率高，节约能源，无水质二次污染；但投资较大，维修复杂，管理水平要求高。该给水方式广泛用于高层工业和民用建筑中。

2.3.2　高层建筑排水系统

高层建筑的特点：建筑高度高、层数多、面积大，设备完善、功能复杂，卫生器具多，使用人员多，管网系统复杂等。对高层建筑排水系统的基本要求是排水和排气通畅。排水通畅，即要求排水管道设计合理、安装正确，管径能排出所接纳的污（废）水量，配件选择恰当及不产生阻塞现象。为了提高高层建筑排水系统的排水能力，首先必须解决排气问题，为了防止排水不畅以及造成卫生器具的水封破坏，应设置专用通气立管。

高层建筑排水立管长、排水量大、立管内气压波动大。排水系统功能的好坏很大程度上取决于排水管道通气系统是否合理。

1. 双立管排水系统

目前我国的高层建筑多采用设置专用通气立管的排水系统。在这种系统中，排水管专用排水，通气管专用排气，相互连通，所以称为双立管排水系统，如图 2.18 所示。双立管排水系统有专用通气立管、主通气立管、环形通气管和副通气立管等形式。

专用通气立管系统中，排水立管与专用通气立管每隔两层用连接短管相连接。专用通气管用来改善排水立管的通水和排气性能，稳定立管的气压，适用于排水横管承接的卫生洁具不多的高层民用建筑等。

主通气立管和环形通气管系统可改善排水横管和立管的通水、通气性能，适用于排水横管承接的卫生洁具较多的高层建筑。对于使用条件要求较高的建筑，可以设置主通气立管和环形通气管系统的高层公共建筑，以及对卫生、安静要求较高的建筑物，可在卫生洁具与主通气立管之间设置器具通气管。

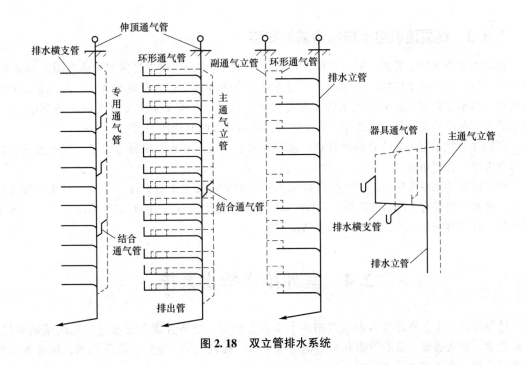

图 2.18 双立管排水系统

副通气立管系统是指仅与环形通气管连接，为使排水横支管空气流通而设置的通气管道。

双立管排水系统虽然排水性能好，但占地面积大，造价高，管道安装复杂。

2. 特殊单立管排水系统

国外一些国家高层建筑采用具有特制配件的单立管排水系统，这种系统可以省去主通气立管，安装施工方便，节省室内面积，管材用量少，但特殊配件用量多，价格高，排水效果不如双立管排水效果好。常用的单立管排水系统有苏维脱单立管排水系统和旋流排水系统。

（1）苏维脱单立管排水系统。苏维脱单立管排水系统是 1961 年瑞士学者苏玛研制的，它在各层排水横支管与立管的连接中采用气水混合接头配件，在排水立管基部设置气水分离接头配件，从而可以取消通气立管。配件主要由气水混合器和气水分离器组成。

气水混合器的工作原理：自立管下降的污水，经乙字管时，水流撞击分散与周围的空气混合，变成比重轻、呈水沫状的气水混合物，下降速度减慢，可避免出现过大的抽吸力。横支管排出的污水受隔板阻挡，只能从隔板右侧向下排放，不会在立管中形成水舌，能使立管中保持气流畅通，气压稳定。

气水分离器的工作原理：由流入口、顶部通气口、有突块的空气分离室、跑气管和排出口组成。自立管下降的气水混合液，遇突块被散佚，并改变方向冲击到突块对面的斜面上，从而分离出气体，分离的气体经跑气管引入干管下游，使污水的体积变小、速度减慢、动能减小，底部正压减小，管内气压稳定。

（2）旋流排水系统。旋流排水系统又称为塞克斯蒂阿系统，它是 1967 年由法国建筑科学技术中心提出的一项新技术。它是在各层横管和立管的连接处采用旋流式接头配件和在立管底部设置旋流式 45°弯头，广泛应用于高层居民建筑。这种系统是由各个排水横支管与排水立管连接起来的"旋流排水配件"和装设于立管底部的"导流弯头"组成。

双立管排水系统具有运行可靠、性能好、应用广泛，但系统复杂、管材耗量大、占用空间大、造价高等特点；特殊单立管系统具有结构简单、施工方便、造价低等优点，可根据实际情况采用。

2.3.3　高层建筑给水排水管道的安装

高层建筑给水排水管道一般常敷设在管道竖井内，每层分出横支管供卫生洁具用水和排水。横干管一般敷设在技术转换层或吊顶内。管道竖井内的各种立管应合理布置，一般先布置安装排水管、雨水管和管径较大的给水管，再安装其他管道。立管安装应按自下而上的顺序安装，每层必须安装管道支架将管道固定，管道竖井内必须搭设临时操作平台。

高层建筑技术层内安装有各种管道、水箱、水泵、风机和水加热器等设备。在布置安装时应综合考虑、合理布置。

高层建筑排水系统应首选柔性抗震排水铸铁管的承插法兰压盖柔性连接或不锈钢卡箍柔性连接；排水塑料管有 UPVC 螺旋管、UPVC 双壁中空螺旋静音管、UPVC 芯型发泡管等新型排水塑料管，排水塑料管的连接可选用承插粘接连接。

2.4　室外给水排水系统

建筑外部给水工程是将水源地合格的水资源有组织、经济合理并安全可靠地向城镇居民、工矿企业、交通运输、旅游饭店和城市消防等各部门提供生活、生产、消防用水，保证各用水对象对水量、水质和水压的要求。

人类在生活和生产中使用大量的水，水在使用过程中受到各种物质不同程度的污染，改变了水原来的物理性质及化学成分，这些受到污染的水称为污水或废水。在城市中，从住宅、各种公共建筑和工厂中不断排出大量污水或废水。建筑外部排水工程的基本任务是收集各种污水（包括雨水），将其输送到污水处理厂，妥善处理后再排放或再利用。

2.4.1　建筑室外给水排水管道的布置和敷设

1. 建筑外部给水管道的布置与敷设

（1）城市输水管道的布置。

1）城市输水管道的布置原则。

①管网必须布置在整个供水压域内，能满足用户对用水量、水质和水压的要求。

②保证管网供水安全可靠。当发生故障时，能保证不间断供水。

③力求室外管网管线最短，土方量最少，降低工程造价。

2）输水管网布置与敷设。输水管网是指水厂在供水期间输送水流的主干管，中途不配水。输水干管一般宜设置两条管道，可以在管线上安装阀门，由阀门来控制。在输水管网最高点应设排气阀，在输水管网最低点应设泄水阀。

3）配水管网布置与敷设。配水管网是指将输水管网送来的水分配给各用户的管道系统。配水管网布置应根据城市规划、用户分布以及用户对用水安全可靠性需求的程度来确定其布置形式。

①树枝状管网：供水管线向供水区延伸，管线的管径随用水量的减少而逐渐缩小。树枝状管网管线长度较短、结构简单、供水直接、投资小、供水安全可靠性较差。树枝状管网用于小城镇、工业区和车间给水管道布置。

②环状管网：城镇配水管网通过阀门将管路连接成环状给用户安全可靠地供水。环状管网管线阀门用量大，造价高，断水范围小，供水较安全可靠，常用于较大城市供水管网或用于不

能停水的工业区。

③综合管网：在城市中心区域和用水量大的地区，配水管网设置成环状；在边远地区和供水可靠性要求不高的地区，设置树枝状管网的一种综合分布形式。常用于大、中型城市供水管网中，供水安全可靠，管线布置科学、合理，但管线长，阀门用量较多，造价高。

（2）城市供水输配管网敷设要求。

1）供水管应敷设在污、废水管道上面，当两管平行敷设时，管外壁净距不小于1.5 m；交叉时应重叠。

2）当给水管敷设在污、废水管道下面时，应采用钢套管，套管伸出交叉管长度每边不小于3 m，套管两端用油麻沥青封堵。

3）给水管道相互交叉时，其净距不小于0.15 m。

（3）居住小区给水管道布置与敷设。小区给水管网是指布置在建筑物周围，直接与建筑物引入管相接的给水管道。小区给水支管是指布置在居住区内道路下与进户管相连接的给水管。小区给水干管是指布置在小区道路或城市道路下与小区支管相连接的给水管道。

小区给水干管沿着水量较大的地段布置，以最短距离向大用户供水，其干管布置成环状与城镇给水管道连成环网。

给水管道应沿小区内道路平行于建筑物敷设，给水管道与建筑物的基础水平净距，当管径为100～150 mm时，不小于1.5 m；管径为50～75 mm时，不小于1.0 m。

给水管道与其他管道平行或交叉敷设时的净距，应根据两种管道类型、施工检修的相互影响、管道上附属的构筑物的大小和当地有关规定条件确定。小区给水管道与污水管道交叉时，给水管道应敷设在污水管道的上面，且接口不应重叠。

小区给水管道埋设的深度，应根据土壤的冰冻深度、外部荷载、管材强度与其他管道交叉的因素来确定。

2. 建筑外部排水管道的布置与敷设

（1）排水管道的布置应根据小区总体规划、道路和建筑布置、地形、污水去向等约束条件来确定，力求管线短、埋深小、自流排水。

（2）排水管道宜沿道路或建筑物的周边呈平行敷设。排水管道与建筑物基础的水平净间距：当管道埋深浅于基础时，应不小于1.5 m；当管道埋深深于基础时，不应小于2.5 m。

（3）排水管道敷设应尽量减少相互之间以及与其他管线的交叉。排水管道转弯和交接处，水流转角应不小于90°，当管径小于300 mm且跌水水头大于0.3 m时，可不受此限制。各种不同直径的排水管道在检查井的连接宜采用管顶平接。

（4）排水管道的管顶最小覆土厚度应根据外部荷载、管材强度和土壤冰冻因素结合当地埋管的经验确定。在车行道下一般不宜小于0.7 m，否则应采取保护措施。当管路不受冰冻和外部荷载影响时，最小覆土厚度不宜小于0.3 m。

（5）北方地区，排水管道管顶埋深一般在冰冻线以下。

（6）房屋排出管与室外排水管连接处应设置检查井，敷设管道应设置坡度。

3. 室外管线工程综合布置原则

综合布置地下管线应以以下避让原则处理：

（1）压力管避让重力管；

（2）小管径避让大管径；

（3）支管避让干管；

（4）冷水管道避让热水管道；

(5)软管避让压力管;

(6)临时管道避让永久管道。

垂直管道布置原则如下:

(1)热介质管道在上,冷介质管道在下;

(2)无腐蚀介质管道在上,腐蚀介质管道在下;

(3)气体介质管道在上,液体介质管道在下;

(4)保温管道在上,不保温管道在下;

(5)高压管道在上,低压管道在下;

(6)金属管道在上,非金属管道在下;

(7)不经常检修的管道在上,经常检修的管道在下。

合理安排好各管线平面位置后,还应合理控制各管线高程。一般来说,从上至下管线顺序依次为电力管(沟)、电讯管(沟)、煤气管、给水管、雨水管、污水管。

管道相互交叉时,其相互之间的垂直净距离不小于0.15 m。

给水管道应敷设在污水管道上方,且不应有接口重叠;当给水管道敷设在污水管道下方时,应采用钢管或钢套管,套管伸出交叉管的长度每边不得小于3 m,套管两端采用防水材料封闭。给水管道相互交叉时,其净距不应小于0.15 m。当给水管道与污水管道平行设置时,管外壁净距不应小于1.5 m。管道穿越河流时,可采用管桥或河底穿越等形式。

2.4.2　室外给水排水管道安装

1. 室外给水管道安装

室外给水管道安装工艺:测量放线→管沟开挖→管道安装→附件及附属构筑物施工→管道试压→管道冲洗消毒→回填。

室外给水管道的安装与给水管材、连接方式息息相关,下面以给水铸铁管柔性接口为例,介绍其安装工艺。

(1)测量放线。熟悉图纸,确定管段的起点、终点、转折点的管底标高,各点之间的距离与坡度,阀门井、管沟等位置,地下其他管线与构筑物的位置及与给水管道的距离。确定管道位置,按设计及规范要求画出管沟中心线、开挖边线。

(2)管沟开挖。根据当地地质条件和设计沟槽深度选择机械或人工开挖,将管基夯实平整,铺垫砂层,增大管道底部与基础接触面积,保护管道。

(3)管道安装。在安装管道前应对管道进行检查清理,查看管子有无裂纹、毛刺等,不合格的不能用,管外壁上的沥青涂层应完好,必要时应补涂。

符合要求的管道在管沟边较平坦的部位顺管沟摆放,并根据两井间距切割相应的长度。采用绳索或机械将管道就位,要求管道水平对正。

将承口内部和插口外部清理干净,用气焊或喷灯烧烤清除承口及插口内侧的沥青涂层,并用钢丝刷和抹布擦干净,以保证接口的严密性和强度。采用橡胶圈接口时,应先将胶圈套在管子的承凹槽内。当橡胶圈到位后,在橡胶圈内表面和距离端面100~120 mm插口外表面涂抹专用润滑剂或浓肥皂水,调整铸铁管的水平位置,进行校正,移动插口将一小部分前端插入承口内。插入管尽量悬空推进,可采用人工撬杠的方法进行安装,也可采用专用拉管器、紧绳器、倒链等进行安装。安装过程中,不得使胶圈产生扭曲、裂纹等现象。

(4)附件及附属构筑物施工。供水管线上的附件主要是指阀门和法兰,阀门在安装前必须对其进行检查、试压,对安装在重要部位或使用压力、温度较高的阀门,进入泥沙等脏物时,还应进行清洗，更换填料、垫片；当阀门密封面发生泄漏时，还应进行研磨。管道附属构筑物包括各种阀门、仪表井、支墩等。

(5)管道试压。给水管道在隐蔽前做好水压试验。水压试验时放净空气，充满水后进行加压，当压力升到规定值时停止加压，进行检查，如各接口和阀门均无渗漏，持续到规定时间，观察其压力下降值在允许范围内，通知有关人员验收，办理交接手续。

(6)管道冲洗消毒。管道在试压完成后，即可进行冲洗消毒。冲洗应用自来水连续进行，应保证有充足的流量。冲洗洁净后办理验收手续。

(7)回填。管道安装完毕且试压合格后方可进行回填工作。回填之前必须将沟槽内的杂物清理干净，应先从管线、阀门井等构筑物两侧对称回填，并确保管线及构筑物不产生位移。管道两侧及管顶以上0.5 m内的回填土不得含有碎石、砖块、冻土块及其他杂硬物体。回填土密实度应符合有关技术规程和规范要求。

2. 室外排水管道安装

室外排水管道安装工艺：测量放线→管沟开挖(基础垫层制作)→检查井制安→管道安装→管道与井口连接→闭水试验→回填。

排水管道的安装与排水管材、连接方式息息相关。排水管道的安装工艺与给水管道安装工艺要求基本相同，下面以HDPE管承插接口为例，介绍其与给水管道不同的安装要求。

(1)检查井制安。清除井坑底部坚硬物体，做好井基础，按设计要求砌筑检查井。

(2)管道与井口的连接。检查井施工已经预留出管道的安装位置，管道就位后，找正中心线及标高，用石棉绒水泥或油麻沿管道周围包裹宽100 mm的长度，用凿子锤打密实，其余管段用水泥砂浆抹实。

(3)闭水试验。在进行闭水试验前，必须将管道接口部位的中下部及时回填密实。试验从上游往下游分段进行，上游试验完毕后，可往下游充水。闭水试验的水位，应为试验段上游管内顶以上2 m，将水灌至接近上游井口高度。注水过程应检查管堵、管道、井身无漏水和严重渗水，试验合格标准应该符合规范要求。

总结回顾

1. 建筑室内给水系统的组成和分类。层数较多的建筑还有升压和储水设备，高层建筑常采用分区供水方式。

2. 排水系统的组成、分类及各部分的作用。排水管道包括器具排水管、排水横支管、排水立管、排出管，排水干管采用得较少。高层建筑的通气管种类较多，通气管的主要作用。排水管道的清通设施主要有检查口、清扫口及检查井，分别装设在管道的位置。

3. 高层建筑给水排水系统的特点和分类。高层建筑给水排水管道的敷设要求。

课后评价

一、填空题

1. 给水引入管应由不小于_____的坡度坡向室外给水管网或坡向阀门井、水表井，以便检修时排放存水。

2. 建筑室内给水管网的敷设方式分为明装和_____。

3. 建筑内部排水系统根据接纳污、废水的性质，可分为_____排水系统、_____排水系统和_____排水系统。

4. 为疏通建筑内部排水管道，保障排水通畅，需设置清通设备，在横支管上设_____，在立管上设_____。

5. 屋面雨水的排除方式按雨水管道的位置分为外排水系统、_____和_____。

二、选择题

1. 室内给水系统按照供水对象划分，不包括(   )。

    A. 生产给水系统   B. 设备给水系统

    C. 消防给水系统   D. 生活给水系统

2. 将建筑内部给水管网利用外网水压供水，此方式是(   )。

    A. 单设水箱的给水方式   B. 直接给水方式

    C. 设水泵的给水方式   D. 设水池和水泵的给水方式

3. 为避免低层承受过大的静水压力，高层建筑常采用(   )。

    A. 分质给水方式   B. 分量给水方式

    C. 分压给水方式   D. 分区给水方式

4. 下列不属于卫生洁具的是(   )。

    A. 大便器   B. 地漏

    C. 水封   D. 弯头

5. 关于建筑给水排水系统中引入管的描述，下面说法有误的是(   )。

    A. 建筑物用水量最大处引入   B. 建筑物不允许断水处引入

    C. 通常采用埋地暗敷的方式引入   D. 通常采用明敷的方式引入

三、简答题

1. 简述建筑生活给水系统与排水系统的组成。

2. 常用的生活给水方式有哪些？分别适用于什么样的建筑中？

3. 建筑室外给水与排水管道的安装工艺流程是怎样的？

4. 简述建筑内部给水管道的布置、敷设要求及安装工艺。

5. 简述建筑雨水系统的分类及组成。

任务 3　建筑消防系统

工作任务	建筑消防系统
教学模式	任务驱动
任务介绍	建筑消防工程是给水工程的一个分支，也是建筑安装工程的一个分支。消火栓系统与自动喷水灭火系统的灭火原理主要为冷却，可用于多种火灾；二氧化碳灭火系统的灭火原理主要是窒息作用，并有少量的冷却降温作用，适用于图书馆的珍藏库、图书楼、档案楼、大型计算机房、电信广播的重要设备机房、贵重设备室和自备发电机房等；干粉灭火系统的灭火原理主要是化学抑制作用，并具有少量的冷却降温作用，可扑救可燃气体、易燃与可燃液体和电气设备火灾，具有良好的灭火效果；卤代烷灭火系统的主要灭火原理是化学抑制作用，灭火后不留残渍，不污染，不损坏设备，可用于贵重仪表、档案及总控制室等的火灾；泡沫灭火系统的主要灭火原理是隔离作用，能够有效地扑灭烃类液体火焰与油类火灾。本任务将重点介绍消火栓系统和自动喷水灭火系统
学有所获	1. 掌握消火栓给水系统的组成。 2. 掌握自动喷水灭火系统的组成及应用。 3. 掌握其他常用灭火系统的组成及应用

任务导入

随着生活水平的不断提高与建筑行业的快速发展，越来越多的大型建筑综合体不断涌现，其内部结构和设置越来越复杂，对火、电、气及化学用品的使用也越来越频繁，对建筑消防系统的要求也更加严格。

任务分解

建筑消防工程根据使用的灭火剂种类和灭火方式可分为三类：消火栓系统、自动喷水灭火系统和其他使用非水灭火剂的固定灭火系统。

任务实施

3.1　建筑消火栓系统

建筑消火栓系统可分为建筑外部消火栓系统和建筑内部消火栓系统。它们之间有明确的消防范围，承担不同的消防任务，又有紧密的衔接性，属于配合和协同工作关系。

3.1.1 消火栓系统组成

建筑消火栓系统一般由消火栓供水水源、供水管网、供水设备及消火栓等部分组成。

1. 供水水源

常用的消防供水水源主要有市政管网给水、消防水池和天然水源几种，它们应符合规定，即选用消火栓供水水源时，优先采用市政管网给水；备用消火栓供水水源，应保证在任何情况下均能满足消防给水系统所需的水量和水质的要求。

(1)市政管网给水。

1)当市政给水管网满足水量和水压的要求时，消防给水系统可采用市政给水管网直接供水。

2)一般情况下，应有两路消防供水水源，应符合下列条件：

①市政给水厂应至少有两条输水干管向市政给水管网输水；

②市政给水管网应为环状管网；

③应由不同市政给水干管上不少于两条引入管向消防给水系统供水。

(2)消防水池。当出现如下几种情况时，需要设置消防水池：

1)当生产、生活用水量达到最大，市政给水管道、进水管网或引入管不能满足消防用水量时；

2)当采用一路消防供水或只有一条引入管，且室外消火栓设计流量大于 20 L/s 或建筑高度大于 50 m 时；

3)市政消防给水设计流量小于建筑的消防给水设计流量时。

消防水池的其他设计应满足《消防给水及消火栓系统技术规范》(GB 50974—2014)中的相关规定。

(3)天然水源。井水等地下水源可作为消防水源，江河湖海水库等天然水源可作为城乡市政消防和建筑室外消防永久性天然消防水源。两种天然水源作为室外消防水源时，均应采取防止冰凌、漂浮物、悬浮物等物质堵塞消防水泵的技术措施，并应采取确保安全取水的措施。

1)当井水作为消防水源时，应设置探测水井水位的水位测试装置，水井不应少于两眼，当每眼井的深井泵均采用一级供电负荷时，可作为两路消防供水，其他情况可视为一路消防供水。

2)当地表水作为室外消防水源时，应采取确保消防车、固定和移动消防水泵在枯水位置取水的技术措施。当消防车取水时，最大吸水高度应不超过 6.0 m，并应设置消防车到达取水口的消防车道和消防车回车场或回车道。

2. 供水管网

供水管网是消火栓系统的重要组成部分，主要有进水管、水平干管、立管、支管等，一般布置成环状，并设置阀门。民用建筑的消防管网应与生活给水系统分开设置。

3. 供水设备

消防供水设备是建筑消防给水系统的重要组成部分，其主要任务是为建筑消防系统储存并提供足够的消防水量和水压，确保建筑消防给水系统供水的安全、可靠。消防供水设备通常包括消防水箱、消防增压稳压设备、消防水泵、水泵接合器等。

(1)消防水箱。消防水箱是指设置在地面标高以上的储存或传输消防水量的水箱，包括高位消防水箱和中间消防水箱。设置消防水箱，提供消防系统初期的用水量和水压，一方面，可以使消防给水管道充满水，节省消防水泵开启后水充满管道的时间，为扑灭火灾赢得时间；另一方面，屋顶设置的增压、稳压系统和水箱能保证消防水枪的充实水柱，对于扑灭初期火灾的成败起决定性作用。

消防水箱储存水量应满足室内 10 min 消防用水量，与其他用水共用时应采取确保消防用水量不作他用的技术措施。水箱的安装高度应高于其所服务的水灭火设施，且最低有效水位应满足水灭火设施最不利点处的静水压力。

消防水箱可采用热浸锌镀锌钢板、钢筋混凝土、不锈钢板等建造。

（2）增压稳压设备。对于采用临时高压消防给水系统的高层或多层建筑物，当所设置消防水箱的设置高度满足不了系统中最不利点灭火设备所需的水压要求时，应在建筑消防给水系统中设置消防增压稳压设备。根据在系统中的设置位置，消防增压稳压设备可分为上置式和下置式两种。上置式增压稳压设备的优点是配用的稳压泵扬程低，水罐底充气压力小，承压低。下置式增压稳压设备的优点是可以保证灭火设备所需的水压，而且罐体的安装高度不受限制，可设置在建筑物的任何部位。

（3）消防水泵。消防水泵是担负消防供水任务的设备，应符合以下要求：

1）消防水泵的性能应满足消防给水系统所需流量和压力的要求，应设置备用泵，且应采用自灌式吸水；

2）一组消防水泵的吸水管不应少于两条，当其中一条损坏或检修时，其余吸水管应仍能通过全部消防给水设计流量；

3）一组消防水泵应设置不少于两条的输水干管与消防给水环状管网连接，当其中一条输水干管检修时，其余输水干管应仍能供应全部消防给水设计流量；

4）消防水泵应保证火警后 5 min 内开始工作，并在火场断电时能正常工作。

（4）水泵接合器。水泵接合器是连接消防车从室外消防水源抽水向室内消防给水系统加压供水的装置。一端由消防给水管网水平干管引出，另一端设于消防车易于接近的地方，是一种临时供水设施。水泵接合器由本体、弯管、闸阀、止回阀、泄水阀及安全阀等组成，分为地上式水泵接合器、地下式水泵接合器和墙壁式水泵接合器 3 种，如图 3.1 所示。地上式水泵接合器本身与接口高出地面，目标显著，使用方便；地下式水泵接合器安装在建筑物附近的专用井中，不占地方且不易遭到破坏，特别适用于寒冷地区；墙壁式水泵接合器安装在建筑物的外墙上，墙壁上只露出两个接口和装饰标牌，目标清晰、美观，使用方便。

图 3.1 水泵接合器
（a）地上式；（b）地下式；（c）墙壁式

下列场所的室内消火栓给水系统应设置消防水泵接合器：

1）高层民用建筑；

2）设有消防给水的住宅、超过 5 层的其他多层民用建筑；

3）地下建筑和平战结合的人防工程；

4）超过 4 层的厂房和库房，以及最高层楼板超过 20 m 的厂房或库房。

另外，自动喷水灭火系统、水喷雾灭火系统、泡沫灭火系统和固定消防炮灭火系统等水灭火系统，均应设置消防水泵接合器。

除墙壁式水泵接合器外，水泵接合器应设置在距建筑物外墙 5 m 外。水泵接合器四周15～40 m 范围，应有供消防车取水的室外消火栓或消防水池。

4. 消火栓

消火栓是一种固定消防工具，主要作用是控制可燃物、隔绝助燃物、消除着火源。按安装位置不同，消火栓分为室外消火栓和室内消火栓两种。

（1）室外消火栓。室外消火栓是扑救火灾的重要消防设施之一，设置在建筑物外面，用于向消防车供水或直接连接水带，水枪出水灭火，是室外必备的消防设施。室外消火栓由本体、弯管、泄水阀等组成，常见的有地上式室外消火栓与地下式室外消火栓两种，如图 3.2 所示。

（2）室内消火栓。室内消火栓是通过带有阀门的接口向火场供水的室内固定消防设施，通常安装在消火栓箱内。室内消火栓由消火栓、消防水带和水枪等组成，如图 3.3 所示。

  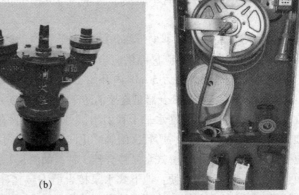

（a）　　　　　　　　　　　（b）

图 3.2　室外消火栓
（a）地上式；（b）地下式

图 3.3　室内消火栓箱

1）消火栓。一种带内扣接口的球形阀门，一端与消防立管相连，另一端与水龙带相连。消火栓分为单出口和双出口两种，单出口消火栓有 SN65、SN50 两种规格。SN65 有减压型、旋转型等，双出口只有 SN65 一种规格，有减压型、单阀双出口、双阀双出口等。

2）消防水带。消防水带也称水龙带，两端带有消防接口，可与消火栓或消防车配套，用于输送水或其他液体灭火剂。一般用麻丝或化学纤维材料制成，可以内衬橡胶。与室内消火栓配套使用的消防水带口径有 $DN50$、$DN65$ 两种，长度有 15 m、20 m、25 m、30 m 4 种。

3）水枪。水枪为锥形的喷嘴，一般用铜、铝合金或塑料制成。常用的喷嘴口径有 13 mm、16 mm、19 mm 3 种：13 mm 口径水枪只能 $DN50$ 的水龙带，19 mm 口径水枪只能配 $DN65$ 的水龙带，16 mm 口径水枪可以配 $DN50$ 和 $DN65$ 的水龙带。低层建筑一般采用 13 mm、16 mm 口径的水枪，但必须经消防流量和充实水柱长度计算后确定；高层建筑一般采用 19 mm 口径的水枪。

4）其他组成。室内消水栓除了消火栓、消防水带、水枪外，一般还有消防按钮、挂架、消防卷盘等。消防按钮主要用来发出报警信号及启动消防水泵，挂架主要用来悬挂消防水带。消防卷盘是由阀门、软管、卷盘喷枪等组成的，能够在展开卷盘的过程中喷水灭火的设施，可以单独设置，通常与消火栓一起设置。

（3）水枪的充实水柱。充实水柱是指靠近水枪的一段密集不分散的射流，充实水柱长度是直流水枪灭火时的有效射程，是水枪射流中在 26～38 mm 直径圆断面内、包含全部水量75%～90%的密实水柱长度。根据防火要求，从水枪射出的水流应具有射到着火点和足够冲击扑灭火焰的能力。火灾发生时，火场能见度低，要使水柱能喷到着火点，防止火焰的热辐射和着火物下落烧伤消防人员，消防人员必须距着火点有一定的距离，因此要求水枪的充实水柱应有一定长度。

根据试验数据统计，当水枪充实水柱长度小于 7 m 时，火场的辐射热使消防人员无法接近着火点，无法达到有效灭火的目的。当水枪的充实水柱长度大于 15 m 时，因射流的反作用力而使消防人员无法把握水枪灭火，水枪的充实水柱应经计算确定。

(4)消火栓的保护半径。消火栓的保护半径是指某种规格的消火栓、水枪和一定长度的消防水带配套后，并考虑消防人员使用该设备具有一定安全保护条件下，以消火栓为圆心，消火栓能充分发挥其作用的半径。消火栓的保护半径经计算确定，且高层工业建筑、高架库房、甲乙类厂房的室内消火栓的间距不应超过 30 m，其他单层和多层建筑室内消火栓的间距不应超过 50 m。

3.1.2　消火栓系统分类

消火栓系统按消防水压，可分为低压消防给水系统、高压消防给水系统、临时高压消防给水系统；按用途，可分为合用的消防系统、独立的消防系统；按建筑物高度，可分为低层建筑消火栓系统、高层建筑消火栓系统。

(1)低层建筑消火栓系统。低层建筑消火栓系统的灭火能力较小，只能起到防止火灾蔓延扩大或熄灭小火的作用。一般设于 9 层及 9 层以下的住宅建筑和高度在 24 m 以下的其他建筑物内。低层建筑消火栓系统主要采用低压制给水系统。

(2)高层建筑消火栓系统。10 层及 10 层以上的住宅建筑物及建筑高度超过 24 m 的其他民用建筑，称为高层建筑。由于消防车的供水压力的限制，消防车不能扑救高层建筑火灾，原则上应用建筑消防给水管网供水、自救扑灭建筑火灾。高层建筑消火栓系统多采用高压制给水系统和临时高压制给水系统，必须独立设置，不得与生活、生产合用，也要与自动喷水灭火系统管网分开设置。

3.1.3　消火栓系统布置

(1)室外消火栓布置。

1)室外消火栓应沿道路设置，道路宽度超过 60 m 时，宜在道路两边设置消火栓，并宜靠近十字路口。寒冷地区宜采用地下式，非寒冷地区宜采用地上式，条件允许的情况下地上式可采用防撞型，当采用地下式消火栓时应有明显标志。

2)室外地上式消火栓应有一个直径为 150 mm 或 100 mm 的栓口和两个直径为 65 mm 的栓口。室外地下式消火栓应有直径为 100 mm 和 65 mm 的栓口各一个，并有明显的标志。

3)室外消火栓的保护半径不应超过 150 m，间距不应超过 120 m。

4)室外消火栓距路边不应超过 2 m，距房屋外墙不宜小于 5 m。

5)当建筑物在市政消火栓保护半径 150 m 以内，且消防用水量不超过 15 L/s 时，可不设室外消火栓。

6)室外消火栓应沿高层建筑周围均匀布置，并不宜集中在建筑物一侧。

7)人防工程室外消火栓距人防工程入口不宜小于 5 m。

8)停车场的室外消火栓宜沿停车场周边设置，且距离最近一排汽车不宜小于 7 m，距加油站或车库不宜小于 15 m。

9)室外消火栓应设置在便于消防车使用的地点。

(2)室内消火栓布置。

1)设有消防给水的建筑物，其各层(无可燃物的设备层除外)均应设置消火栓。

2)室内消火栓的布置，应保证有两支水枪的充实水柱同时到达室内任何部位。

3)消防电梯前室应设置室内消火栓。

4)室内消火栓应设在明显易于取用的地点，栓口离地面高度为1.1 m，其出水方向宜向下或与设置消火栓的墙面呈90°。

5)冷库的室内消火栓应设在常温穿堂内或楼梯间内。

6)设有室内消火栓的建筑，如为平屋顶，宜在平屋顶上设置试验和检查用的消火栓。

7)同一建筑物内应采用统一规格的消火栓、水枪和消防水带，以方便使用。每条水带的长度不应大于25 m。

8)高位消防水箱静压不能满足最不利点消火栓水压要求的其他建筑，应在每个室内消火栓处设置直接启动消防水泵的按钮或报警信号装置，并应有保护设施。

9)室内消火栓栓口的静水压力应不超过80 m水柱，如超过80 m水柱，应采用分区给水系统。消火栓栓口处的出水压力超过50 m水柱时，应有减压设施。

（3）消防管道布置。

1)室外消防给水管网应布置成环状，以增加供水的可靠性，在建设初期或室外消防水量不超过15 L/s时，可布置成枝状，但高层建筑室外消防给水管道应布置成环状。

2)向环状管网输水的进水管(即市政管网向小区环网的进水管)不小于两条，当其中一条故障时，其余进水管仍应保证供应生产、生活、消防用水量。

3)环状管网上应设消防分隔阀门，阀门应设置在管道的三通、四通处，三通处置设两个，四通处设置3个，皆设在下游侧。当两阀门之间消火栓的数量超过5个时，在管网上应增设阀门。

4)室外消防给水管道的最小直径不应小于100 mm。

5)当室外消防用水量大于15 L/s，室内消火栓个数多于10个时，室内消防给水管道应布置成环状，进水管应布置两条。

6)室内消防给水管道应该用阀门分成若干独立段，如某段损坏，对于单层厂房(仓库)和公共建筑，检修时停止使用的消火栓不应超过5个。对于多层民用建筑和其他厂房(仓库)，室内消防给水管道上阀门的设置应保证检修管道时关闭竖井不超过一根，但设置的竖管超过3条时，可关闭不相邻的两条。

3.1.4 室内消火栓系统供水方式

（1）室外给水管网直接供水方式(图3.4)。室外给水管网直接供水方式分为两种：一种是消防管道与生活(或生产)管网共用系统；另一种是独立设置消防管道系统。该供水方式适用于室外给水管网提供的水量和水压，在任何时候均能满足室内消火栓给水系统所需的水量、水压要求。

（2）单设水箱的消火栓给水方式。单设水箱的消火栓给水方式由室外给水管网向水箱供水，如图3.5所示。箱内储存10 min消防用水量。火灾初期，由水箱向消火栓给水系统供水；火灾延续，可由室外消防车通过水泵接合器向消火栓给水系统加压供水。这

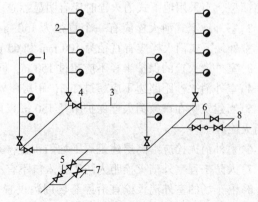

图3.4 室外给水管网直接供水方式
1—室内消火栓；2—室内消防竖管；3—给水干管；4—闸阀；
5—水表；6—旁通管；7—止回阀；8—进水管

种方式适用于外网水压变化较大的情况，即用水量小时，外网能够向高位水箱供水；用水量大时，外网不能满足建筑消火栓系统的水量、水压要求。

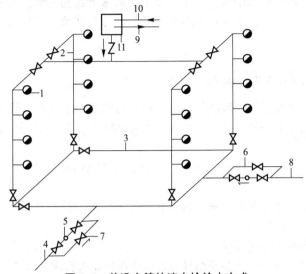

图 3.5　单设水箱的消火栓给水方式

1—室内消火栓；2—室内消防竖管；3—干管；4—进户管；5—水表；6—旁通管；
7—止回阀；8—进水管；9—接生产、生活管网；10—生产、生活进水管；11—水箱

（3）设水泵、高位水箱的消火栓给水方式。当室外给水管网的水压不能满足室内消火栓给水系统的水压要求时，高位水箱由生活水泵补水，储存 10 min 的消防用水量，供火灾初期灭火，火灾中后期由消防水泵加压供水灭火，如图 3.6 所示。

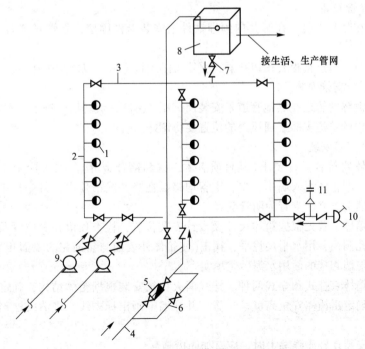

图 3.6　设水泵、高位水箱的消火栓给水方式

1—室内消火栓；2—消防立管；3—干管；4—进户管；5—水表；
6—旁通管及阀门；7—止回阀；8—水箱；9—水泵；10—水泵接合器；11—安全阀

(4)分区的消火栓给水方式。当建筑高度超过 50 m 或消火栓处的静水压力超过 0.8 MPa 时，应采用分区的消火栓给水方式。这种方式适用于外网仅能满足建筑物低区建筑消火栓给水的水量、水压要求，不满足高区灭火的水量、水压要求。高区火灾初起时，由水箱向高区消火栓给水系统供水，当水泵启动后，由水泵向高区消火栓给水系统供水。低区灭火时，水量、水压由外网满足。

3.1.5　消火栓系统安装工艺

消火栓系统安装工艺流程：安装准备→消火栓干管安装→消火栓立管安装→消防分层干支管安装→消火栓及支管安装→管道试压、冲洗→消火栓配件安装→系统调试。

(1)安装准备。

1)认真熟悉图纸，根据施工方案、技术、安全交底的具体措施选用材料，测量尺寸，绘制草图，预制加工。

2)根据现场情况对施工图进行复核，核对各管道的坐标、标高是否有交叉或排列位置不当的现象。

3)检查预埋件和预留洞是否准确。

4)检查管道、管件、阀门、设备及组件是否符合设计要求和质量标准。

5)安排合理的施工顺序，避免工种交叉作业干扰，影响施工。

(2)消火栓干管安装。消火栓干管安装应根据设计要求使用管材，按压力要求选用碳素钢管或无缝钢管。DN100 以下采用丝扣连接，DN100 及以上采用沟槽连接。

1)管道在焊接前应清除接口处的浮锈、污垢及油脂。

2)管道对口焊缝上不得开口焊接支管，焊口不得安装在支架位置上。

3)管道穿墙处不得有接口(丝接或焊接)，管道穿过伸缩缝处应有防冻措施。

(3)消火栓立管安装。

1)立管暗装在竖井内时，在管井内预埋铁件上安装卡件固定，立管底部的支吊架要牢固，防止立管下坠。

2)立管明装时，每层楼板要预留孔洞，立管可随结构穿入，以减少管接口。

(4)消防分层干支管安装。

1)需要加工镀锌的管道在其他管道未安装前试压、拆除、镀锌后，进行二次安装。

2)走廊吊顶内的管道安装于通风道的位置要协调好。

(5)消火栓及支管安装。

1)消火栓箱体要符合设计要求(其材质有木、铁和铝合金等)。消火栓箱体安装有两种形式：一种是暗装，即箱体埋入墙中，立、支管均暗藏在竖井或吊顶中；另一种是明装，即箱体立于地面或挂在墙上，立、支管为明管敷设。

暗装消火栓箱体，首先根据箱体尺寸及设计安装位置，检查预留孔洞位置及尺寸，然后将箱体固定在预留孔洞内，用水平尺找平、找正(使箱体外表面与装饰完的墙面相平)，箱体下部用砖填实，其他与墙相接的面用水泥砂浆填实。

明装消火栓箱体有挂式和立式两种。挂式消火栓箱安装根据箱体结构，确定消火栓在箱体中的安装位置，确定出箱体安全高度及位置，并在墙上画出标志线，将消火栓箱用膨胀螺栓固定在墙上。

消火栓箱体安装在轻质隔墙上时，应有加固措施。

2)消火栓支管要以栓阀的坐标、标高定位甩口，核定后再稳固消火栓箱，箱体找正稳固后再将栓阀安装好；栓阀侧装在箱内时应安装在箱门开启的一侧，箱门开启应灵活。

3) 消火栓阀有单出口和双出口双控等。为减少局部水头损失，并便于在紧急情况下操作，其出水方向宜向下或与消火栓箱体呈 90° 并栓口朝外。阀门中心距地面 1.1 m，允许偏差 20 mm，阀门距箱体侧面 140 mm，距箱后内表面 100 mm，允许偏差 5 mm。

(6) 管道的试压、冲洗。系统安装完成后，应按设计要求对管网进行强度、严密性试验，以验证其工程质量。管网的强度严密性试验一般采用水压进行试验。水压试验的测试点应设在系统管网的最低点，注水时应注意将管内的空气排净，并缓慢升压。水压达到试验压力后，稳压 10 min，管网不渗不漏，压力降不大于 0.02 MPa 为合格。严密性试验在水压强度试验和管网冲洗合格后进行，试验压力为工作压力，稳压 24 h，不渗不漏为合格。在主管道上起切断作用的主控阀门，必须逐个做强度和严密性试验，其试验压力为阀门出厂规定的压力值。

消火栓在安装后应分段进行冲洗。冲洗的顺序应按干管、立管、支管进行。消火栓系统水冲洗流速不小于 3 m/s，不得用海水或含有腐蚀性化学物质的溶液对系统进行冲洗。冲洗时，应对系统内的仪表采取保护措施，并将报警设备、流量减压孔板、过滤装置等暂时拆下，待冲洗工作结束后重新装好。冲洗到进出水色泽一致为合格。管道冲洗合格后，除规定的检查及恢复工作外，不得再进行影响管内清洁的其他作业。

(7) 消火栓配件安装。消火栓配件安装应在交工前进行。消防水带应折好放在挂架上或卷实、盘紧放在箱内，消防水枪要竖放在箱体内侧，自救式水枪和软管应放在挂卡上或放在箱底部。消防水带与水枪、快速接头的连接，一般用 14 号铅丝绑扎两道，每道不少于两圈。使用卡箍时，在里侧加一道铅丝。设有电控按钮时，应注意与电气专业配合施工。

(8) 系统调试。系统调试内容主要包括水源测试、消防水泵性能试验和屋顶消火栓试验。

1) 水源测试要检查室外水源管道的压力和流量是否符合设计要求；核实屋顶水箱容积是否符合规范规定；核实消防水池是否符合规范规定；核实水泵接合器的数量和供水是否满足系统灭火的要求，并用消防车进行供水试验。

2) 消防水泵性能试验分别以自动或手动方式启动消防水泵，消防水泵应在 5 min 内投入正常运行，达到设计流量和压力，其压力表指针应稳定；运转中无异常声响和振动，各密封部位不得有泄漏现象，各滚动轴承温度应不高于 75 ℃，滑动轴承的温度应不高于 70 ℃。备用电源切换供电，消防水泵应在 1.5 min 内投入正常运行，消防水泵的上述多项性能应无变化。

3) 屋顶消火栓试验，首先利用屋顶水箱及消防稳压泵向系统充水，检查系统和阀门是否有渗漏现象，检查屋顶试验消火栓水压及低层消火栓口压力是否符合设计要求；其次，连接好屋顶试验消火栓、消防水带及水枪，打开屋顶试验消火栓，并启动消火栓泵及用消防车通过水泵接合器向系统加压，检测此时消火栓水枪充实水柱是否符合设计要求。

3.2 建筑自动喷水灭火系统

发生火灾时，能自动打开喷头灭火并同时发出火警信号的消防灭火设施称为自动喷水灭火系统。自动喷水灭火系统在发生火灾后能通过各种方式自动启动，同时通过加压设备将水送入管网，使喷头维持一定时间的喷水灭火。

该系统在国外已有百年的应用历史，国内虽然也有 60 年左右的应用历史，但最初使用非常不普遍，直到改革开放后才逐渐推广开。国内外自动喷水灭火系统应用的实践证明，它具有安全可靠、控火灭火成功率高、经济实用、适用范围广、使用期长等优点。

3.2.1 设置自动喷水灭火系统的原则

按照我国《建筑设计防火规范(2018 年版)》(GB 50016—2014)的规定，下列建筑或场所应设置自动灭火系统，除规范另有规定和不宜用水保护或灭火者外，宜采用自动喷水灭火系统。

(1)不小于 50 000 纱锭的棉纺厂的开包、清花车间;不小于 5 000 锭的麻纺厂的分级、梳麻车间;火柴厂的烤梗、筛选部位;泡沫塑料厂的预发、成型、切片、压花部位;占地面积大于 1 500 m² 的木器厂房;占地面积大于 1 500 m² 或总建筑面积大于 3 000 m² 的单层或多层制鞋、制衣、玩具及电子等类似生产的厂房;高层乙、丙类厂房;建筑面积大于 500 m² 的地下或半地下丙类厂房。

(2)每座占地面积大于 1 000 m² 的棉、毛、丝、麻、化纤、毛皮及其制品的仓库;每座占地面积大于 600 m² 的火柴仓库;邮政建筑中建筑面积大于 500 m² 的空邮袋库;建筑面积大于 500 m² 的可燃物品地下仓库;可燃、难燃物品的高架仓库和高层仓库;设计温度高于 0 ℃ 的高架冷库,设计温度高于 0 ℃ 且每个防火分区建筑面积大于 1 500 m² 的非高架冷库;总建筑面积大于 500 m² 的可燃物品地下仓库;每座占地面积大于 1 500 m² 或总建筑面积大于 3 000 m² 的其他单层或多层丙类物品仓库。

(3)一类高层公共建筑(除游泳池、溜冰场外)及其地下、半地下室;二类高层公共建筑及其地下、半地下室的公共活动用房、走道、办公室和旅馆的客房、可燃物品库房、自动扶梯底部;高层民用建筑内的歌舞娱乐放映游艺场所;建筑高度大于 100 m 的住宅建筑。

(4)特等、甲等剧场或超过 1 500 个座位的其他等级的剧场;超过 2 000 个座位的会堂或礼堂;超过 3 000 个座位的体育馆;超过 5 000 人的体育场的室内人员休息室与器材间等。

(5)任一楼层建筑面积大于 1 500 m² 或总建筑面积大于 3 000 m² 的展览、商店、餐饮、旅馆建筑以及医院中同样建筑规模的病房楼、门诊楼和手术部。

(6)设置送回风道(管)的集中空气调节系统且总建筑面积大于 3 000 m² 的办公建筑等。

(7)设置在地下、半地下或建筑内地上四层及以上的歌舞娱乐放映游艺场所(游泳场所除外);设置在建筑的首层、二层和三层且任一层建筑面积大于 300 m² 的地上歌舞娱乐放映游艺场所(游泳场所除外)。

(8)藏书量超过 50 万册的图书馆。

(9)大型、中型幼儿园;老年人照料设施。

(10)总建筑面积大于 500 m² 的地下或半地下商店。

3.2.2 自动喷水灭火系统的组成

自动喷水灭火系统由喷头、管道系统、火灾探测器、报警控制组件、供水设备和供水水源等组成。

1. 喷头

喷头是指将有压水流喷洒成细小水滴进行洒水的设备。喷头的种类很多，按喷头是否有堵水支撑分为两类:喷头喷水口有堵水支撑的称为闭式喷头;喷头喷水口无堵水支撑的称为开式喷头。

(1)闭式喷头。闭式喷头是一种直接喷水灭火的组件，是带热敏感元件及其密封组件的自动喷头。该热敏感元件可在预定温度范围下工作，使热敏感元件及其密封组件脱离喷头主体，并按规定的形状和水量在规定的保护面积内喷水灭火。它的性能好坏直接关系到系统的启动和灭火效果。

按热敏感元件划分，闭式喷头有玻璃球洒水喷头和易熔元件洒水喷头两种类型;按溅水盘的形式和安装位置，分为直立型、下垂型、边墙型、普通型、吊顶型和干式下垂型洒水喷头，如图 3.7 所示。

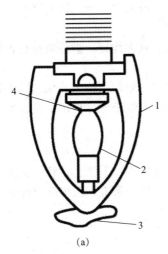
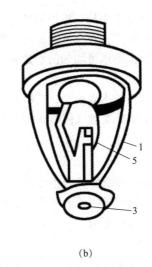

（a）   （b）

图 3.7　闭式喷头

（a）玻璃球喷头；（b）易熔合金喷头

1—支架；2—玻璃球；3—溅水盘；4—喷水口；5—合金锁片

1）玻璃球洒水喷头由喷水口、玻璃球、框架、溅水盘、密封垫等组成，其释放机构热敏感元件是一个内装彩色膨胀液体的玻璃球，用它支撑喷水口的密封垫。室内发生火灾时，液体则完全充满玻璃球内全部空间，使玻璃球炸裂，喷水口的密封垫失去支撑，压力水便喷出灭火。这种喷头外形美观、体积小、重量小、耐腐蚀，适用于美观要求较高的公共建筑。

2）易熔元件洒水喷头的热敏感元件为易熔材料制成的元件，室内起火后，当温度达到易熔元件本身的设计温度时，易熔元件硬化，释放机构脱落压力水便喷出灭火。这种喷头适用于外观要求不高、腐蚀性不大的工厂、仓库及民用建筑。

随着社会的飞速发展，新技术、新工艺及新建筑形式的不断出现，将进一步带动喷头的发展。自动启闭洒水喷头、快速反应洒水喷头、大水滴洒水喷头、扩大覆盖面洒水喷头和汽水喷头等特殊用途喷头的出现，带动了自动喷水灭火系统的发展。

1）自动启闭洒水喷头的特点是发生火灾时能自动开启喷水，而在火灾扑灭后能自动关闭，具有用水量少、水渍损失小的优点。

2）快速反应洒水喷头的特点是通过减小热敏元件的重量或增大热敏感元件的吸热表面积，使热敏感元件的吸热速度加快，从而缩短喷头的启动时间(它对温度的感应速度比普通喷头快 5～10倍)，具有喷水早、灭火快、耗水少的特点，对于住宅等建筑有良好的应用前景。

3）大水滴洒水喷头有个复式溅水盘，通过溅水盘使喷出的水形成具有一定比例大小的水滴，均匀喷向保护区，大水滴能够有效穿透火焰，直接接触着火物，降低着火物的表面温度。

4）扩大覆盖面洒水喷头的保护面积可达 30～36 m²，适合各种大小不一的房间使用，便于系统喷头的布置，对降低造价具有一定意义。

5）汽水喷头将水有效地喷洒至火灾区域内，从火焰中吸取热量，变成蒸汽，降低氧气含量，对燃烧起到窒息作用，还能除去燃烧产生的粒子和烟雾，吸收有毒气体。

（2）开式喷头。开式喷头既无感温元件，也无密封组件。喷水动作由阀门控制，根据用途分为开启式、水幕、喷雾 3 种，如图 3.8 所示。

图 3.8　开式喷头

1）开启式喷头就是无释放机构的喷头，常用于雨淋灭火系统。按安装形式可分为直立型和下垂型两种，按结构形式分为单臂和双臂两种。

2）水幕喷头喷出的水呈均匀的水帘状，起阻火、隔火作用。水幕喷头有各种不同的结构形式和安装方法。

3）喷雾喷头喷出的水滴细小，其喷水的总面积比一般的喷头大几倍，因吸热面积大、冷却作用强，同时由于水雾受热汽化形成的大量水蒸气对火焰有窒息作用，喷雾喷头主要用于水雾系统。

2. 管道系统

管道是自动喷水系统的重要组成部分，主要有进水管、干管、立管、支管等。建筑物内的供水干管一般宜布置成环状。进水管不宜少于两条，当一条进水管出现故障时，另一条进水管仍能保证全部用水量和水压。

3. 火灾探测器

火灾探测器接到火灾信号后，通过电气自控装置进行报警或启动消防设备。火灾探测器（图3.9）是自动喷水灭火系统的重要组成部分，是系统的"感觉器官"，它的作用是监视环境中有无火灾的发生。一旦有了火情，即将火灾的特征物理量（如温度、烟雾、气体和辐射光强等）转换成电信号并立即动作，向火灾报警控制器发送报警信号。火灾探测器由电气和自控专业人员设计，给水排水专业人员配合。

图3.9　火灾探测器

火灾探测器按对现场的信息采集的类型，可分为感烟探测器、感温探测器、复合式探测器、火焰探测器、特殊气体探测器；按对现场信息采集原理，可分为离子型探测器、光电型探测器、线性探测器；按安装方式，可分为点式探测器、线式探测器、红外光束探测器；按探测器与控制器的接线方式，可分为总线制、多线制，其中总线制又分编码的和非编码的。

4. 报警控制组件

（1）控制阀。控制阀上端连接报警阀，下端连接进水立管，其作用是检修管网以及灭火结束后更换喷头时关闭水源。它应该一直保持常开位置，以保证系统随时处于工作状态，并用环形软锁将闸门手轮锁死在开启状态，也可用安全信号阀显示其开启状态。

安全信号阀是利用电信号显示阀门启闭状态的。阀门管理人员从信号显示装置可以得知每一个阀门的开关状态和开启程度，以防阀门误动作，提高消防供水的安全度。

（2）报警阀（图3.10）。报警阀的作用是开启和关闭管网的水流，传递控制信号至控制系统并启动水力警铃直接报警，有湿式、干式、干湿式和雨淋式4种。

1）湿式报警阀组由湿式报警阀及附加的延时器水力警铃、压力开关、压力表和排水阀等组成，主要用于湿式自动喷水灭火系统，安装在立管上，是湿式自动喷水灭火系统的核心部件，起着向喷水系统单向供水和在规定流量下报警的作用。

2）干式报警阀用于干式自动喷水灭火系统，在立管上安装。

3）干湿式报警阀组是由湿式、干式报警阀依次连接而成，在温暖季节用湿式装置，在寒冷季节用干式装置。其用于干湿式自动喷水灭火系统。

4）雨淋式报警阀用于雨淋、预作用、水幕、水喷雾自动喷水灭火系统。

（3）报警装置。报警装置主要有水力警铃、水流指示器、压力开关和延迟器。

图 3.10 报警阀

水力警铃是当报警阀打开消防水源后，具有一定压力的水流冲动叶轮打铃报警。延迟器是一个罐式容器，主要用在报警阀开启后，水流需要经 30 s 左右充满延迟器，然后方可打响水力警铃。水流指示器主要应用在自动喷水灭火系统中，通常安装在每层楼宇的横干管或分区干管上，对干管所辖区域起监控及报警作用。压力开关安装在延迟器后、水力警铃入水口前的垂直管道上，在水力警铃报警的同时，接通电触点而使电气报警，向消防中心报警或启动消防水泵。

(4)检验装置。在系统的末端接出管线并加上一个截止阀，阀前安装压力表可组成检验装置。检验时，打开截止阀就可以了解报警阀的启动情况，同时它还有防止管网堵塞的作用。

5. 供水设备及供水水源

自动喷水灭火系统供水设备主要有消防水箱、消防水泵和水泵接合器。供水水源主要是市政给水管网、高位水池、天然水源等。

3.2.3 自动喷水灭火系统的分类及工作原理

根据喷头的开、闭形式和管网充水与否，自动喷水灭火系统分为湿式自动喷水灭火系统、干式自动喷水灭火系统、干湿式自动喷水灭火系统、预作用自动喷水灭火系统、雨淋自动喷水灭火系统、水幕系统和水喷雾系统 7 种。前 4 种为闭式自动喷水灭火系统，后 3 种为开式自动喷水灭火系统。

(1)湿式自动喷水灭火系统。湿式自动喷水灭火系统的工作原理：火灾发生的初期，建筑物的温度随之不断上升，当温度上升到闭式喷头温感元件爆破或熔化脱落时，喷头开始喷水灭火，此时管网中的水由静止变为流动，水流指示器感应送出电信号。在报警控制器上指示某一区域正在喷水。持续喷水造成报警阀的上部水压低于下部水压，其压力差值达到一定值时，原来处于关闭的报警阀就会自动开启，水流通过湿式报警阀流向干管和配水管供水灭火。同时，一部分水流沿着报警阀的环形槽进入延迟器、压力开关及水力警铃等设施并发出火警信号。另外，根据水流指示器和压力开关的信号或消防水箱的水位信号，控制箱内控制器能自动启动消防水泵向管网加压供水，达到持续自动供水的目的。这一系列动作，大约在喷头开始喷水后 30 s 内完成。

该系统由闭式喷头、湿式报警阀、报警装置、管网及供水设施等组成，如图 3.11 所示。该系统具有结构简单、使用方便、可靠，便于施工管理，灭火速度快，控火效率高，比较经济，适用范围广等优点。但由于管网中充有压水，渗漏时会损坏建筑装饰和影响建筑的使用。该系统适合安装在常年室温不低于 4 ℃ 且不高于 70 ℃，能用水灭火的建筑物、构筑物内。

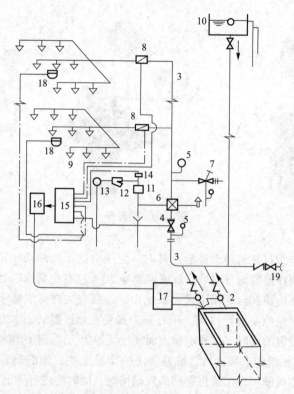

图 3.11　湿式自动喷水灭火系统

1—消防水池；2—消防水泵；3—管网；4—控制阀；5—压力表；6—湿式报警阀；7—泄放试验阀；
8—水流指示器；9—喷头；10—高位水箱稳压泵或气压给水设备；11—延迟器；12—过滤器；13—水力警铃；
14—压力开关；15—报警控制器；16—联动控制器；17—水泵控制箱；18—探测器；19—水泵接合器

（2）干式自动喷水灭火系统。干式自动喷水灭火系统是为了满足寒冷和高温场所安装自动喷水灭火系统的需要，在湿式自动喷水灭火系统的基础上发展起来的。火灾发生时，火源处温度上升，使火源上方喷头开启，首先排出管网中的压缩空气，于是报警阀后管网压力下降；干式报警阀阀前压力大于阀后压力，干式报警阀阀开启，水流向配水管网，并通过已开启的喷头喷水灭火。

干式自动喷水灭火系统主要由闭式喷头、管网、干式报警阀、充气设备、报警装置和供水设备组成，如图3.12所示。一般情况下，报警阀后管网充有压气体，水源至报警阀前端的管段内充以有压水。管网中平时不充水，对建筑物装饰无影响时环境温度也无要求，适用于环境温度低于4 ℃（或年采暖期超过240天的不采暖房间）和高于70 ℃的建筑物。其最大的缺点是喷头喷水灭火不如湿式自动喷水灭火系统及时。

（3）干湿式自动喷水灭火系统。干湿式自动喷水灭火系统是交替使用干式自动喷水灭火系统和湿式自动喷水灭火系统的一种闭式自动喷水灭火系统。干湿式自动喷水灭火系统的组成与干式自动喷水灭火系统大致相同，只是将干式报警阀改为干湿两用阀或干式报警阀与湿式报警阀组合阀。干湿式自动喷水灭火系统包括闭式喷头、管道系统、干湿式组合报警阀或干湿两用阀、报警装置、充气设备、供水设备等。在冬季，干湿式自动喷水灭火系统喷水管网中充有气体，其工作原理与干式自动喷水灭火系统相同。在温暖季节，管网改为充水，其工作原理与湿式自动喷水灭火系统相同。

（4）预作用自动喷水灭火系统。预作用自动喷水灭火系统阀后管网充有低压压缩空气或氮气（也可以是空管）。火灾时，自动开启预作用阀，管道充水呈临时湿式自动喷水灭火系统。此系统

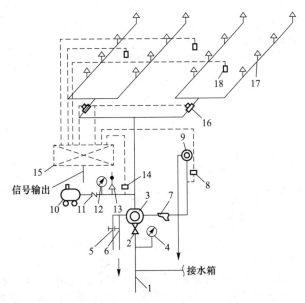

图 3.12　干式自动喷水灭火系统

1—供水管；2—闸阀；3—干式阀；4—压力表；5，6—截止阀；7—过滤器；8—压力开关；
9—水力警铃；10—空压机；11—止回阀；12—压力表；13—安全阀；14—压力开关；
15—火灾报警控制箱；16—水流指示器；17—闭式喷头；18—火灾探测器

要求火灾探测器的动作先于喷头的动作，而且应确保当闭式喷头受热开放时管道内已充满了压力水，从火灾探测器动作并开启预作用阀开始充水到水流流到最远喷头的时间，应不超过 3 min。火灾发生时，由火灾探测器探测到火灾，通过火灾报警控制箱开启，或手动开启预作用阀，向喷水管网充水，当火源处温度继续上升，喷头开启迅速喷水灭火。如果发生火灾时，火灾探测器发生故障，没能发出报警信号启动预作用阀，而火源处温度继续上升，使得喷头开启。于是，管网中的压缩空气气压迅速下降，由压力开关探测到管网压力骤降的情况，压力开关发出报警信号，通过火灾报警校制箱也可以启动预作用阀，喷水灭火。

预作用自动喷水灭火系统主要由闭式喷头、管网系统、预作用阀组、充气设备、供水设备、火灾探测报警系统等组成。预作用系统同时具备了干式自动喷水灭火系统和湿式自动喷水灭火系统的特点，而且还克服了干式自动喷水灭火系统控火灭火率低、湿式自动喷水灭火系统易产生水渍的缺陷，可以代替干式自动喷水灭火系统提高灭火速度，也可以代替湿式自动喷水灭火系统用于管道和喷头易于被损坏而产生喷水和漏水，以致造成严重水渍的场所，还可以用于对自动喷水灭火系统安全要求较高的建筑物中。

（5）雨淋自动喷水灭火系统。该系统由开式喷头、管道系统、雨淋阀、火灾探测器、报警控制装置、控制组件和供水设备等组成，如图 3.13 所示。一般情况下，雨淋阀后的管网（传动系统中的管网）充满水或压缩空气，其压力与进水管中水压相同，此时雨淋阀由于传动系统中的水压作用而紧紧关闭。当建筑物发生火灾时，火灾探测器感受到火灾因素，便立即向控制器送出火灾信号，控制器将此信号作声光显示并相应输出控制信号，由自动控制装置打开集中控制阀门，自动地释放掉传动管网中有压力的水，使传动系统中的水压骤然降低，整个保护区域所有喷头喷水灭火。该系统具有出水量大、灭火及时的优点，适用于火灾蔓延快、危险性大的建筑。

（6）水幕系统及水喷雾系统。水幕系统由水幕喷头、控制阀（雨淋阀或干式报警阀等）、探测系统、报警系统和管道等组成。水幕系统中采用开式水幕喷头，将水喷洒成水帘幕状，与防火卷帘、防火幕配合使用，对它们进行冷却并提高它们的耐火性能，阻止火势扩大和蔓延。也可以单独使

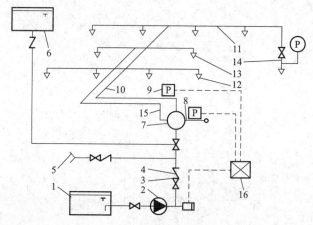

图 3.13　雨淋自动喷水灭火系统

1—水箱；2—水泵；3—闸阀；4—止回阀；5—水泵接合器；6—消防水箱；7—雨淋报警阀组；
8—配水干管；9—压力开关；10—配水管；11—配水支管；12—开式洒水喷头；
13—闭式洒水喷头；14—末端试水装置；15—传动管；16—报警控制器

用，用来保护建筑物的门窗、洞口或在大空间造成防火水幕起防火分隔作用。该系统具有出水量大、有效防火阻火的优点，适用于火灾蔓延快、危险性大的建筑。

水喷雾系统采用的喷雾喷头，把水粉碎成细小的水雾滴后喷射到正在燃烧的物体表面，通过表面冷却窒息、乳化、稀释作用实现灭火。

水幕系统和水喷雾系统都是开式系统，从系统的组成、控制方式到工作原理都与雨淋系统相同，区别只是在于水幕系统和水喷雾系统分别采用的是水幕喷头和喷雾喷头。

3.2.4　自动喷水灭火系统安装工艺

自动喷水灭火系统安装工艺流程：施工准备→干管安装→报警阀安装→立管安装→分层干管及支管安装→喷头支管安装→管道试压和冲洗→报警阀配件及其他组件安装→喷头安装→系统调试。

（1）施工准备。根据现场情况对施工图进行复核，核对各管道的坐标、标高是否有交叉或排列位置不当的现象，检查预埋和预留洞是否准确，检查管道、管件、阀门、设备及组件是否符合设计要求和质量标准。

（2）干管安装。对于自动喷水灭火系统的管道，DN100 以下采用丝扣连接，DN100 及以上采用沟槽连接。无论何种连接方式，均不得减少管道的流通面积。

（3）报警阀安装。系统的主要管网已安装完毕，首先检查报警阀的品牌、规格型号是否符合设计图纸要求，报警阀组是否齐全，阀瓣启用是否灵活，阀体内有无异物堵塞等。然后，根据施工图将报警阀安装在明显且便于操作的地点，距地面高度为 1 m 左右，两侧距墙不小于 0.5 m，下部距墙不小于 1.2 m，安装报警阀的室内地面应采取排水措施。

（4）立管安装。立管暗装在竖井内时，在管井内预埋铁件上安装卡件固定，立管底部的支吊架要牢固，防止立管下坠。立管明装时，每层楼板要预留孔洞，立管可随结构穿入，减少立管接口。

（5）分层干管及支管安装。

1）管道的分支预留口在吊装前应先预制好，所有预留口均加好临时堵板。

2）需要镀锌加工的管道在其他管道未安装前，应试装、试压、拆除镀锌后再安装。

3）管道安装与其他管道要协调好标高。

4)管道变径时,不得采用补芯。

5)向上喷的喷头有条件的可与分支干管按顺序安装好。其他管道安装完成后,不易操作的位置也应先安装向上喷的喷头。

6)喷头分支水流指示器后不得连接其他用水设施,每路分支均应设置测压设置。

7)自动喷水灭火系统中的管道,为了测试、维护和检修方便,须及时排空管道中的水。因此,在安装中,管道应有坡度,配水支管坡度不小于4‰,配水管和水平管不小于2‰。

(6)喷头支管安装。根据喷头的安装位置,将喷头支管设置在喷头的安装位置,用丝堵代替喷头拧在支管末端。根据喷头溅水盘安装的要求,对管道甩口高度进行复核。在安装完成后,溅水盘高度应符合下列规定:

1)喷水安装时,应按设计规范要求确保溅水盘与吊顶、门、窗、洞口和墙面的距离。

2)当梁的高度使喷头高于梁底的最大距离不能满足上述规定的距离时,应以此梁作为边墙对待;如果梁与梁之间的中心间距小于8 m,可用交错布置喷头的方法解决。

3)当通风管道宽度大于2 m时,喷头应安装在其腹面以下。

4)斜面下的喷头安装,其溅水盘必须平行于斜面,在斜面下的喷头间距要以水平投影的间距计算且不得大于4 m。

5)一般情况下,喷头间距不应小于2 m,以避免一个喷头喷出的水流淋湿另一个喷头,影响它的动作灵敏度,除非二者之间有挡水作用的构件。

(7)管道试压和冲洗。系统安装完成后,应按设计要求对管网进行强度严密性试验,以验证其工程质量。管网的强度、严密性试验一般用水进行试验。水压试验的测试点应设在系统管网的最低点,注水时应注意将管内的空气排净,并缓慢升压。水压达到试验压力后,稳压10 min,管网不渗不漏,压力降不大于0.02 MPa为合格。严密性试验在水压强度试验和管网冲洗合格后进行,试验压力为工作压力,稳压24 h,不渗不漏为合格。在主管道上起切断作用的主控阀门,必须逐个做强度和严密性试验,其试验压力为阀门出厂规定的压力值。

自动喷水灭火系统在管道安装后应进行冲洗。冲洗的顺序应按先室外、后室内,先地下、后地上进行。地上部分应按立管、配水干管、配水支管的先后进行。水冲洗流速应不小于3 m/s,不得用海水或含有腐蚀性化学物质的溶液对系统进行冲洗。冲洗时,应对系统内的仪表采取保护措施,并将报警设备暂时拆下,待冲洗工作结束后随即复位。冲洗直到进出水色泽一致为合格。管道冲洗合格后,除规定的检查及恢复工作外,不得再进行影响管内清洁的其他作业。

(8)报警阀配件及其他组件安装。

1)报警阀配件安装。报警阀组的配件安装应在交工前进行,其安装应符合以下规定:

①压力表应安装在报警阀上便于观测的位置;

②排水管和试验阀应安装在便于操作的地方;

③水源控制阀应有可靠的开启锁定设施;

④湿式报警阀的安装除应符合上述要求外,还应能使报警阀前后的管道顺利充满水,压力波动时,水力警铃不应发生误报警;

⑤每一个防火区都设有一个水流指示器。

2)水流指示器的安装。水流指示器的安装应在管道试压和冲洗合格后进行,水流指示器的规格、型号应符合设计要求;水流指示器应竖直安装在水平管道的上侧,其动作方向应和水流方向一致;安装后的水流指示器叶片、膜片应动作灵活,不应与管壁发生碰擦。

3)水力警铃的安装。水力警铃应安装在公共通道或值班室附近的外墙上。水力警铃和报警阀的连接应采用镀锌钢管,当镀锌钢管的公称直径为 $DN15$ 时,其长度不应大于6 m。镀锌钢管的公称直径为 $DN20$ 时,其长度不应大于20 m。安装后的水力警铃启动压力不应小于0.05 MPa。

4）信号阀的安装。信号阀应安装在水流指示器前的管道上，与水流指示器之间的距离不应小于300 mm。

5）排气阀的安装。排气阀的安装应在系统管网试压和冲洗合格后进行，排气阀应安装在配水管顶部、配水管的末端，且应确保无渗漏。

6）控制阀的安装。控制阀的规格、型号和安装位置均应符合设计要求，安装方向应正确，控制阀内应清洁、无堵塞、无渗漏，主要控制阀应加设启闭标志，隐蔽处的控制阀应在明显处设有指示其位置的标志。

7）压力开关的安装。压力开关应竖直安装在通往水力警铃的管道上，且不应在安装中拆装改动。

8）末端试水装置的安装。末端试水装置宜安装在系统管网末端或分区管网末端。

（9）喷头安装。在安装喷头前，管道系统应经过试压冲洗。喷头在安装时，应使用专用扳手，严禁利用喷头的框架施拧。若喷头的框架、溅水盘变形或释放元件损伤，应换上规格型号相同的喷头。喷头的两翼方向应成排统一安装。护口盘要紧贴吊顶，走廊单排的喷头两翼应横向安装。

（10）系统调试。系统调试内容主要包括水源测试、消防水泵性能试验、报警阀性能试验、排水装置试验、联动试验、火灾模拟试验。

1）水源测试要检查室外水源管道的压力和流量是否符合设计要求；核实屋顶上容积是否符合规范规定；核实消防水池是否符合规范规定；核实水泵接合器的数量和供水是否满足系统灭火的要求，并用消防车进行供水试验。

2）消防水泵性能试验分别以自动或手动方式启动消防水泵，消防水泵应在5 min内投入正常运行，达到设计流量和压力，其压力表指针应稳定。运转中无异常声响和振动，各密封部位不得有泄漏现象，各滚动轴承温度应不高于75 ℃，滑动轴承的温度应不高于70 ℃。备用电源切换供电时，消防水泵应在1.5 min内投入正常运行，消防水泵的上述多项性能应无变化。

3）报警阀性能试验是打开系统试水装置后，湿式报警阀应及时启动，经延迟器延迟5～90 s后，水力警铃应准确地发出报警信号，水流指示器应输出报警信号并启动消防泵。

4）排水装置试验。开启排水装置的主排水阀，按系统最大设计灭火水量做排水试验，并使压力达到稳定。试验过程中，从系统排出的水应全部从室内排水系统排走。

5）联动试验。感烟探测器用专用测试仪输入模拟烟信号后，应在15 s内输出报警信号和启动系统执行信号，以可靠地启动系统。感温探测器专用测试仪输入模拟信号后，在20 s内输出报警信号和启动系统执行信号，以可靠地启动系统。启动一个喷头或以0.94～1.5 L/s的流量从末端试水装置处放水，水流指示器、压力开关、水力警铃和消防水泵等及时动作并发出相应的信号。

6）消防监督部门认为有必要时，进行火灾模拟试验，即在个别区域或房间内升温，使一个或数个喷头打开喷水，然后验证其保护面积、喷水强度、水压。

3.3 其他常用建筑灭火系统

因建筑物使用功能不同，其内部的可燃物质性质各异，仅仅用水来扑灭火灾是不能达到救火的目的的，甚至还会带来更大的损失。应该根据可燃物的物理、化学性质，采用不同的灭火方法和手段，才能达到预期的扑救目的。现介绍几种其他的灭火系统。

3.3.1 干粉灭火系统

该系统是以干粉作为灭火剂的灭火系统。干粉灭火剂是一种干燥的、易于流动的细微粉末，一般储存于干粉灭火器或干粉灭火设备中。灭火时，由加压气体(二氧化碳或氮气)将干粉从喷嘴射出，形成一股携夹着加压气体的雾状粉流射向燃烧物，起到灭火作用。

干粉灭火具有灭火历时短、效率高、绝缘好、灭火后损失小、不怕冻、不用水、可长期储存等优点。干粉灭火系统按其安装方式可分为固定式、半固定式；按其控制启动方法又可分为自动控制、手动控制；按其喷射干粉的方式可分为全淹没和局部应用系统；按用途可分为普通型干粉(BC 类)、多用途干粉(ABC 类)和金属专用灭火剂(D 类火灾专用干粉)。

3.3.2　气体灭火系统

在消防领域应用最广泛的灭火剂就是水。但对于扑灭可燃气体、可燃液体、电器火灾以及计算机房、重要文物档案库、通信广播机房、微波机房等不宜用水灭火的火灾，气体消防是最有效、最干净的灭火手段。气体灭火系统一般包括卤代烷灭火系统、二氧化碳灭火系统、混合气体灭火系统、气溶胶灭火系统、惰性气体灭火系统、氟化烃灭火系统和烟雾灭火系统等。

气体灭火系统由储存瓶组、储存瓶组架、液体单向阀、集流管、选择阀、管道系统安全阀、喷嘴、药剂、火灾探测器、气体灭火控制器、声光报警器、放气指示灯、警铃、紧急启动按钮等组成。

(1)卤代烷灭火系统。卤代烷灭火系统是将具有灭火功能的卤代烷碳氯化合物作为灭火剂的一种气体灭火系统。该系统适用于不能用水灭火的场所，如计算机房、图书档案室及文物资料库等建筑物。

传统的卤代烷灭火剂是 1212 及 1301，但由于这种灭火剂会破坏大气臭氧层，分别在 2005 年及 2010 年停止生产。目前推广使用的是洁净气体灭火剂七氟丙烷(HFC-2272a FM-200)。七氟丙烷是一种无色、无味、低毒性、绝缘性好、无二次污染的气体，对大气臭氧层的耗损潜能值为零。

七氟丙烷灭火系统如图 3.14 所示，主要适用于计算机房、通信机房、配电房、油浸变压器、发电机房、图书馆、档案室、博物馆及票据、文物资料库等场所，可用于扑救电器火灾、液体火灾、可熔化的固体火灾、固体表面火灾及灭火前能切断气源的气体火灾。

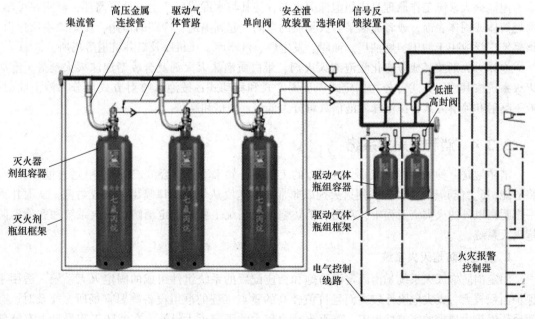

图 3.14　七氟丙烷灭火系统

（2）二氧化碳灭火系统。二氧化碳灭火系统是一种纯物理的气体灭火系统，灭火原理是通过减少空气中氧的含量，使其无法达到支持燃烧的浓度。二氧化碳灭火剂是液化气体型，一般以液相二氧化碳储存在高压瓶内。二氧化碳灭火系统具有不污损保护物、灭火快、空间淹没效果好等优点。二氧化碳灭火系统适用于灭火前可切断气源的气体火灾、固体火灾、液体火灾和电气火灾，不适用于扑救硝化纤维、火药等含氧化剂的化学制品火灾。

二氧化碳灭火系统按灭火方式可分为全淹没二氧化碳系统、局部系统、手持软管二氧化碳系统、竖管二氧化碳系统。系统的启动方式有手动和自动两种：一般情况，使用手动式，无人时，可转换为自动式。全淹没二氧化碳灭火系统适用于无人居住或发生火灾能迅速（30 s 内）撤离的防护区。局部二氧化碳灭火系统适用于经常有人的较大防护区内，扑救个别易燃烧设备或室外设备。

（3）混合气体灭火系统。混合气体灭火剂是由氮气、氢气和二氧化碳等气体按一定的比例混合而成的气体。这些气体都在大气层中自然存在，对大气臭氧层没有损耗，也不会加剧对地球的"温室效应"。混合气体既不支持燃烧，又不与大部分物质产生反应，是一种十分理想的环保型灭火剂。混合气体灭火系统是纯物理灭火方式，灭火剂释放后将保护区的氧气浓度降低到12.5%并把二氧化碳的浓度提高到4%。氧气浓度降低到15%以下时，大多数普通可燃物可停止燃烧。

（4）气溶胶灭火系统。气溶胶是指以固体或液体的微粒悬浮于气体介质中的一种物态，常见的气溶胶为烟气、雾等。灭火用的气溶胶微粒直径只有 $10 \sim 100\ \mu m$，能够像气体一样长时间悬浮在空中而不会落下来。气溶胶灭火剂在使用前呈固体状态，使用时，感温、感烟探测器会自动接通发火装置，点燃气溶胶药剂，并很快产生大量烟雾（气溶胶），迅速弥漫整个防护区。气溶胶产生的固体微粒主要是金属氧化物及碳酸盐等。当气溶胶遇到火焰时，会产生一系列化学反应，这些反应都是强烈的吸热反应，可大量吸收燃烧时产生的热量，同时，产生氮气、二氧化碳等气体，中断燃烧链，达到灭火的目的。常用的气溶胶有 K 型、S 型。

3.3.3 泡沫灭火系统

泡沫灭火系统工作原理是应用泡沫灭火剂，使其与水混溶后产生一种可漂浮，黏附在可燃、易燃液体或固体表面，或者充满某着火物质的空间，起到隔绝、冷却的作用，使燃烧物质熄灭。该系统广泛应用于油田、炼油厂、油库、发电厂、汽车库、飞机库及矿井坑道等场所。

泡沫灭火剂按其成分有化学泡沫灭火剂、蛋白质泡沫灭火剂及合成型泡沫灭火剂等。泡沫灭火系统按其使用方式可分为固定式、半固定式和移动式；按泡沫喷射方式可分为液上喷射、液下喷射和喷淋方式；按泡沫发泡倍数可分为低倍、中倍和高倍。

3.3.4 消防炮灭火系统

消防炮是一种能够将定流量、定压力的灭火剂（如水泡沫混合液或干粉等）通过能量转换，将势能(压力能)转化为动能，使灭火剂以非常高的速度从炮头出口喷出，形成射流，从而扑灭一定距离以外的火灾。工程中，常用的消防炮灭火系统主要有固定消防炮灭火系统和智能消防炮灭火系统。

1. 固定消防炮灭火系统

固定消防炮灭火系统是由固定消防炮和相应配置的系统组件组成的固定灭火系统，适用于保护面积较大、火灾危险性较高而且价值较高的重点工程的群组设备等要害场所，能及时、有效地扑灭较大规模的区域性火灾，是灭火威力较大的固定灭火设备，在消防工程设计上有特殊要求。

（1）固定消防炮灭火系统分类。

1）消防炮灭火系统按喷射介质可分为水炮系统、泡沫炮系统和干粉炮系统。固定消防水炮系统喷射水灭火剂，主要由水源、消防泵组、管道、阀门、水炮、动力源和控制装置等组成；固定消防泡沫炮系统喷射泡沫灭火剂，主要由水源、泡沫液罐、消防泵组泡沫比例混合装置、管道、阀门、泡沫炮、动力源和控制装置等组成；固定消防干粉炮喷射干粉灭火剂，主要由干粉罐、氮气瓶组、管道、阀门、干粉炮、动力源和控制装置等组成。

2）消防炮灭火系统按安装形式不同可分为固定式系统和移动式系统。固定式系统又可分为手柄式和手轮式，如图3.15所示。移动式系统又分为搬运式和拖车式，如图3.16所示。

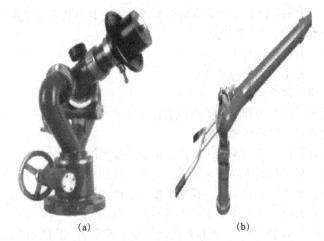

图 3.15　固定式消防炮灭火系统
(a)手轮式；(b)手柄式

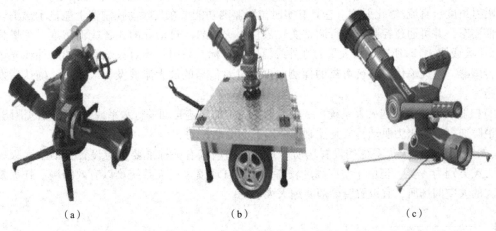

图 3.16　移动式消防炮灭火系统
(a)手抬式；(b)拖车式；(c)折叠式

3）消除炮灭火系统按控制方式不同可分为远控消防炮系统、手动消防炮系统。远控消防炮系统由机电控制，是可以远距离控制消防炮的固定消防炮灭火系统。手动消防炮是由操作人员直接手动控制消防炮射流形态回转及俯仰角度的消防炮。

（2）固定消防炮灭火系统设置场所。难以设置自动喷水灭火系统的展览厅、观众厅等人员密集场所和丙类生产车间、库房等高大空间场所，宜采用固定消防炮灭火系统。

2. 智能消防炮灭火系统

智能消防炮灭火系统针对现代大空间建筑的消防需要运用多项高新技术，将计算机、红外和紫外信号处理通信机械传动、系统控制等技术有机地结合在一起，实现了高智能化的现代消防理念。当其保护的现场一旦发生火灾，装置及时启动，并进行全方位扫描，在 30 s 内判定着火点，并精确定位射水灭火，同时发出信号，启动水泵、电磁阀、消防报警器等系统配套设施。火灾扑灭后，主动关闭阀门、系统复位(监控状态)。智能消防炮灭火系统还具有较强的电子电路和机械传动组件的自检能力，可迅速发现故障并报告消防监控中心。由于系统的维护性能优越，其维护费用较低，灭火装置及供水供电线路简单，有利于工程设计和施工，且主动关闭电磁阀，节省水资源，最大限度降低了火灾现场的水灾危害，具有较高的性价比。

(1)智能消防炮灭火系统的主要特点：

1)自动探测报警，自动定位着火点；

2)控制俯仰回转角和水平回转角动作；

3)接收其他火灾报警器联动信号；

4)自动控制、远程手动控制和现场手动控制；

5)采用图像呈现方式，实现可视化灭火；

6)探测距离远，保护面积大，响应速度快，探测灵敏度高；

7)自动定位技术，远程控制定点灭火，减少了扑救过程中造成的损失；

8)同时具有防火、灭火、监控功能，提高了系统整体的性价比；

9)二次寻的、无须复位，大大缩短了灭火时间。

(2)智能消防炮灭火系统的分类。根据系统的工作方式不同，智能消防炮灭火系统主要分为寻的式智能消防炮灭火系统和扫射式智能消防炮灭火系统。

1)寻的式智能消防炮灭火系统：能够根据火场情况自动控制射流姿态，包括水平喷射角度、俯仰喷射角度、直流/雾化射流。它具有实时位置监测功能，在其联动控制器上能显示出消防炮的当前姿态，并可通过控制器进行调整实现最佳灭火效果。自动寻的式智能消防炮以可燃物在着火(明火或阴火)时所产生的大量的红外线辐射为目标，采用一种对火焰发出的红外线光谱敏感的传感器，对火焰信号进行可靠的探测。再通过对信号的放大滤波及提取处理，确认后发出控制指令。

2)扫射式智能消防炮灭火系统：一种能够沿一定的轨迹自动进行水平或俯仰扫动的消防炮，这种消防炮可以由水力驱动，或是控制器驱动下的电动扫动。

(3)智能消防炮灭火系统的设置场所。凡是按照国家有关标准要求应设置自动喷水灭火系统，火灾类别为 A 类，但由于空间高度较高，采用自动喷水灭火系统难以有效探测、扑灭及控制火灾的大空间场所，宜设置智能消防炮灭火系统。

➤ 总结回顾

1. 建筑消火栓系统的组成、给水方式的选择，尤其是消火栓系统各组成部分的作用。
2. 自动喷水灭火系统的分类、组成。湿式、干式、预作用等自动喷水灭火系统的原理。
3. 水流指示器、水力警铃、压力开关等的设置部位。
4. 其他灭火系统的应用。

一、判断题

1. 民用建筑的生活用水和消防用水应该各自独立设置。 （　　）
2. 建筑给水系统所需压力是指市政管网的供水压力。 （　　）
3. 室外消火栓应设置在便于绿化灌溉使用的地点。 （　　）
4. 湿式自动喷水灭火系统的喷头采用的是开式喷头。 （　　）

二、选择题

1. 关于水流指示器说法错误的是（　　）。
  A. 指示火灾发生的位置   B. 是一种水流报警装置
  C. 传递火灾信号到控制器   D. 发出警铃报警
2. 下列火灾可以用水扑灭的是（　　）。
  A. 与水能起反应的物质   B. 电器火灾
  C. 易燃液体   D. 轮胎起火
3. 消防管道一般采用（　　）管材。
  A. 塑料管   B. 铸铁管
  C. 橡胶管   D. 钢管
4. 下面属于闭式自动喷水灭火系统的是（　　）。
  A. 水幕系统   B. 湿式自动喷水灭火系统
  C. 雨淋自动喷水灭火系统   D. 水喷雾灭火系统

三、简答题

1. 建筑消火栓系统的组成有哪些？
2. 简述湿式自动喷水灭火系统的工作原理。
3. 预作用自动喷水灭火系统与其他闭式自动喷水灭火系统相比，有什么特点？
4. 简述其他常用建筑灭火系统。
5. 简述消火栓系统安装工艺。
6. 简述自动喷水灭火系统的分类。
7. 简述自动喷水灭火系统安装工艺。

任务4 建筑热水、直饮水及中水系统

工作任务	建筑热水、直饮水及中水系统
教学模式	任务驱动
任务介绍	除了前面介绍的建筑生活给水系统、建筑排水系统、建筑消防系统外，建筑热水供应系统、建筑直饮水供应系统及中水系统也是建筑给水排水工程的重要组成部分。本任务主要介绍建筑热水供应系统、建筑直饮水供应系统及中水系统
学有所获	1. 熟悉建筑内部热水供应系统的分类、组成及方式。 　　2. 了解锅炉及热水器的结构组成及安装要点。 　　3. 掌握热水供应系统安装及施工质量验收规范。 　　4. 掌握直饮水的制备方法和供水方式；掌握《建筑给水排水及采暖工程施工质量验收规范》（GB 50242—2002）热水供应系统相关的规范知识。 　　5. 熟悉中水系统的组成以及常用的处理工艺

任务导入

　　现在，单纯的建筑冷水供应，已经不能满足人们的需求，建筑热水与直饮水供应已经越来越普遍。热水供应系统除了设置在饭店、宾馆、高档住宅、大型公共建筑及生产车间外，目前，一般的住宅建筑给水系统中也设有集中的热水供应系统或局部热水供应系统，如电热水器、燃气热水器、壁挂式锅炉和太阳能热水器等，以满足人们的生活需要。直饮水供应系统通常设置在商场、医院、车站、城市旅游景点、公园、宾馆、公寓等建筑中，体现了城市的发展与人民美好生活的向往有机结合。

　　随着城市建设和工业的发展，用水量特别是工业用水量急剧增加，大量污、废水的排放严重污染了环境和水源，造成水资源不足，水质日益恶化，同时新水源的开发工程又相当艰巨。面对这种情况，合理利用中水，即将使用过的污、废水处理后再次利用，是缓解水资源短缺切实可行的有效措施。这样既减少了污水的外排量，减轻了城市排水系统的负荷，又可以有效地利用和节约淡水资源，减少对水环境的污染，具有明显的社会效益、环境效益和经济效益。

任务分解

　　本任务主要包括建筑内部热水供应系统、建筑直饮水供应系统和建筑中水系统。

4.1　建筑热水供应系统

热水供应系统是指水的加热、储存和输配的总称。其任务是按照设计要求的水量、水温和水质随时向用户供应热水。

4.1.1　热水水质和水温标准

1. 热水水质的要求

（1）热水水质标准。生活用热水的水质应符合《生活饮用水卫生标准》（GB 5749—2022），生产用热水的水质应满足生产工艺的要求。

（2）热水供应系统的要求。水在加热后，水中的钙镁离子受热会析出，在设备和管道内结垢，降低热效率，浪费能源，水中的氧也会因受热逸出，加速金属管材和金属容器的腐蚀，降低系统承压能力，易产生隐患。因此，热水供应系统中应考虑腐蚀和结垢等因素。

2. 热水水温的要求

（1）热水的使用温度。生活用热水的水温应满足生活使用的各种需要，一般水温为 25 ℃ ～ 60 ℃。设计一个热水供应系统时，应确定最不利配水点热水的最低水温，使其与冷水混合达到生活用热水的水温要求。生产用热水水温应根据生产工艺要求确定。为保证配水点水温达到要求，集中热水供应系统配水点的最低水温，在加热的冷水进行软化处理时不得低于 60 ℃，无软化处理时不得低于 50 ℃，且不低于用水设备要求的使用水温；局部热水供应系统和以热力管网热水作热媒的热水供应系统，配水点的最低温度为 50 ℃。

（2）热水供应温度。热水锅炉或水加热器出口的水温要求见表 4.1。水温偏低，满足不了用户的要求；水温过高，会使热水系统的设备、管道结垢加剧，且易发生烫伤、积尘、热损失增加等问题。热水锅炉或水加热器出口温度与系统最不利配水点的水温差称为降温值，一般不大于 10 ℃，用作热水供应系统配水管网的热损失。

表 4.1　出水口的最高水温和配水点的最低水温

水质情况	出水口的最高水温/℃	配水点的最低水温/℃
原水无须软化处理或经过软化处理	75	50
原水需要软化处理但没有软化处理	60	50

4.1.2　热水供应系统的分类、组成及供水方式

1. 热水供应系统的分类

建筑内部热水供应系统按热水的供应范围可分为局部热水供应系统、集中热水供应系统和区域热水供应系统。

（1）局部热水供应系统：采用小型加热器在用水场所就地加热，供局部范围内一个或几个配水点使用的热水系统。

（2）集中热水供应系统：在锅炉房、热交换站或加热间将水集中加热后，通过热水管网输送

至整幢或几幢建筑的热水系统。

（3）区域热水供应系统：在热电厂、区域性锅炉房或热交换站将水集中加热后，通过市政热力管网输送至整个建筑群、居民区或整个工业企业的热水系统。

以上3个热水供应系统的优缺点及适用范围详见表4.2。

表4.2　不同类型热水供应系统的优缺点及适用范围

分类	优点	缺点	适用范围
局部热水供应系统	1. 热水输送管道短，热损失小； 2. 系统、设备简单，造价低； 3. 维护管理方便、灵活； 4. 改建、增设较容易	1. 热效率低，制水成本较高； 2. 热水供应范围小； 3. 每个用水场所均需设置加热装置，占用建筑面积大	1. 没有集中热水供应的居住建筑、小型公共建筑； 2. 热水用水量较小且用水点分散的建筑
集中热水供应系统	1. 此地加热异地用水，加热设备和其他设备集中设置，便于集中维护管理； 2. 热水供应范围较大，热效率较高	1. 热水输配管网较长，热损失较大； 2. 设备、系统较复杂，需要有专门的维护管理人员； 3. 系统建成后改建、扩建较困难	热水用量较大，用水点比较集中的建筑
区域热水供应系统	1. 便于集中统一维护管理和热能的综合利用，有利于减少环境污染； 2. 热水供应范围大，热效率和自动化程度高，热水成本低	1. 热水输配管网长且复杂，热损失大； 2. 设备、系统复杂，建设投资高，需要较高的维护管理水平； 3. 系统建成后改建、扩建困难	建筑布置较集中、热水用量较大的城镇住宅区和大型工业企业热水用户

2. 热水供应系统的组成

热水供应系统的组成，因建筑类型和规模、热源及用水要求、加热和储存设备的供应情况、建筑对美观和噪声的要求等不同而有所差异。现以集中热水供应系统为例，其一般由热媒系统（第一循环系统）、热水供应系统（第二循环系统）和附件3部分组成，如图4.1所示。

（1）热媒系统。热媒系统又称第一循环系统，是由热源（蒸汽锅炉或热水锅炉）、水加热器（汽—水热交换器或水—水热交换器）和热媒管网组成。使用蒸汽为热媒时，蒸汽锅炉生产的蒸汽通过热媒管网输送到热交换器中，经过表面换热或混合换热将冷水加热成热水，经过热交换后蒸汽变成冷凝水，靠余压回到冷凝水池。冷凝水和

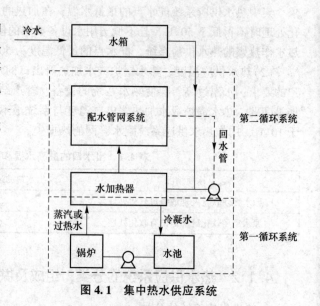

图4.1　集中热水供应系统

新补充的软化水经过冷凝水循环泵送回锅炉，加热为蒸汽，如此循环完成热传递。

1)锅炉是指利用燃料燃烧释放的热能或其他热能加热水或其他工质的设备。锅炉按燃料不同可分为燃煤锅炉、燃油锅炉、燃气锅炉、电锅炉等。

2)容积式水加热器如图4.2所示，有立式和卧式两种。卧式容积式水加热器中，下部放置加热排管，蒸汽由排管上部进入，凝结水由排管下部排出。加热排管可采用铜管或钢管。冷水

由加热器底部压入，制备的热水由其上部送出。

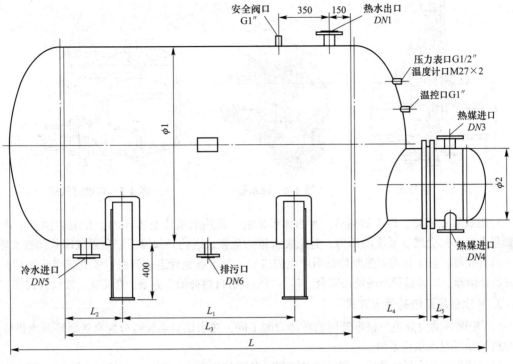

图 4.2　容积式水加热器

3)快速水加热器，有汽—水(蒸汽和冷水)和水—水(高温热水和冷水)两种类型。前者热媒为蒸汽，后者热媒为高温热水。

(2)热水供应系统。热水供应系统又称为第二循环系统，由热水配水管网和回水管网组成。被加热到设定温度的热水，从水加热器出口经配水管网送至各个热水配水点，而水加热器所需冷水由高位水箱或给水管网补给。为保证各配水点的水温，在各立管和水平干管甚至配水支管上设置回水管，使一定量的热水流回加热器重新加热，以补偿配水管网的热损失。

(3)附件。由于热媒系统和热水供应系统中控制、连接和安全的需要，常使用一些附件，如减压阀、疏水器、自动排气阀、自动温度调节装置、闭式膨胀水箱和补偿器等。

1)减压阀(图 4.3)。在热水供应系统中，当以蒸汽作为热媒时，若蒸汽压力大于热交换设备所能承受的压力，应在蒸汽管道上设置减压阀，以保证设备运行安全。其工作原理是流体通过阀体内的阀瓣产生局部能量损失从而减压。常用的减压阀有活塞式、膜片式、波纹管式 3 种。

2)疏水器(图 4.4)。为保证热媒管道汽水分离，蒸汽畅通，不产生汽水撞击、管道振动、噪声，延长设备使用寿命，用蒸汽作为热媒间接加热的水加热器、开水器的凝结水管道上应设置疏水器；蒸汽立管最低处、蒸汽管下凹处的下部宜设置疏水器。工程中，常用的疏水器有吊桶式疏水器和热动力圆盘式疏水器。

3)自动排气阀。水在加热过程中会逸出原溶于水中的气体和管网中热水汽化的气体。如不及时排出，这些气体不但会阻碍管道内的水流，加速管道内壁的腐蚀，还会引起噪声、振动。为了使热水供应系统正常运行，可在热水管道集聚空气的地方安装自动排气阀。自动排气阀必须垂直安装在管网的最高处，以利于管道气体的汇集和排除。自动排气阀如图 4.5 所示。

4)自动温度调节装置。为了节能节水、安全供水，水加热器应安装自动温度调节装置，可采用直接自动温度调节器或间接自动温度调节器。

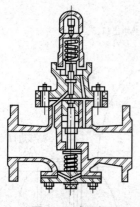

图4.3 减压阀

图4.4 疏水器

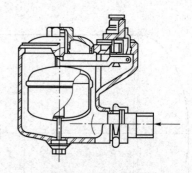

图4.5 自动排气阀

5)闭式膨胀水箱。冷水加热后，水的体积膨胀。若热水系统是密闭的，在卫生洁具不用水时膨胀水量必然会增加系统的压力，有胀裂管道的危害，因此必须设置膨胀罐或闭式膨胀水箱。

6)补偿器。热水管道因热胀伸长而产生内应力，为了避免管道的弯曲、破裂或接头松动，必须安装补偿器，以确保管网的使用安全。其主要形式有自然补偿、方型、套筒式、波纹管式等。

3. 热水供应系统的供水方式

(1)按循环动力分类。根据管网循环动力的不同，热水供应系统可分为自然循环热水供应系统和机械循环热水供应系统。

1)自然循环热水供应系统。利用配水管和回水管中水的温度不同，由密度差所产生的压力差，使热水管网内维持一定的循环流量，以补偿配水管道的热损失，满足用户对热水温度的要求。

2)机械循环热水供应系统。在回水干管上设置循环水泵，强制一定量的水在管网中循环，以补偿配水管道的热损失，满足用户对热水温度的要求。该系统适用于大、中型且用户对热水温度要求严格的热水供应系统。

(2)按热水管网循环方式分类。按热水管网循环方式不同，热水供应方式可分为全循环、半循环和非循环热水供应方式。

1)全循环热水供应方式是指热水供应系统中，热水配水管网的水平干管、立管及支管均设置回水管道确保热水循环，各配水龙头随时打开均能提供符合设计温度要求的热水。该系统适用于对水温要求严格的建筑，设计时应设置循环水泵，用水时不存在使用前放凉水和等待的现象。

2)半循环热水供应方式是指只在热水干管设置回水管，该系统只能保证干管中热水的设计温度。半循环热水供应系统比全循环热水供应系统节省管材，适用于水温要求不太严格的建筑。

3)非循环热水供应方式是指在热水供应系统中，热水配水管网的水平干管、立管、配水支管均不设置回水管道，该系统不能随时保证配水点的设计水温。

(3)按热水管网运行方式分类。按热水管网运行方式不同，热水供应方式可分为全天循环热水供应方式和定时循环热水供应方式。

1)全天循环热水供应方式是指全天任何时刻，管网中都维持有不低于循环流量的水量在进行循环，使设计管段的水温在任何时刻都保持不低于设计温度。

2)定时循环热水供应方式是指热水供应系统每天定时配水，其余时间停止供水，该系统在集中使用前利用循环水泵将管网中已冷却的水强制循环加热，达到规定水温时才能使用。

(4)按热水管网的布置方式分类。按热水管网水平干管的布置方式不同，热水供应系统可分为上行下给式、下行上给式和分区供水式3种。

1)上行下给式热水供应系统是指将水平供水干管布置在系统的上端，水流方向向下，与系统排气方向相反。

2）下行上给式热水供应系统是指将水平供水干管布置在系统的下端，水流方向向上，与系统排气方向相同。

3）分区供水式热水供应系统是指将高层建筑物内的给水管网和给水设备，按照楼层高度依次划分为若干独立的热水供应系统，并向各供水区域提供热水。

选用何种热水供应方式，应根据建筑物用途、热源供给情况、热水用量和卫生洁具布置等情况进行技术和经济比较后确定。在实际的工程应用中，常将上述各种方式按照具体情况进行组合。

4.1.3 热水管网的布置和敷设

1. 热水管网布置的原则

热水管网布置的原则：在满足使用、便于维修管理的情况下，管线最短。

2. 热水管网的布置和敷设要求

热水管道在布置和敷设时应注意以下几点要求：

（1）横干管可以敷设在室内地沟、地下室顶部、建筑物顶层的天棚下，或设备技术层内。明装管道尽量布置在卫生间或非居住房间内；暗装时，热水管道放置在预留沟槽、管道井内。

（2）管道穿楼板和墙壁应装套管，楼板套管应该高出地面 50～100 mm，以防楼板积水时由楼板孔流到下层。

（3）为使局部管段检修时不致中断大部分管路配水，在热水管网配水立管的始端、回水立管的末端和有 6～9 个水嘴的横支管上，应该装设阀门。

（4）为防止热水管道发生倒流和窜流，在水加热器和储水罐的给水管上、机械循环的第二循环管道上及加热冷水所用的混合器冷、热水进水管道上，应该装设止回阀。

（5）为了便于排气，上行式配水横干管应设置不小于 0.003 的坡度，并在管道的最高点安装排气阀；为了排水，回水干管应低头走，并在最低点安装泄水阀门或丝堵。

（6）对下行上给全循式管网，为了防止配水管中分离出的气体被带回循环管，应将每根立管的循环管始端与相应配水立管在最高点以下 0.5 m 处连接。

（7）为了避免管道受热伸长所产生的应力破坏管道，横干管的直线段应设置伸缩器。

（8）热水储水罐或容积式水加热器上接出的热水配水管一般从设备顶接出，机械循环的回水管从设备下部接入。

（9）为满足运行调节和检修的要求，在水加热设备、锅炉、自动温度调节器和疏水器等设备的进出水口的管道上，还应装设必需的阀门。

（10）为减少散热，热水系统的配水干管、水加热器、储水罐等，一般要包扎保温材料，并采取好耐腐蚀、保温、防结垢措施。

4.1.4 太阳能热水供应系统

太阳能是能量巨大而又无污染的绿色能源。世界各国都在积极从事太阳能的研究和利用。我国太阳能的研究工作发展迅速，特别在推广应用太阳能热水器、太阳能灶具、太阳能灯具、太阳能汽车和太阳能低温地板辐射采暖领域，技术逐渐成熟，有很好的应用推广价值，如图 4.6 所示。

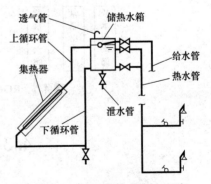

图 4.6 太阳能热水供应系统

太阳能热水供应系统由平板集热器、储热器、循环管路、热水和热水出水系统、辅助装置等组成。其工作原理是利用对阳光吸收率较高的优质材料制成的真空集热管或反射板构成集热器，通过辐射和导热等方式将吸收热量传递给集热管内的水，水加热后，通过水的循环将热量直接或间接地用于室内热水供应系统。

太阳能热水供应系统在建筑上的布置安装工艺流程：安装准备→支座架安装→热水器设备组装→配水管路安装→管路系统试压→管路系统冲洗→温控仪表安装→管道保温→系统调试运行。

4.2 建筑直饮水供应系统

直饮水供应系统是现代建筑给水系统的重要组成部分。目前，直饮水供应系统主要有热饮水供应系统和冷饮水供应系统。直饮水供应系统是以城市自来水为原水，经深度处理，除去水中对人体有害的物质，保留对人体有益的微量元素和矿物质，采用优质、卫生级别的管材独立设置的配水系统，再建一条独立的供水管道，将净化处理后的优质水送入用户终端，供居民直接饮用。直饮水供应系统用户端水质应不低于《饮用净水水质标准》（CJ/T 94—2005）的要求。

目前，直饮水均以城市自来水为原水，处理工艺大都以膜处理为核心单元，辅以膜前预处理及后处理。RO 反渗透膜处理作为一种比较成熟的处理工艺，其制备机理是对水施加一定的压力，使水分子和离子态的矿物质元素通过一层反渗透膜，而溶解在水中的绝大部分无机盐、有机物以及病毒、细菌等无法透过反渗透膜，从而将透过直饮水和无法透过的浓缩水严格地分开。RO 反渗透膜处理工艺流程如图 4.7 所示。

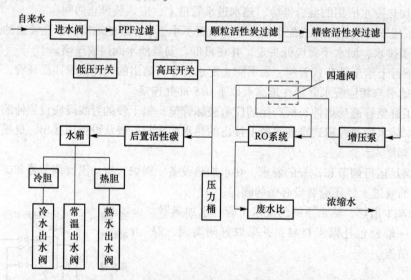

图 4.7 RO 反渗透膜直饮水供应系统工艺流程

4.3 建筑中水系统

建筑中水系统是指建筑或建筑小区的生活污、废水经适当处理后，达到规定水质标准，再回用于建筑或建筑小区作为杂用水(可在一定范围内重复使用的非饮用水)的收集、处理和供水的系统。中水水质主要指标低于生活饮用水水质标准，但高于污水允许排入地面水体的排放标准，这种专用供水系统被称为建筑中水系统，简称建筑中水。

4.3.1 建筑中水的发展意义及常用处理工艺

1. 建筑中水系统的发展意义

随着城市建设和工业的发展，用水量特别是工业用水量急剧增加，大量污、废水的排放严重污染了环境和水源，造成水资源不足，水质日益恶化，同时新水源的开发工程又相当艰巨。面对这种情况，发展建筑中水是缓解水资源短缺切实可行的有效措施。这样既减少了污水的外排量，减轻了城市排水系统的负荷，又可以有效地利用和节约淡水资源，减少对水环境的污染，具有明显的社会效益、环境效益和经济效益。

2000年，中水回用被正式写入"十五"规划纲要，表明全国开始启动中水回用工程。目前，我国中水回用已经形成一定规模，在北方一些严重缺水城市，如北京、天津等，中水回用工程已经相当普遍。从目前形势来看，水量需求不断增加，水资源逐渐减少，环境政策日趋严格及经济所需，推动建筑中水行业不断前进。

2. 建筑中水常用的工艺

建筑中水系统根据不同的原水应采用不同的中水回用处理技术。当以优质杂排水和杂排水作为中水原水时，可采用以物化处理为主的工艺流程，或采用生物处理和物化处理相结合的工艺流程。当利用含有粪便污水的排水作为中水原水时，宜采用二段生物处理与物化处理相结合的处理工艺流程。利用污水处理站二级处理出水作为中水水源时，宜选用物化或与生化处理结合的深度处理工艺流程。

4.3.2 建筑中水系统的基本构成

1. 建筑中水系统的组成

中水系统由原水系统、中水处理设施、中水供水系统3部分组成。

(1)原水系统。原水系统是指收集、输送中水原水到中水处理设施的管道系统及一些附属构筑物。根据中水原水的受污染程度，中水原水系统可分为污、废水分流制和合流制两类。中水原水系统一般采用污、废水分流制。

中水原水按水质可分为优质杂排水(受污染程度很轻，如雨水、盥洗水、淋浴水、洗衣机水、冷凝水等，不含厨房排水和粪便污水)、杂排水(受污染程度较轻，含厨房排水，不含粪便污水)和生活污水(受污染程度较重，含粪便污水)。

有条件时，应优先选用优质杂排水作为中水原水，因其受污染程度低，易处理，系统运行费用也低，处理后水质有保障，容易被用户接受，符合我国的经济水平和管理水平。

(2)中水处理设施。中水处理设施的设置应根据中水原水水量、水质和中水使用要求等因素，经过技术经济比较后确定。

中水处理过程一般分为前处理、主要处理和后处理3个阶段。

1)前处理阶段主要用来截留较大的漂浮物、悬浮物和杂物，分离油脂，调整pH值，调节水量等。常用处理设施为格栅、毛发收集器、隔油池、化粪池等。

2)主要处理阶段主要是去除水中的有机物、无机物等，其主要处理设施有沉淀池、混凝沉淀池、气浮池、生物接触氧化池、生物转盘等。

3)后处理阶段主要是针对某些中水水质要求高于杂排水时所进行的深度处理，如过滤活性炭吸附和消毒等。其主要处理设施有过滤池、吸附池、消毒设施等。

建筑物内的中水处理站宜设在建筑物的最底层。处理构筑物宜为地下式或封闭式，应有采暖、通风、换气、照明、给水排水设施。中水处理中产生的臭气应采取有效的除臭措施，应具备污泥、渣等的存放和外运条件。

（3）中水供水系统。中水供水系统是将中水处理站处理后的水输送到各杂用水点的管网，一般单独设置，主要包括配水管网、中水储水池、中水高位水箱、中水泵站或中水气压给水设备。中水供水系统的供水方式、系统组成、管道敷设方式和水力计算与给水系统基本相同，只是在供水范围、水质、使用等方面有些限定和特殊要求。

2. 中水系统的分类

中水系统是一个系统工程，是给水工程技术、排水工程技术、水处理工程技术及建筑环境工程技术的有机综合。中水系统按服务的范围及规模大小，可分为建筑中水系统和小区中水系统。

（1）建筑中水系统。建筑中水系统是指单栋建筑物或几栋相邻建筑物范围内所形成的中水系统，如图 4.8 所示。建筑中水水源应根据排水的水质、水量、排水状况和中水回用的水质、水量选定。选择的种类和选取的顺序依次为卫生间、公共室的浴盆、淋浴等的排水，盥洗排水，空调循环冷却系统排污水，冷凝水，游泳池排水，洗衣排水，厨房排水，冲厕排水。传染病医院、结核病医院污水和放射性废水，不得作为中水水源。

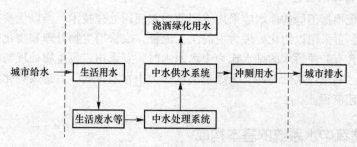

图 4.8　建筑中水系统

建筑中水系统视其情况不同，可再分为具有完善排水设施和不完善排水设施的建筑中水系统。具有完善排水设施的建筑中水系统是指建筑物排水为分流制，且具有城市二级处理设施。不完善排水设施的建筑中水系统是指建筑物排水为合流制，没有二级水处理设施或距二级水处理设施较远。

由于建筑中水系统大部分采用优质杂排水，其处理工艺简单，投资少，便于与建筑物的建造统一考虑，也能做到与建筑物的启用同步运行。因此，该系统是当前最有现实意义的一种节水系统。

（2）小区中水系统（图 4.9）。建筑小区中水系统的中水水源取自居住小区内各建筑物排放的污、废水，可作为冲洗便器、冲洗汽车、绿化灌溉和浇洒道路等杂用水的供水。该系统水源应根据水量平衡和技术经济比较进行确定，优先选择水量充沛、稳定、污染物浓度低、处理难度小、安全且居民易接受的中水原水。

建筑小区中水系统适用于城镇小区、机关大院、企业学校等建筑群，尤其是新建小区、可以统一规划同步实施的建筑。

4.3.3　建筑中水系统安装

建筑中水系统的安装应参照《建筑给水排水及采暖工程施工质量验收规范》（GB 50242—2002）中的相关规定。

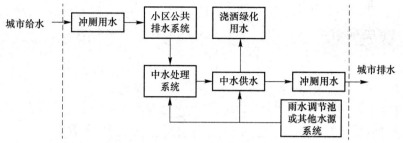

图 4.9　小区中水系统

（1）一般规定。

1）中水系统原水管道管材及配件常用塑料管、铸铁管或混凝土管。

2）中水系统给水管道及排水管道的检验标准，按室内给水排水系统的有关规定执行。

3）中水管道的干管端各支管始端、进户管始端应安装阀门，并设阀门井，根据需要安装水表。

（2）建筑中水系统管道安装。

1）中水高位水箱应与生活高位水箱分设在不同的房间内，若条件不允许只能设在同一房间时，与生活高位水箱的净距应大于 2 m。

2）中水给水管道不得装设取水水嘴，卫生洁具冲洗宜用密闭型设备和器具，绿化灌溉、浇洒道路、汽车冲洗宜采用壁式或地下式的给水栓。

3）中水供水管道严禁与生活饮用水给水管道连接，中水管道外壁应涂浅绿色标志，中水池（箱）、阀门、水表及给水栓均应有"中水"标志。

4）中水管道不宜暗装于墙体和楼板内，若必须暗装于墙槽内，必须在管道上有明显且不会脱落的标志。

（3）中水系统的安全防护。除应遵循上述要求之外，中水系统的安装还应注意以下几个方面：

1）中水池（箱）内的自来水补水管应采取自来水防污措施，补水管出水口应高于中水储存池（箱）内溢流水位，其间距不得小于 2.5 倍管径，严禁采用淹没式浮球阀补水。

2）中水储存池（箱）设置的溢流管、泄水管均应采用间接排水方式排出，溢流管应设隔网。

3）严格消毒。

4）管理人员必须培训上岗。

5）中水管道应采取防止误接、误用、误饮的措施。

总结回顾

1. 建筑热水供应系统热水的水质、水温及用水量的标准。

2. 建筑内部热水供应系统的分类、组成及方式。

3. 水的加热、储水设备和主要附件；热水管网的布置及敷设形式和要求；热水供应系统安装及施工质量验收规范。

4. 直饮水的水质、水温；直饮水的制备方法和供水方式。

5. 建筑中水系统的组成和分类；中水常用的处理工艺；中水系统的安装。

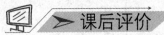

课后评价

一、填空题

1. 热水供应系统是指水的加热、_____和_____的总称。

2. 中水系统包括_____、_____和_____3部分。

3. 中水处理过程一般分为_____、_____和_____3个阶段。

4. 热水供应系统中应考虑的两个主要因素：_____和_____。

5. 集中热水供应系统由_____、_____和_____3部分组成。

6. 直饮水系统应满足的水质标准为_____。

二、判断题

1. 建筑热水供应系统供应的热水水温为100 ℃。 （　　）

2. 建筑室内，中水给水管道可以装设取水水嘴，以便浇花、冲地等。 （　　）

3. 优质杂排水是指污染程度较低的排水，如冷却水、洗漱排水。 （　　）

4. 中水已经经过系统处理，后续不需消毒。 （　　）

5. 建筑室内中水管道可以明装也可以暗装，最好采用明装的方式以便检查维修。 （　　）

6. 生活用热水的水质应符合我国现行的国家标准《生活饮用水卫生标准》（GB 5749—2022）。

    （　　）

7. 用水设备和管道内结垢的原因是水在加热后水中的钙镁离子受热析出，与水中的碳酸根离子结合形成沉淀。 （　　）

8. 为保证热媒管道汽水分离，蒸汽畅通，应在供水管道上设置疏水器。 （　　）

9. 自动排气阀必须垂直安装在管网的最高处。 （　　）

三、选择题

1. 为了保证热水供应系统的供水水温，补偿管路的热量损失，热水系统应设置（　　）。

A. 供水干管　　　　B. 热媒管　　　　C. 回水管　　　　D. 软管

2. 中水管道的颜色标志通常为（　　）。

A. 浅红色　　　　B. 浅黄色　　　　C. 浅绿色　　　　D. 浅蓝色

四、简答题

1. 热水供应系统由哪几部分组成？

2. 热水供应系统中，对水温、水质有哪些要求？

3. 热水供应系统如何分类？

4. 太阳能热水供应系统由哪几部分组成？

5. 简述建筑中水系统的组成。

6. 简述建筑直饮水的制备方法。

7. 简述建筑中水系统的安装要求。

任务5 建筑给水排水工程识图

工作任务	建筑给水排水工程识图
教学模式	任务驱动
任务介绍	本任务主要为建筑给水排水工程施工图的识读
学有所获	掌握建筑给水排水施工图的组成和识读

任务导入

阅读给水排水施工图主要图纸之前，应先看设计说明和设备材料表，然后以系统图为线索深入阅读平面图、系统图和详图。

任务分解

建筑给水排水施工图的识读主要包括平面图、系统图及详图的识读。

任务实施

5.1 建筑给水排水施工图基本内容

建筑给水排水施工图一般由图纸目录、主要设备材料表、设计说明、图例、平面图、系统图（轴测图）、施工详图等组成。

室外小区给水排水工程，根据工程内容还应包括管道断面图、给水排水节点图等。

各部分的主要内容如下。

（1）平面布置图。给水、排水平面图应表达给水、排水管线和设备的平面布置情况。根据建筑规划，在设计图纸中，用水设备的种类、数量、位置，均要做出给水和排水平面布置；各种功能管道、管道附件、卫生洁具、用水设备，如消火栓箱、喷头等，均应用各种图例表示；各种横干管、立管、支管的管径、坡度等，均应标出。平面图上管道都用单线绘出，沿墙敷设时不标注管道距墙面的距离。

一张平面图上可以绘制几种类型的管道，一般来说给水和排水管道可以在一起绘制。若图纸管线复杂，也可以分别绘制，以图纸能清楚地表达设计意图而图纸数量又很少为原则。建筑内部给水排水，以选用的给水方式来确定平面布置图的张数。底层及地下室必须绘制；顶层若有高位水箱等设备，也必须单独绘出。建筑中间各层，如卫生设备或用水设备的种类、数量和位置都相同，绘一张标准层平面布置图即可；否则，应逐层绘制。在各层平面布置图上，各种管道、立管应编号标明。

（2）系统图。系统图也称"轴测图"，其绘制方法取水平、轴测、垂直方向，完全与平面布置图比例相同。系统图上应标明管道的管径、坡度，标出支管与立管的连接处，以及管道各种附件的安装标高，标高的±0.00应与建筑图一致。系统图上各种立管的编号应与平面布置图一致。系统图均应对给水、排水、热水等各系统单独绘制，以便于施工安装和概预算应用。

系统图中对用水设备及卫生洁具的种类、数量和位置完全相同的支管、立管，可不重复完全绘出，但应用文字标明。当系统图立管、支管在轴测方向重复交叉影响识图时，可断开移到图面空白处绘制。建筑居住小区给水排水管道一般不绘系统图，但应绘管道纵断面图。

(3)施工详图。凡平面布置图、系统图中局部构造因受图面比例限制而表达不完善或无法表达的，为使施工概预算及施工不出现失误，必须绘出施工详图。通用施工详图系列，如卫生洁具安装、排水检查井、雨水检查井、阀门井、水表井、局部污水处理、构筑物等，均有各种施工标准图，施工详图宜首先采用标准图。绘制施工详图的比例以能清楚绘出构造为根据选用。施工详图应尽量详细注明尺寸，不应以比例代替尺寸。

(4)设计施工说明及主要材料设备表。用工程绘图无法清楚表达给水、排水、热水供应系统和雨水系统等管材防腐、防冻、防漏的做法，或难以表达的诸如管道连接、固定、竣工验收要求、施工中特殊情况技术处理措施，或施工方法要求严格必须遵守的技术规程、规定等，可在图纸中用文字写出设计施工说明。工程选用的主要材料及设备表，应列明材料类别、规格、数量，设备品种、规格和主要尺寸。

另外，施工图还应绘出工程图所用图例。所有以上图纸及施工说明等应编排有序，写出图纸目录。

5.2 建筑给水排水施工图识读方法

阅读主要图纸之前，应先看说明和设备材料表，然后以系统图为线索深入阅读平面图、系统图及详图。

阅读时，应三种图相互对照来看。先看系统图，对各系统做到大致了解。看给水系统图时，可由建筑的给水引入管开始，沿水流方向经干管、立管、支管到用水设备；看排水系统图时，可由排水设备开始，沿排水方向经支管、横管、立管、干管到排出管。

(1)平面图的识读。室内给水排水管道平面图是施工图纸中最基本和最重要的图纸，常用的比例是1:100和1:50两种。它主要表明建筑物内给水排水管道及卫生洁具和用水设备的平面布置。图上的线条都是示意性的，同时管材配件如活接头、补心、管箍等也不画出来，因此，在识读图纸时还必须熟悉给水排水管道的施工工艺。在识读管道平面图时，应该掌握的主要内容和注意事项如下：

1)查明卫生洁具、用水设备和升压设备的类型、数量、安装位置、定位尺寸。

2)弄清给水引入管和污水排出管的平面位置、走向、定位尺寸与室外给水排水管网的连接形式、管径及坡度等。

3)查明给水排水干管、立管、支管的平面位置与走向、管径尺寸及立管编号。从平面图上可清楚地查明是明装还是暗装，以确定施工方法。

4)消防给水管道要查明消火栓的布置、口径大小及消防箱的形式与位置。

5)在给水管道上设置水表时，必须查明水表的型号、安装位置以及水表前后阀门的设置情况。

6)对于室内排水管道，还要查明清通设备的布置情况，清扫口和检查口的型号和位置。

(2)系统图的识读。给水排水管道系统图主要表明管道系统的立体走向。

在给水系统图中，卫生洁具不画出来，只需画出水龙头、淋浴器莲蓬头、冲洗水箱等符号；用水设备如锅炉、热交换器、水箱等则画出示意性的立体图，并在旁边注以文字说明。在排水系统图中也只画出相应的卫生洁具的存水弯或器具排水管。在识读系统图时，应掌握的主要内容和注意事项如下：

1) 查明给水管道系统的具体走向，干管的布置方式，管径尺寸及其变化情况，阀门的设置，引入管、干管及各支管的标高。

2) 查明排水管道的具体走向、管路分支情况、管径尺寸与横管坡度、管道各部分标高、存水弯的形式、清通设备的设置情况、弯头及三通的选用等。识读排水管道系统图时，一般按卫生洁具或排水设备的存水弯、器具排水管、横支管、立管、排出管的顺序进行。

3) 系统图上对各楼层标高都有注明，识读时可据此分清管路是属于哪一层的。

(3) 详图的识读。室内给水排水工程的详图包括节点图、大样图、标准图，主要是管道节点、水表、消火栓、水加热器、开水炉、卫生洁具、套管、排水设备、管道支架等的安装图及卫生间大样图等。

这些图都是根据实物用正投影法画出来的，图上都有详细尺寸，可供安装时直接使用。

5.3 室内给水排水施工图识读实例

这里以某教学楼给水排水施工图为例介绍其识读过程，如图5.1～图5.8所示。

5.3.1 生活给水排水管道识图

1. 给水管道识图

(1) 引入管识图。给水管道识图宜从水流入的方向开始，即引入管→干管→立管→支管。首先，从图5.1可以了解到，本栋楼有两个区域设置了卫生间，在①轴和②轴间设置了女卫生间，在⑨轴和⑩轴间设置了男卫生间。女卫生间的引入管在一层的①轴和②轴间，引入管的管径为$DN40$；男卫生间的引入管在一层的⑨轴和⑩轴间，引入管的管径为$DN50$。引入管为埋地敷设，埋深为-1.2 m。

(2) 立管识图。从图5.7可以了解到，本栋楼的给水立管有两根，其中JL-1设置在女卫生间，用于1～4层的女卫生间供水；JL-2设置在男卫生间，用于1～4层的男卫生间供水。JL-1的起点标高为-1.2 m，终点标高为4楼的楼地面标高11.7 m+3.6 m(详见图5.5)，该节点的标高为距离4楼楼地面3.6 m。JL-2同JL-1。

(3) 卫生间支管识图。从卫生间给水排水详图(图5.5和图5.6)了解到，本栋楼有A、B、C、D共4个卫生间大样。

①A卫生间大样。从给水排水平面图中可以了解到，A卫生间为女卫生间，设置在2～4层的①轴和②轴间，共有3个A卫生间。从图5.5可以了解到，JL-1立管供水到A卫生间后，卫生间给水支管分为两路：一路是去接大便器冲洗阀，该支路管的标高为0.75 m(注：卫生间给水管道轴测图中给水管道标高是指给水管的管中心距该楼层卫生间地面的高度，下同)，管径为$DN25$；另一路是给洗脸盆和拖把池供水，该支路的管中心标高为3.6 m，敷设至①轴和ⓒ轴处下降到0.4 m处，去接洗脸盆的角阀，最后上升至1 m去接拖把池的水龙头，该支路的管径为$DN20$。

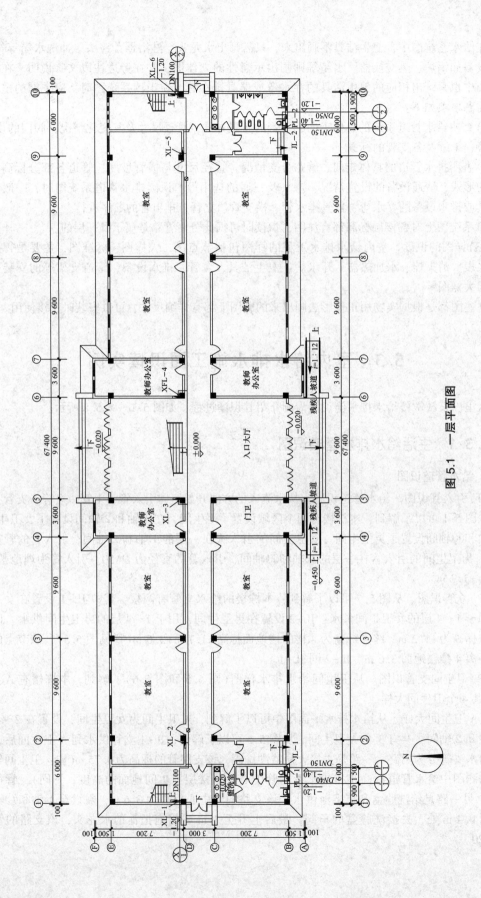

图 5.1 一层平面图

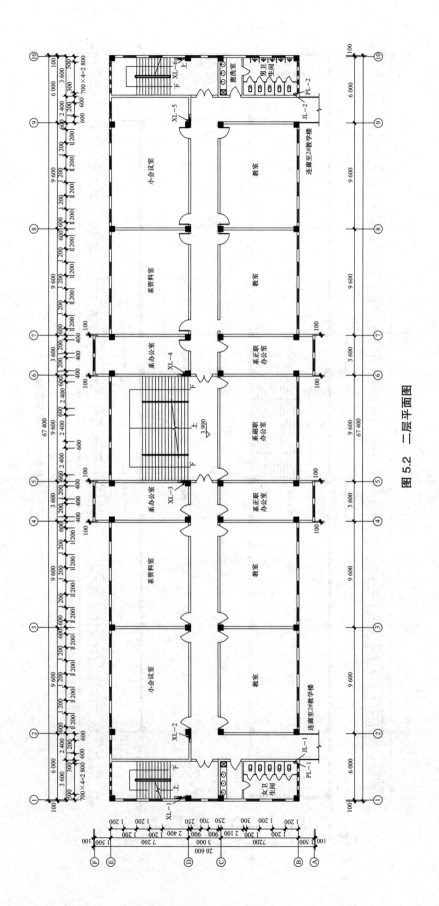

图 5.2 二层平面图

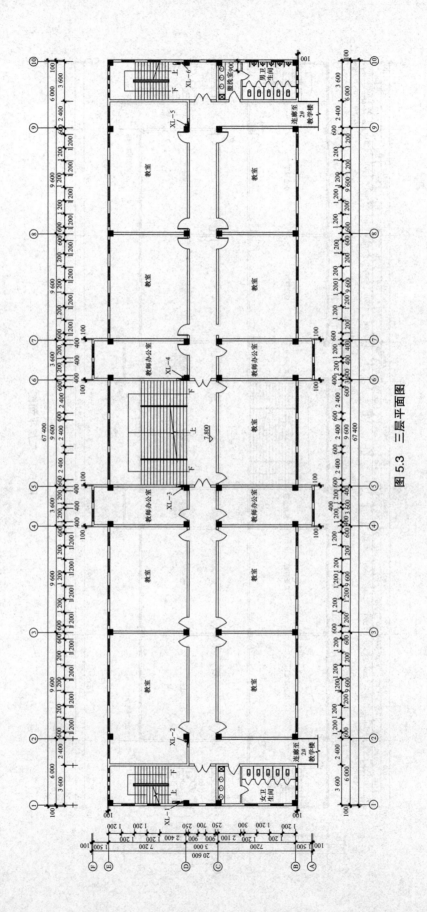

图 5.3 三层平面图

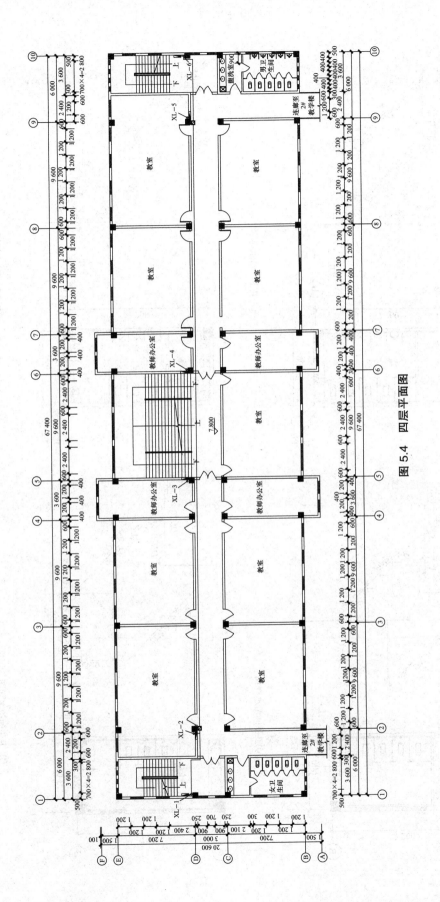

图 5.4 四层平面图

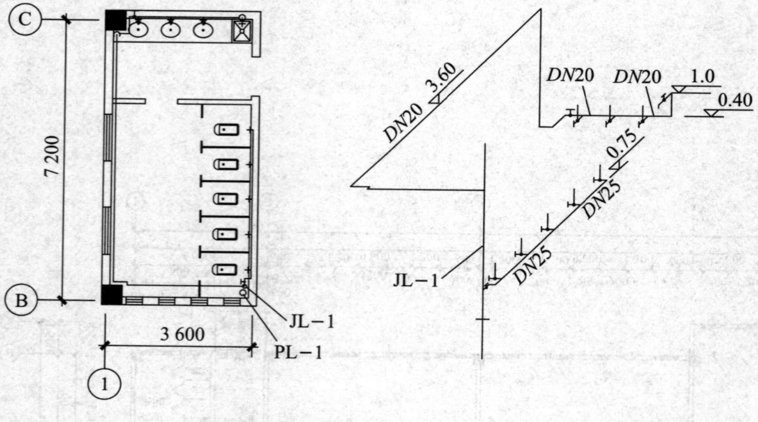

图 5.5 卫生间给水详图

Ⓐ 卫生间给水详图

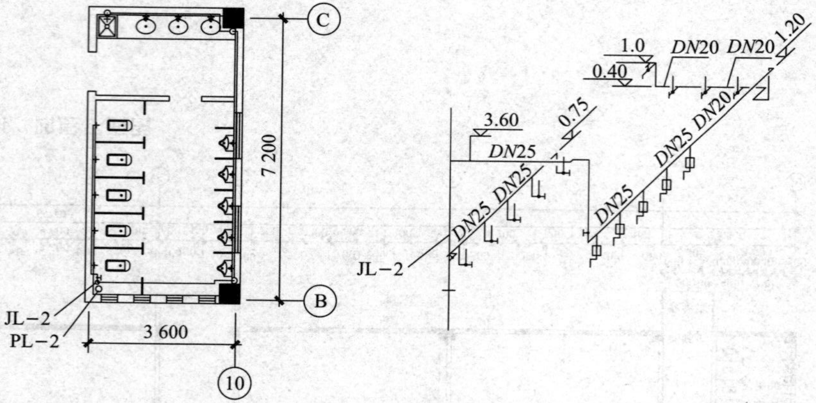

Ⓑ 卫生间给水详图

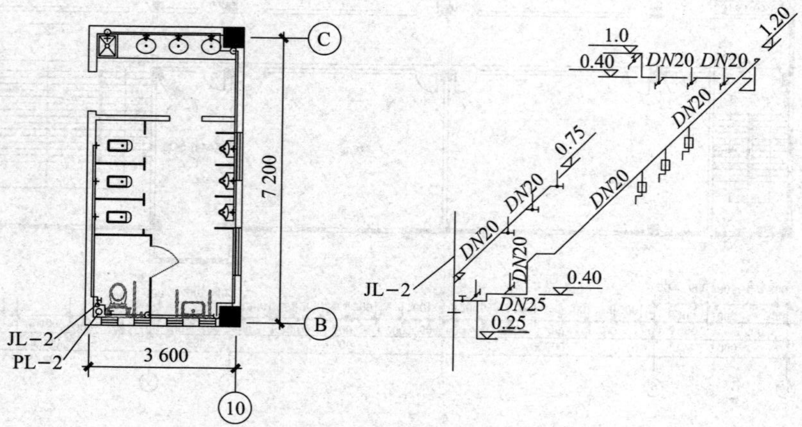

Ⓒ 卫生间给水详图

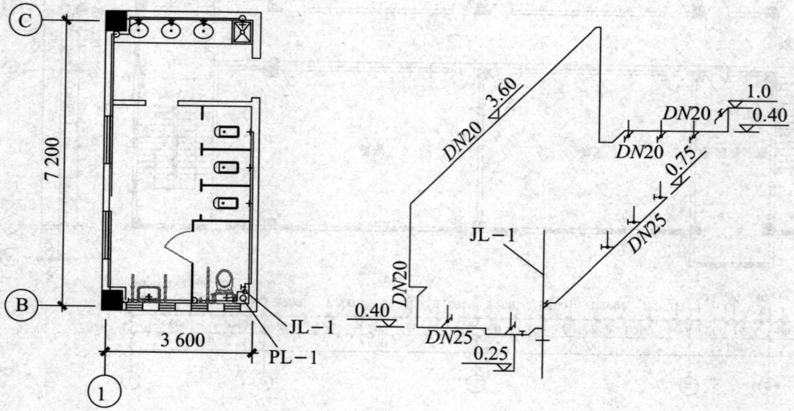

Ⓓ 卫生间给水详图

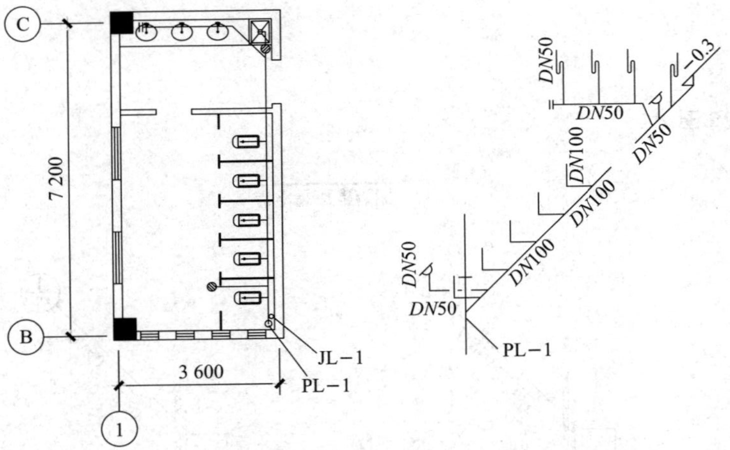

Ⓐ 卫生间排水详图

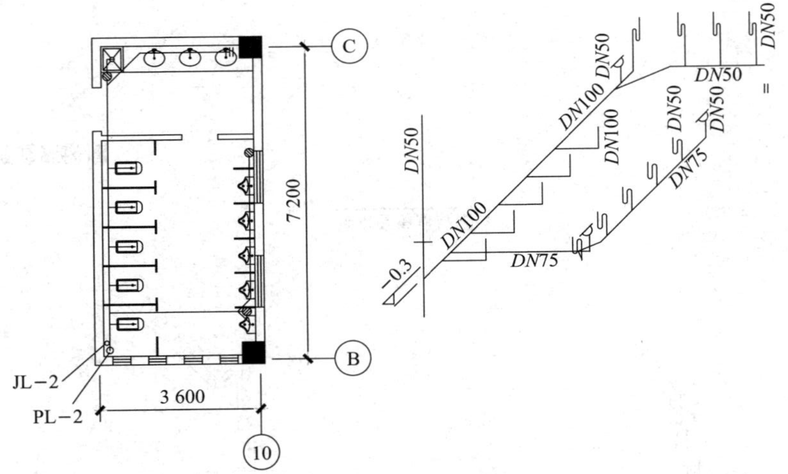

Ⓑ 卫生间排水详图

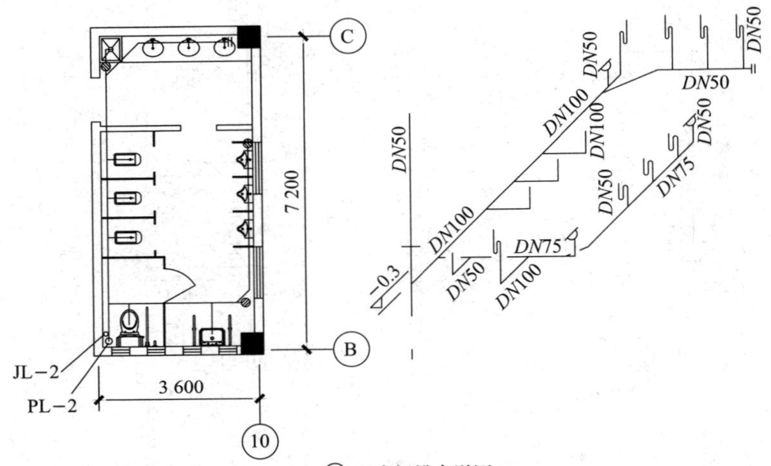

Ⓒ 卫生间排水详图

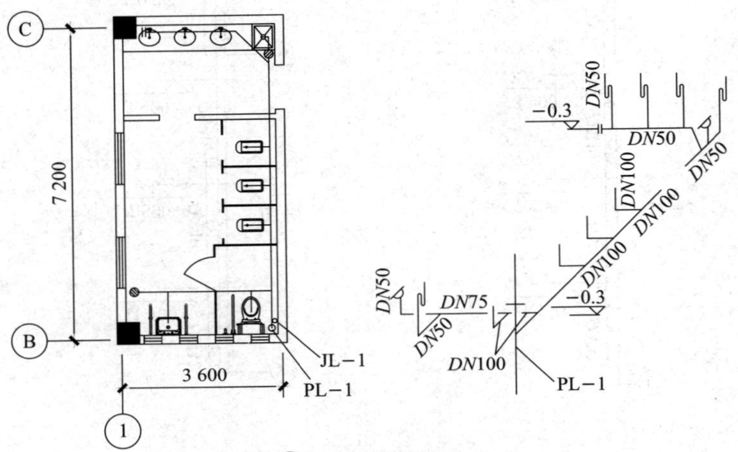

Ⓓ 卫生间排水详图

图 5.6　卫生间排水详图

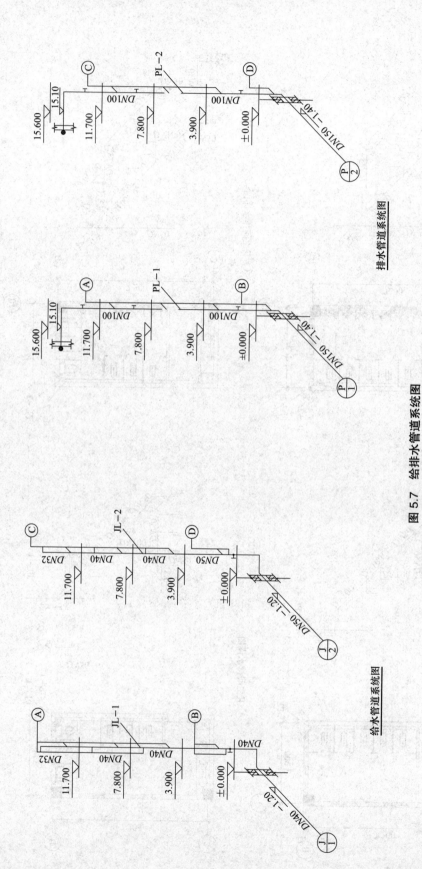

图 5.7 给排水管道系统图

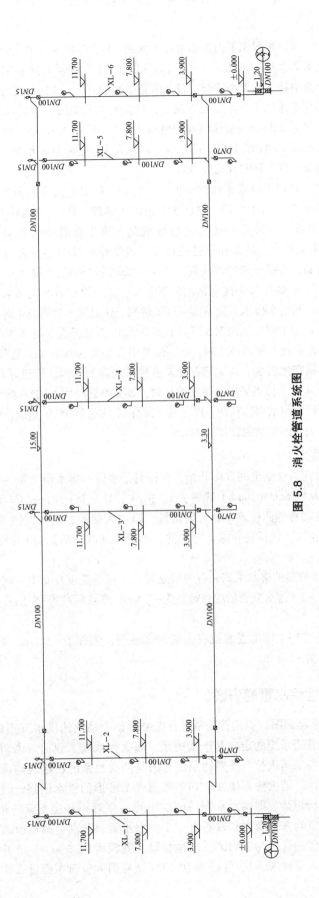

图 5.8 消火栓管道系统图

②B卫生间大样。从给水排水平面图中可以了解到，B卫生间为女卫生间，设置在一层的①轴和②轴间，共有1个B卫生间。从图5.5可以了解到，JL-1立管供水到B卫生间后，卫生间给水支管分为两路：一路是去接大便器冲洗阀，该支路管中心标高为0.75 m，管径为DN25；另一路是给坐便器、洗脸盆和拖把池供水。该支路首先是去接坐便器的角阀，管道标高为0.25 m，管径为DN25；然后上升至0.4 m的标高去接洗脸盆的角阀，该支路管径为DN25；敷设至①轴和⑧轴处上升至3.6 m标高，敷设至①轴和ⓒ轴处下降至0.4 m标高去接洗脸盆的角阀，最后上升至1 m的标高去接拖把池的水龙头，该支路的管径为DN20。

③C卫生间大样。从给水排水平面图中可以了解到，C卫生间为男卫生间，设置在2~4层的⑨轴和⑩轴间，共有3个C卫生间。从图5.5可以了解到，JL-2立管供水到C卫生间后，卫生间给水支管分为两路：一路是去接大便器冲洗阀，该支路管中心标高为0.75 m，管径为DN25；另一路是给小便器、洗脸盆和拖把池供水，该支路的管中心标高为3.6 m，敷设至⑩轴和⑧轴处下降到1.2 m，去接小便器冲洗阀，敷设至⑩轴和ⓒ轴处下降至0.4 m标高去接洗脸盆的角阀，最后上升至1 m的标高去接拖把池的水龙头，该支路的管径为DN20。

④D卫生间大样。从给水排水平面图中可以了解到，D卫生间为男卫生间，设置在一层的⑨轴和⑩轴间，共有1个D卫生间。从图5.5可以了解到，JL-2立管供水到D卫生间后，卫生间给水支管分为两路：一路是去接大便器冲洗阀，该支路管中心标高为0.75 m，管径为DN25；另一路是给坐便器、洗脸盆和拖把池供水。该支路首先是去接坐便器的角阀，管道标高为0.25 m，管径为DN25；然后上升至0.4 m的标高去接洗脸盆的角阀，该支路管径为DN25；敷设至⑩轴和⑧轴处上升至1.2 m标高，敷设至⑩轴和ⓒ轴处下降至0.4 m标高去接洗脸盆的角阀，最后上升至1 m的标高去接拖把池的水龙头，该支路的管径为DN20。

2. 排水管道识图

排水管道的识图宜从水流出的方向开始，即器具排水管→排水横支管→立管→排出管。

(1)支管识图。从图5.6中可以了解到，A、B、C、D 4个卫生间的排水横支管的标高均为-0.3 m，即上层卫生间楼地面往下0.3 m处敷设。蹲式大便器、坐式大便器的器具排水管管径为DN100，其余卫生洁具(包括洗脸盆、污水池、小便器地漏、清扫口)的器具排水管的管径均为DN50。

(2)立管识图。本栋楼的排水系统共有两根立管：一根是敷设在女卫生间的PL-1；另一根是敷设在男卫生间的PL-2。排水立管的起点标高为-1.4 m，终点标高为15.1 m，在标高15.1 m处伸出外墙去接透气帽。

(3)排出管识图。PL-1排出管敷设在①轴和②轴间，埋深为-1.4 m；PL-2排出管敷设在⑨轴和⑩轴间，埋深为-1.4 m。

5.3.2 消火栓给水管道识图

(1)消火栓系统整体识图。识读管道系统首先要对整个系统的供水方式进行一个宏观把握，也就是说要整体了解管道系统的走向和连通关系。消火栓系统工程通常由两个水源供水，进入建筑物后由立管供给各层消火栓，需要特别注意的是消火栓系统在建筑物顶层会有一根干管连通所有立管，可以看出，消火栓系统在立面上形成一个环形的供水回路。因此，识读消火栓系统图应从流水方向进行识读，即供水水源→底层干管→立管→各层支管→顶层干管。从图5.1可以了解到，拟建建筑物东、西方ⓒ轴各有一个供水水源，分别由两根引入管引入，图纸标注为X/1和X/2，引入管的管径为DN100，埋地敷设，埋深为-1.2 m。1号引入管自西面进入建筑物后在①轴向上接入立管XL-1，管径为DN100；2号引入管自东面进入建筑物后在⑩轴向上接入立管 XL-6，管径为 DN100。从图 5.8 可以了解到，两根干管在一层梁下连通，形成一根底层干管，管径为 DN100，干管分别在②、⑤、⑥、⑨轴接入立管 XL-2、XL-3、XL-4、XL-5，管径均为 DN100。6 根立管分别穿越各层供给 1~4 层的消火栓，在第 4 层的梁下由一根 DN100 管道彼此连通，形成顶层干管，各立管顶端各设置一个自动排气阀。

（2）干管识图。消火栓系统最大的特点：低层和顶层都会有一根干管将各立管相互连通，因此，要准确地识读消火栓施工图，低层干管、顶层干管是系统中水平管道的识图要点。低层干管安装高度为 3.30 m，管径为 DN100，连通 XL-1 至 XL-2；顶层干管安装高度为 15.00 m，管径为 DN100，连通 XL-1 至 XL-2 末端。

（3）立管识图。从图 5.1 可以了解到，本栋楼的消火栓系统立管有 6 根，分别在①、②、⑤、⑥、⑨、⑩轴与①轴相交处。XL-1、XL-6 起点标高为 -1.2 m，终点标高为 15.00 m，XL-2、XL-3、XL-4、XL-5 起点标高为 3.30 m，终点标高为 15.00 m，如图 5.8 所示。

（4）支管识图。消火栓系统中的支管相对生活给水排水较简单，本项目需要注意的是在一层的 6 个消火栓支管中，XL-2、XL-3、XL-4、XL-5 立管需要从一层梁下向下引入该层消火栓，如图 5.8 所示。

总结回顾

1. 建筑给水排水工程施工图的组成。
2. 平面图、系统图、详图等图纸的表示内容。
3. 建筑给水排水工程施工图的识读。

课后评价

一、选择题

1. 给水排水施工图中通常以轴测图来表示管道、设备布置关系的是（　　）。
　　A. 平面图　　　　B. 剖面图　　　　　　C. 系统图　　　　　　D. 详图或大样图
2. 给水排水施工图识读时应按照（　　）的方向读图。
　　A. 管道　　　　　B. 设备　　　　　　　C. 水流　　　　　　　D. 楼层
3. 识读给水排水施工图时，应从（　　）中了解管道防腐保温方式。
　　A. 设计说明　　　B. 平面图　　　　　　C. 系统图　　　　　　D. 详图

二、识图题

如图 5.9 所示为某住宅楼给水平面图，采用市政给水管网直接供水。室外埋地管道采用给水铸铁管，消防管道采用热浸镀锌钢管，生活给水管采用 PP-R 管道，粘接连接。

1. 该楼的供水方式说明（　　）。
　　A. 外网压力足够　　　　　　　　　　B. 外网压力周期性不足
　　C. 外网压力不够　　　　　　　　　　D. 不确定
2. 给水引入管为（　　）。
　　A. DN15　　　　　B. DN32　　　　　　C. DN40　　　　　　　D. DN70
3. 卫生间的地面和室内地面相比，说法正确的是（　　）。
　　A. 比室内地面高 0.05 m　　　　　　B. 比室内地面低 0.05 m
　　C. 和室内地面一样高　　　　　　　　D. 比室内地面低 1.20 m

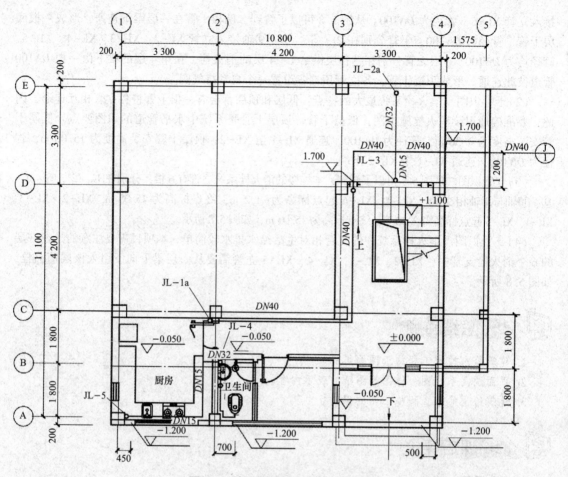

图 5.9 某住宅底层给水管道平面图

4. 由给水横干管向 JL—2a 和 JL—3 分支处，应采用的管件是(　　)。

    A. 90°弯头　　　　　B. 三通　　　　　　C. 四通　　　　　　D. 管箍

5. 厨房洗菜池的给水支管为(　　)。

    A. $DN40$　　　　　　B. $DN32$　　　　　　C. $DN20$　　　　　　D. $DN15$

6. 卫生间内的用水设备有(　　)个。

    A. 1　　　　　　　　B. 2　　　　　　　　C. 3　　　　　　　　D. 4

7. 图中给水支管的材料是(　　)。

    A. 镀锌钢管　　　　B. 铸铁管　　　　　C. 焊接钢管　　　　D. PP-R 管

8. 图中共有给水立管(　　)根。

    A. 6　　　　　　　　B. 5　　　　　　　　C. 4　　　　　　　　D. 3

9. 关于 PP-R 给水管道防腐说法正确的是(　　)。

    A. 无须防腐　　　　　　　　　　　　B. 需刷沥青漆防腐

    C. 需刷防锈漆防腐　　　　　　　　　D. 需除锈后刷防锈漆防腐

10. 本图中给水引入管进入室内的做法是(　　)。

    A. 埋地进入　　　B. 架空穿墙进入　　　C. 地沟进入　　　D. 从吊顶进入

建筑暖通工程识图与施工

任务6 建筑采暖与燃气系统

工作任务	建筑采暖与燃气系统
教学模式	任务驱动
任务介绍	采暖是采用人工方法向室内提供热量，保持室内温度，以创造适宜的生活、工作条件所需的技术、装备、服务的总称，常见的采暖系统主要以热水或蒸汽作为热媒。 燃气是以可燃气体为主要组成部分的混合气体燃料。城镇燃气是指从气源点通过输配系统，供给居民生活、商业及工业企业生产等，符合国家规范质量要求的可燃气体。 本任务主要介绍采暖和燃气系统的分类、组成及安装
学有所获	1. 掌握建筑室内采暖系统的分类、组成。 2. 了解蒸汽采暖系统的原理和回水特点。 3. 掌握建筑低温热辐射采暖系统的组成、形式以及加热管的布置方式。 4. 掌握建筑燃气系统的组成及管道布置要求

任务导入

在冬季，室外空气温度低于室内，因而房间内部的热量会不断地传向室外，为使室内空气保持适宜的温度，必须向室内提供热量，以满足人们正常的生活、生产和学习的需要。

日常生活及生产中，采用燃气作为燃料，对改善人民的生活条件，减少空气的污染和保护环境，都具有重大意义。

任务分解

本任务的内容包括建筑采暖系统和建筑燃气系统。

任务实施

6.1 建筑采暖系统

6.1.1 采暖系统的分类与组成

1. 采暖系统的分类

（1）按作用范围不同分类。

1）局部采暖系统：采暖系统的热源、供热管网和散热设备都在采暖房间内，为使生活或工作区域保持一定温度而设置的采暖系统，如火炉、火炕、火墙、电暖器等。

2)集中采暖系统：热源和散热设备用供热管网相连接分别设置在不同区域，由一个热源向多个用户供给热量的采暖系统。热源一般远离采暖区域。

3)区域采暖系统：对城市的多个建筑物群进行集中采暖的系统。由一个大型热源产生蒸汽或热水，通过区域性的供热管网，供给整个区域乃至整个城市的许多建筑物生活和生产等用热。这种采暖系统的作用范围广、城市污染少，是城市采暖的发展方向。

(2)按使用热介质的不同分类。

1)热水采暖系统：以低温热水或高温热水作为热介质，将热量带给散热设备的采暖系统。它又分低温热水采暖系统(供水温度为95 ℃，回水温度为70 ℃)和高温热水采暖系统(供水温度为96 ℃~130 ℃，回水温度为70 ℃)。低温热水采暖系统适用于民用建筑，高温热水采暖系统适用于以采暖用热为主的工业建筑。

2)蒸汽采暖系统：以水蒸气作为热介质的采暖系统。它又分低压蒸汽采暖系统(蒸汽的工作压力小于等于70 kPa)、高压蒸汽采暖系统(蒸汽的工作压力大于70 kPa)和真空蒸汽采暖系统(蒸汽的工作压力小于大气压)。蒸汽采暖系统适用于工业建筑。

3)烟气采暖系统：以燃料燃烧时产生的烟气为热媒，将热量带给散热设备的采暖系统。一般直接利用高温烟气在流动的过程中向采暖房间提供热量，如火炕、火墙等。

4)热风采暖系统：以热空气作为热介质，一般将空气加热到适宜温度(35 ℃~50 ℃)送入采暖房间，如暖风机、热空气幕等。

(3)按照循环动力不同分类。

1)自然循环热水采暖系统：循环动力来自管道内水的密度差(温度差)形成的压力差。

2)机械循环热水采暖系统：循环动力来自循环水泵提供的压力。

2. 采暖系统的组成

采暖系统主要由热源、供热管网及散热设备组成，如图 6.1 所示。采暖系统的任务是将热源(锅炉)所产生的热量通过室外供热管网输送到建筑物内，通过末端的散热设备向室内补充热量，以满足室内生活、生产的需要。

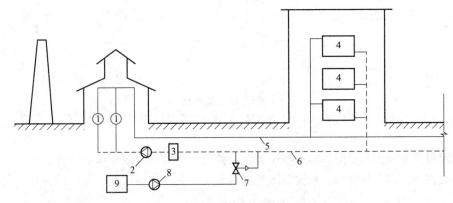

图 6.1　建筑采暖系统
1—热水锅炉；2—循环水泵；3—除污器；4—散热器；5—供水管；
6—回水管；7—压力调节阀；8—补水泵；9—水处理装置

(1)热源。热源是提供热量的设备，常见的有区域锅炉房、热力站、热电厂、供热换热站等。

(2)供热管网。供热管网是热源和散热设备之间的管道，通过供热管网将热量从热源输送到散热设备。供热管网分为室外热力管网和建筑室内采暖系统。室外热力管网是连接热源与室内采暖系统之间的管道，通常指由锅炉房外墙 1.5 m 以外至各采暖点之间(热力入口以外)的管道系统。建筑室内采暖系统是布置在建筑内部的采暖系统，通常指采暖入口装置以内的管道系统及其附件。还可以将供热管网分为供、回水管网，供水管网是指热源到散热设备之间的连接管道，回水管网是指经散热设备返回热源的管道。

（3）散热设备。散热设备是将热量有效地散发到采暖房间的设备，如暖气片、地暖盘管、辐射板等。

3. 散热设备及附件

（1）散热器。建筑采暖系统中，常用的末端散热设备为散热器。散热器是将流经它的热媒所带的热量从其表面以对流和辐射方式不断地传给室内空气和物体，补充房间的热损失，使采暖房间维持需要的温度，从而达到采暖的目的。

1）散热器分类。散热器按其材质可分为铸铁、钢制、铝制、铜制、塑料、复合等；按其结构形式分为翼型、柱型、管型、板型等；按其传热方式分为对流型和辐射型。

常用的散热器有柱型、翼型、钢串片式、平钢板式、光管式 5 种。

①柱型散热器如图 6.2 所示。其形状为矩形片状，中间有几根中空的立柱，各立柱的上下端相通，其顶部和底部各有一对带正、反螺纹的孔，该孔为热介质的进、出口。柱型散热器外形美观，表面光滑，易于清洗，但组对工艺复杂，广泛应用于住宅和公共建筑中。

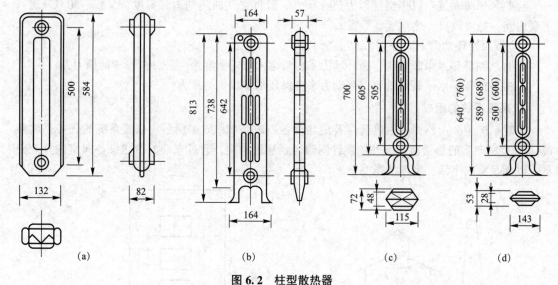

图 6.2 柱型散热器

(a)二柱 M132 型；(b)四柱 813 型；(c)四柱 700 型；(d)四柱 640(760)型

②翼型散热器分为长翼型和圆翼型两类。长翼型散热器如图 6.3 所示，其表面有许多竖向肋片，外壳内为一扁盒状空间。长翼型散热器制造工艺简单，耐腐蚀，外形较美观，但承压能力较低。

圆翼型散热器如图 6.4 所示，是一根管子外面带有许多圆肋片的铸件，管子的内径规格有50 mm 和 75 mm 两种，所带肋片分别为 27 片和 47 片，管长为 1 m，两端有法兰可以串联相接。圆翼型散热器单节散热面积较大，承压能力较强，造价低，但外形不美观。

③钢串片式散热器由钢管、肋片、联箱、放气阀和管接头组成，如图 6.5 所示。钢串片为0.5 mm 厚的薄钢片，串在钢管上。钢串片两端折边形成许多封闭的垂直空气通道，造成烟囱效应，增加对流放热能力。钢串片式散热器体积小、重量小、承压高、占地小，但是阻力大，不易清除灰尘，钢片易松动。

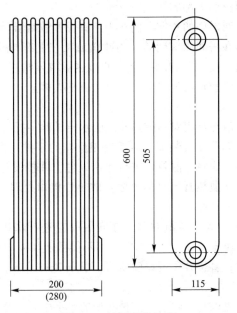

图 6.3　长翼型散热器

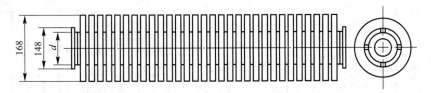

图 6.4　圆翼型散热器

④平钢板式散热器由面板、背板、对流片、水管接头及支架等部件组成，如图 6.6 所示。平钢板式散热器外形美观，散热效果好，节省材料，占地面积小，但承压较低。

⑤光管式散热器由钢管组对焊接而成，如图 6.7 所示。光管式散热器承压能力高，不需要组对，易于清扫灰尘，造价低，但占用空间大，不美观，常用于灰尘多的车间。

图 6.5　钢串片式散热器

图 6.6　平钢板式散热器

图 6.7　光管式散热器

2)散热器布置原则。

①当房间有外窗时，应每个窗下设置一组散热器。因为散热器表面散出的热气流堆积密度小而自行上升，这样就能阻止或减弱从外窗下降的冷气流，使流经工作地带的空气比较暖和，使人有舒适感。

②当房间没有外窗时，散热器可布置在管道连接和使用方便的地方。

③对于多层建筑的楼梯间，散热器的布置一般下多上少。这是因为底层的散热器所加热的

空气能够自由地上升，从而补偿上部的热损失。

④为防止散热器冻裂，双层门的外室和门斗中不宜设置散热器。

⑤一般情况下，散热器在房间内应明装。当建筑或工艺上有特殊要求时，可在散热器的外面加以围挡或设置在壁龛内。托儿所和幼儿园内的散热器应该暗装或加防护罩。另外，采用高压蒸汽采暖的浴室中，也应将散热器加以围挡，以防烫伤人体。

3）散热器安装工艺。

散热器安装工艺流程：散热器组对→散热器组的水压试验→托架安装→散热器组安装。

①散热器组对。柱型散热器在安装前，需要用正反丝的零件，将片状的散热器组对成一个整体后再进行安装。组对前，应将各散热片进行除锈处理，并按设计规定涂(喷)刷一遍防锈底漆，要求涂刷均匀，无漏涂。散热器组对的工序：散热片接口处理→上架→对丝带垫→对丝就位→合片→组对→上堵头及上补心。

②散热器组的水压试验。散热器组对后，在安装前应进行水压试验。散热器试压装置如图6.8所示。试验压力为工作压力加上0.2 MPa，但不得低于0.4 MPa，也不得超过产品说明书中规定的试验压力。试压时，直接升压至试验压力，稳压2～3 min，对接口逐个进行外观检查，不渗不漏为合格。

③托架安装。安装时，先以粉线将上、下排托架的水平中心线弹在墙上，据此线栽埋托架。托架的布置如图6.9所示。

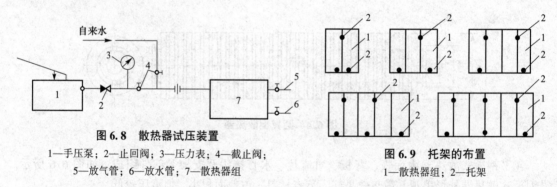

图 6.8　散热器试压装置

1—手压泵；2—止回阀；3—压力表；4—截止阀；
5—放气管；6—放水管；7—散热器组

图 6.9　托架的布置

1—散热器组；2—托架

④散热器组安装。安装时，先将散热器组刷底漆和银粉漆各两遍，待室内装修完成后将其挂在托架上找平、找正。民用建筑散热器组的安装形式如图6.10所示。

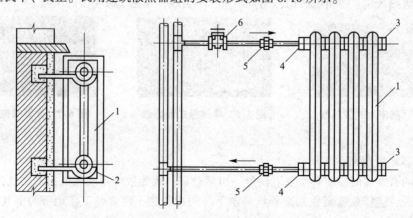

图 6.10　散热器组安装

1—散热器组；2—托架；3—专业丝堵；4—专用补心；5—活接头；6—截止阀

（2）热量表。热量表是通过测量水流量及供、回水温度，并经运算和累计得出某一系统所使用热量的材电一体化仪表，如图 6.11 所示。热量表由流量传感器、供回水温度传感器、热表计算器 3 部分组成，是采暖分户计量收费不可缺少的装置。

（3）平衡阀。平衡阀是通过调节或分流的方式使介质在管道或容器内的压力相对平衡，进而达到流量平衡的阀门，如图 6.12 所示。平衡阀可有效地保证管网静态水力及热力平衡。它安装于小区室外管网系统中，能有效消除小区个别住宅温度过高或过低现象。所有要求保证流量的管网系统都应该设置平衡阀，安装在供水或回水管上，且不必再设其他起关闭作用的阀门。

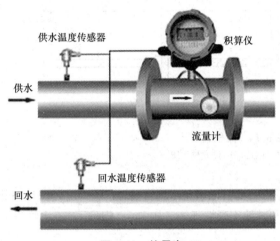

图 6.11　热量表

图 6.12　平衡阀

（4）温控阀。散热器温控阀是一种自动控制散热器散热量的设备，可根据室温与给定温度之差自动调节热媒流量的大小。温控阀一般设在散热器供水支管上，它由两部分组成：一部分为阀体部分，另一部分为感温元件部分，如图 6.13 所示。温控阀安装在散热器入口管上，主要应用于热水采暖系统的双管式系统、单管跨越式系统。

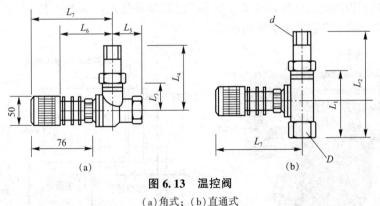

图 6.13　温控阀
（a）角式；（b）直通式

平衡阀分为静态平衡阀、动态平衡阀和压差无关型平衡阀。

（5）排气装置。建筑采暖系统中，常用的排气装置有手动集气罐、自动排气阀、手动放气阀等。集气罐一般由 $DN100 \sim DN250$ 的无缝钢管制成，分为立式和卧式两种，如图 6.14 所示。

集气罐一般设于系统末端的最高处，引出的排气管管径一般为 $DN15$，并应安装阀门，在系统运行时，定期手动打开阀门将热水分离出来，并将聚集在集气罐内的空气排除。

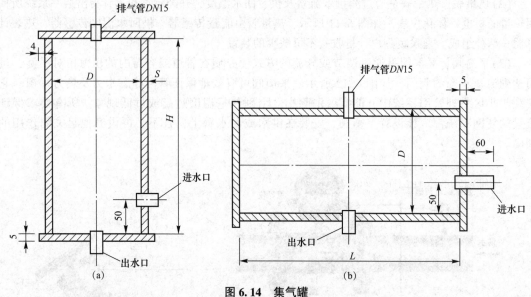

图6.14　集气罐

(a)立式集气罐；(b)卧式集气罐

（6）疏水器。疏水器适用于蒸汽采暖系统，能自动阻止蒸汽溢漏且迅速排出设备及管道中的凝结水，同时能够排出系统中积留的空气和其他不凝性气体，如图6.15所示，疏水器是蒸汽采暖系统中重要的设备。

（7）膨胀水箱。在热水采暖系统中，膨胀水箱起着调节水量、稳定压力和排除系统中的空气等作用，是暖通专业重要的设备之一。膨胀水箱设置在系统的最高点，一般用钢板焊制而成，外形有矩形和圆形，其中以矩形水箱使用较多。膨胀水箱的管路配置如图6.16所示，其上主要设有膨胀管、循环管、溢流管、排污管、信号管、补水管。为安全起见，膨胀管、循环管、溢流管上均不得装设阀门；排污管上应设阀门，可与溢流管连通并一起引向排水管道；信号管只允许在检查点处装设阀门，以检查水箱水位是否已降至最低水位而需补水；补水管上设置浮球阀，根据水位高低决定开启或者关闭给水。

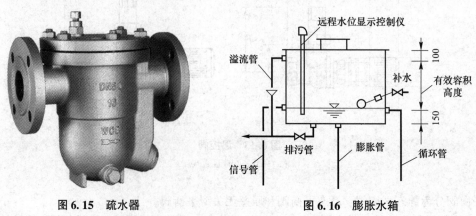

图6.15　疏水器　　　　　**图6.16　膨胀水箱**

（8）补偿器。采暖管道安装后，由于管内热媒温度变化的影响，会在管壁中产生由温度引起的热应力，这种热应力会使管道受到破坏，因此必须在采暖管道上设置各种补偿器，以补偿管道的伸缩而减弱或消除因热胀冷缩产生的应力。

补偿器的种类很多,下面介绍几种常用的补偿器。

1)自然补偿器。自然补偿器有 L 形和 Z 形两种,它是利用管道本身在敷设时形成自然转弯与扭转的金属弹性来补偿的。在热水采暖系统中,应尽量利用自然补偿,当自然补偿不能满足要求时,必须设置其他形式的补偿器。

2)方形补偿器。方形补偿器是由几个弯管组成的弯管组,它依靠弯管的变形来补偿管道的热伸缩。它的特点是结构简单,安装方便,工作的可靠性强,不需要维修,可以在现场制作,如图 6.17 所示。

3)波纹补偿器。波纹补偿器是一种以金属薄板压制并拼焊起来的伸缩装置,其特点是结构紧凑,补偿量较大,密封性好,通用性强,制作较为复杂。波纹补偿器类型较多,地沟敷设时多采用轴向式波纹补偿器,如图 6.18 所示。

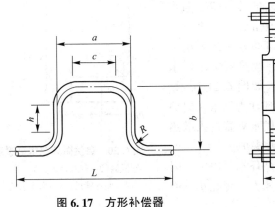

图 6.17 方形补偿器

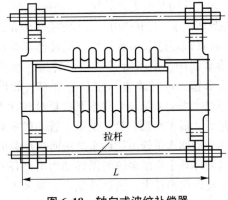

图 6.18 轴向式波纹补偿器

波纹补偿器在安装前宜预拉伸,其预拉伸量可取额定补偿量的 30%或 50%,拉伸方法:装好波纹管,在波纹以外的管段上切去一段和预拉伸的长度相等的管长,拉伸后再焊接。管道安装完毕后,要拆下波纹器上的拉杆。

4)套筒式补偿器。套筒式补偿器也称填料函式补偿器,主要由内套筒、外壳和密封填料组成,它是以导管和套筒的相对运动来补偿管道的热伸缩,导管和套管之间以压紧的填料函实现密封。其特点是结构尺寸小,占据空间小,安装简便,补偿能力大。常用的单向套筒式补偿器如图 6.19 所示。

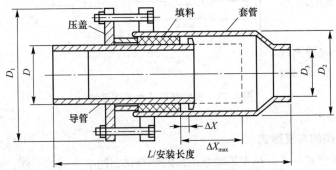

图 6.19 单向套筒式补偿器

6.1.2 热水采暖系统

热水采暖系统是目前应用最广泛的一种采暖系统。

1. 热水采暖系统的组成及其特征

热水采暖系统一般包括热水锅炉、供水总立管、供水干管、散热器、回水立管、回水干管、循环水泵、膨胀水箱、排气装置和控制附件等。按系统循环动力的不同，热水采暖系统可分为自然(重力)循环热水采暖系统和机械循环热水采暖系统。

(1)自然循环热水采暖系统。自然循环热水采暖系统由热源(锅炉)、散热设备、供水管道、回水管道和膨胀水箱等组成，如图6.20所示。自然循环热水采暖系统又称为重力循环热水采暖系统，是依靠供回水密度差产生的压差为循环动力推动热水在系统中循环流动，不设置水泵。

自然循环热水采暖系统的作用半径小、管径大，但由于不设水泵，因此作用范围受到限制，不消耗电能，无噪声，且维护管理也比较简单，但其作用半径不宜超过50 m。

(2)机械循环热水采暖系统。机械循环热水采暖系统一般包括热水锅炉、供水管道、回水管道、散热器、循环水泵、膨胀水箱、排气装置、控制附件等，如图6.21所示。机械循环热水采暖系统是依靠水泵提供循环动力，水在锅炉中被加热后，沿供水总立管、供水干管、供水立管进入散热器，放热后沿回水干管由循环水泵送回热水锅炉。

机械循环热水采暖系统的循环动力由循环水泵决定。因此，该系统作用半径大、供热范围广、流速大、管径小，但系统运行消耗电能大，维修量也大。

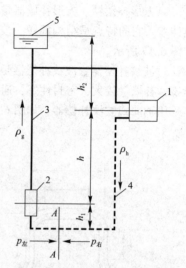

图 6.20 自然循环热水采暖系统
1—散热器；2—热水锅炉；3—供水管道；
4—回水管道；5—膨胀水箱

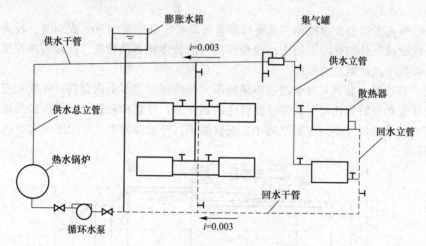

图 6.21 机械循环热水采暖系统

2. 热水采暖系统的布置形式

(1)单管式与双管式系统。热水采暖系统按散热器供、回水方式的不同，可分为单管式系统和双管式系统。

1)单管式系统。该系统的立管只有一根，供、回水共用一根立管，如图6.22所示。其中：

①图6.22(a)所示为垂直单管顺流式系统，立管中全部的水量顺次流入各层。

②图6.22(b)所示为垂直单管跨越式系统，立管的一部分水量流进散热器，另一部分立管水量

通过跨越管与散热器流出的回水混合，再流入下层散热器。该系统适用于需要进行局部调节散热量的建筑物，但是需要在散热器支管上安装阀门，施工工序增多，造价增高。

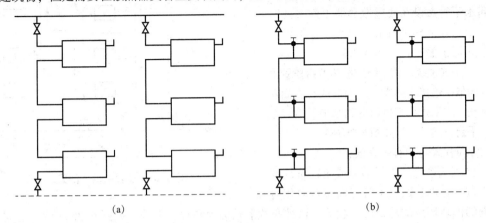

图 6.22 单管式系统
(a)垂直单管顺流式；(b)垂直单管跨越式

2)双管式系统。该系统的供、回水立管分别设置，如图 6.23 所示。每组散热器热媒进、出水管分别与供、回水管连接；每组散热器上均可设置温控调节阀。该系统可以局部调节每个房间的散热器，但管道系统和阀门投资大。

(2)垂直式与水平式系统。按管道敷设方式的不同，热水采暖系统可分为垂直式系统和水平式系统。

1)垂直式系统。该系统的散热器由立管沿竖直方向依次连接，热媒自上而下或自下而上进行流动。

①上分式(上供下回式)系统如图 6.23(a)所示。该系统供水干管敷设在顶层散热器上面，回水管敷设在底层散热器下面。

②下分式(下供下回式)系统如图 6.23(b)所示。该系统供回水管均设在底层散热器下面。

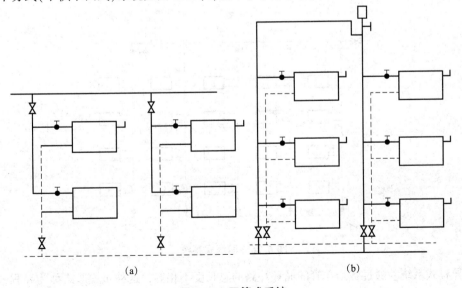

图 6.23 双管式系统
(a)双管上供下回式；(b)双管下供下回式

③中分式(中供下回式)系统如图 6.24 所示。该系统供水干管敷设在中间层,散热器上回水干管敷设在底层散热器下面,同时向建筑上部和下部供热水,回水干管敷设在底层散热器下面。

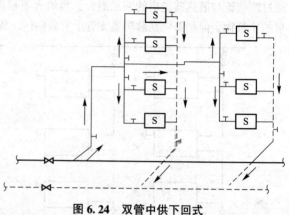

图 6.24 双管中供下回式

2)水平式系统。该系统的散热器由横管沿水平方向依次连接,热媒自左而右或自右而左进行流动。水平式系统也可分为水平顺流式系统和水平跨越式系统,如图 6.25 所示。

(3)同程式与异程式系统。

1)同程式系统。为了消除或减轻系统的水平失调,在供、回水干管走向布置时使各个立管的循环环路的总长度都相等,这种布置形式称为同程式系统,如图 6.26 所示。但同程式系统管道的金属消耗量要多于异程式系统。

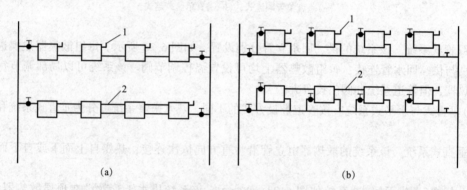

图 6.25 水平式系统
(a)顺流式;(b)跨越式
1—放气阀;2—空气管

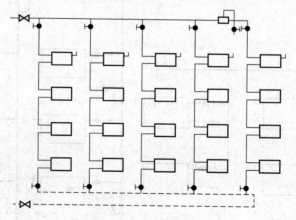

图 6.26 同程式系统

2)异程式系统。通过各个立管的循环环路的总长度不相等,这种布置形式称为异程式系统,如图 6.27 所示。由于每个环路的总长度不相等,会出现近端环路流量大,远端环路流量小的情况。这种由于流量失调而引起在水平方向冷热不均的现象,称为水平失调。

(4)分区热水采暖系统。为避免底层散热器承受的静压力过大，高层建筑的热水采暖系统通常采用竖向分区的布置形式。低区可以与集中热网直接连接或间接连接。高区部分可根据外网的压力选择加压水泵高位水箱、热交换器等布置形式。设置加压水泵的分区热水采暖系统，如图 6.28 所示。

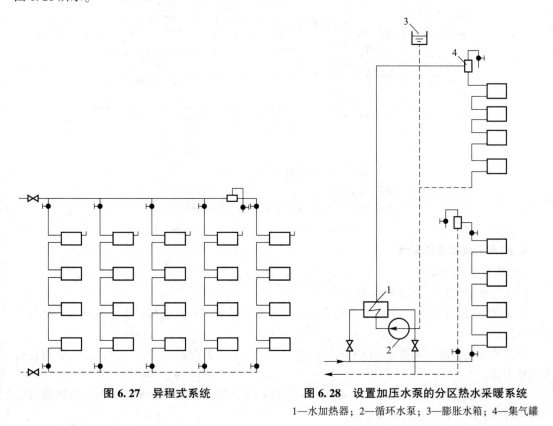

图 6.27 异程式系统　　　　　图 6.28 设置加压水泵的分区热水采暖系统

1—水加热器；2—循环水泵；3—膨胀水箱；4—集气罐

3. 热水采暖管路布置原则

采暖系统管路布置合理与否，直接影响到系统的造价和使用效果。应根据建筑物的具体条件(如建筑平面的外形、结构尺寸等)、与外网连接的形式以及运行情况等因素来选择合理的布置方案，力求系统管道走向合理，节省管材，便于调节和排除空气，而且要求各并联环路的阻力易于平衡。热水采暖管路布置时，通常采用以下的布置原则。

(1)热源引入口。热源引入口的位置应根据锅炉房的位置和室外管道的走向来确定，同时还要考虑有利于内部系统环路的划分，最好设在建筑物热负荷对称分布的位置，如建筑的中部。热源引入口一般设置在地沟内或地下室内，大的引入口应设置在专用的房间内。热源引入口装置是指连接外网与建筑内采暖系统，具有调节、检测、关断等功能的装置，建筑物热源引入口装置如图 6.29 所示。

(2)环路划分。为了合理地分配热量，便于运行管理，需要将采暖系统划分为若干个分支环路。在分配时，为使各环路阻力易于平衡，优先选择同程式系统。在分支环路上应该设置关闭和调节阀门。

(3)回水干管。回水干管敷设在底层需要穿过门时，需要绕过门进行敷设。可以将回水干管采用下绕弯的过门形式设置在地沟内，最低点设置泄水阀。或者也可以将回水干管采用上绕弯的形式，最高点设置放气阀。采用过门地沟时，地沟上应每隔一定距离设活动盖板，以便于检修。

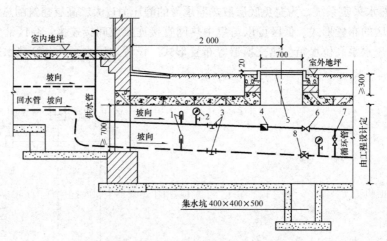

图 6.29　建筑物热源引入口装置

1—温度计；2—压力表；3—泄水丝堵；4—热水流量计；
5—井盖；6—阀门；7—闸板阀；8—平衡阀(或调节阀)

4. 热水采暖系统的安装

（1）基本技术要求。

1）采暖管道采用低压流体输送钢管。

2）采暖系统所使用的材料和设备在安装前，应按设计要求检查规格、型号和质量，符合要求方可使用。

3）管道穿越基础、墙和楼板应配合土建预留孔洞，并设置保护套管。套管直径比管道直径大两号为宜。

4）管道和散热器等设备安装前，必须认真清除内部污物。安装中断或完毕后，管道敞口处应适当封闭，防止进入杂物堵塞管道。

5）管道从门窗或其他洞口、梁柱、墙等处绕过，转角处若高于或低于管道水平走向，在其最高点或最低点应分别安装排气或泄水装置，如图 6.30 所示。

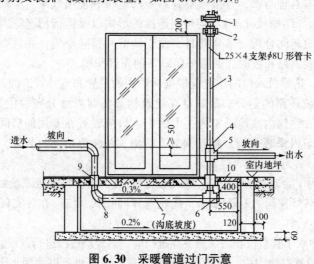

图 6.30　采暖管道过门示意

1—排气阀；2—闸板阀；3—空气管；4—补心；5—三通；
6—盖板；7—丝堵；8—回水管；9—弯头；10—套管

6)安装管道直径小于 DN32 的不保温采暖双立管，两管中心距应为 80 mm，允许偏差为 5 mm。热水或蒸汽立管应该置于面向的右侧，回水立管则置于左侧。

7)管道支架附近的焊口距支架净距大于 50 mm，最好位于两个支座间距的 1/5 位置上。

(2)热水采暖系统安装工艺。热水采暖管道安装工艺流程：安装准备→支架制作、安装→管道预制加工→干管安装→立管安装→散热器支管安装→试压→冲洗→防腐和保温→调试。

1)安装准备。认真熟悉图纸，配合土建施工进度，预留槽洞及安装预埋件。按设计图纸画出管路的位置、管径、变径、预留口、坡向、卡架位置的施工草图。草图内还应包括干管起点、末端和拐弯节点、预留口、坐标位置等。

2)支架制作、安装。按照图纸要求，在建筑物实体上定出管道的走向、位置和标高，确定支架位置。根据确定好的支架位置，将已经预制好的支架安装到墙上或焊在预埋的铁件上。

3)管道预制加工。按施工草图，进行管段的加工预制，包括断管、上零件调直、核对好尺寸，按环路分组编号，摆放整齐。

4)干管安装。把预制好的管段对号入座，摆放到安装好的支架上。然后在支架上将管段对好口，按要求焊接或丝接，连成系统。按设计图纸的要求，将干管找好坡度。

5)立管安装。确定立管的安装尺寸，根据安装长度计算出管段的加工长度，加工各管段，将各管段按实际位置组装连接。

6)散热器支管安装。散热器支管应在散热器安装并经稳固校正合格后进行。

7)试压。采暖系统安装完毕后、管道保温之前，应进行水压试验。采暖管道的水压试验压力为工作压力的 1.5 倍，但不得小于 0.6 MPa。在试验压力下，10 min 内压力降不大于 0.05 MPa，然后降至工作压力下检查，以不渗不漏为合格。试验完毕应排净试验用水，以防冬季冻坏管道。

8)冲洗。管道清洗一般按总管→干管→立管→支管的顺序进行。热水采暖管道通常用水进行冲洗。冲洗前，应将管道系统内的流量孔板、温度计、压力表、调节阀芯、止回阀芯等拆除，待清洗后再重新装上。冲洗时，以系统可能达到的最大压力和流量进行，并保证冲洗水的流速不小于 1.5 m/s。冲洗应连续进行，直到排出口处水的色度和透明度与入口处相同且无粒状物为合格。

9)防腐和保温。室内采暖系统在进行防腐时，应按照除锈、去污、表面清洁、底层涂料、面层涂料、质量检查的顺序进行。采暖管道及其支吊架的防腐应达到设计要求及国家验收规范的标准。

室内采暖系统在进行保温时，应按照涂刷防腐层、保温层施工、保护层施工、质量检查的顺序进行。采暖系统的保温材质及厚度均应符合设计要求，质量达到国家验收规范的标准。

10)调试。室内采暖系统在安装完毕后、投入使用前，必须进行系统的调试与试运行，使系统内各环路、各房间的供热达到平衡，确保整个系统后期能够正常工作。调试时，室内采暖系统由远到近调节各环路立管阀门开度。一般情况下，立管阀门的开度由近环路到远环路逐渐开大。如此反复调节，可以达到系统内各环路、各房间之间的供热平衡。

6.1.3 蒸汽采暖系统

1. 蒸汽采暖系统的组成及其特征

(1)蒸汽采暖系统的组成。蒸汽采暖系统一般包括蒸汽锅炉、供水总立管、蒸汽干管、蒸汽立管、散热器、疏水器、凝水立管、凝水干管、凝结水箱、凝结水泵、控制附件等，如图 6.31～图 6.33 所示。水在锅炉中被加热成具有一定压力和温度的蒸汽，蒸汽依靠自身的压力通过管道流入散热器，并在散热器内放热后变成凝结水；凝结水依靠重力经疏水器沿凝结水管道返回凝结水箱，再由凝结水泵送回锅炉加热，如此反复循环。

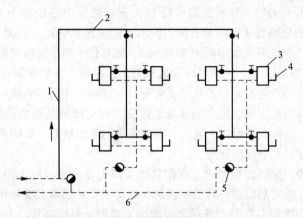

图 6.31　上供下回式双管蒸汽采暖系统

1—蒸汽立管；2—蒸汽干管；3—散热器；4—放气阀；5—疏水器；6—凝水干管

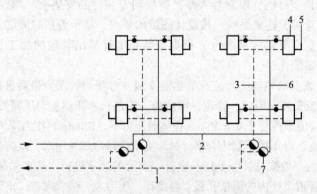

图 6.32　下供下回式双管蒸汽采暖系统

1—凝水干管；2—蒸汽干管；3—凝水立管；4—散热器；5—放空气阀；6—蒸汽立管；7—疏水器

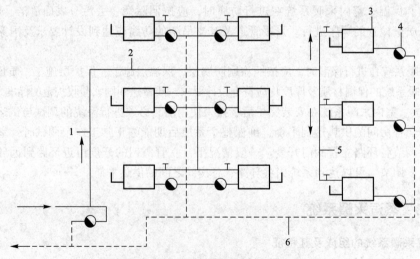

图 6.33　中供式双管蒸汽采暖系统

1—蒸汽立管；2—蒸汽干管；3—散热器；4—疏水器；5—散热器蒸汽立管；6—凝水干管

(2)蒸汽采暖系统的特征。与热水采暖系统相比，蒸汽采暖系统的特点如下：

1)初期投资小。在蒸汽采暖系统中，散热器内热媒的温度高，末端散热器散热量高，所用的散热器片数比热水采暖系统少，管路造价也比热水采暖系统低。

2)底层散热器所受的静水压力小。在蒸汽采暖系统中，蒸汽的容重远小于热水采暖系统中水的容重。因此，作用在底层散热器上的静水压力，蒸汽采暖系统比热水采暖系统小。

3)使用年限短。由于蒸汽采暖系统间歇工作，管道内时而充满蒸汽，时而充满空气，管道内壁的氧化腐蚀比热水采暖系统快。特别是凝结水管，更容易损坏。

4)不能调节蒸汽的温度。蒸汽采暖系统中不能调节散热器内蒸汽的温度，当室外温度高于采暖室外设计温度时，必须采用间歇采暖。这样会使房间内的温度波动较大，使人感到不舒适。而在双管式和单管跨越式热水采暖系统中，进入散热器内的热水量可以调节，即可以调节散热器内水的温度，以适应室外温度的变化。

5)热惰性小，蒸汽采暖系统的加热和冷却过程快。对于人数骤多骤少或偶尔有人停留而要求迅速加热的建筑物，如工厂车间、会议厅、影剧院、礼堂、展览馆、体育馆等，比较适合采用这种系统。而热水采暖系统由于蓄热能力强，即热惰性大，热得慢，冷得也慢。

6)卫生条件不良。在低压蒸汽采暖系统中，散热器的表面温度始终为100 ℃左右，有机灰尘剧烈升华，对卫生不利，而且还容易烫伤人；不适合用在对卫生要求较高的建筑物，如住宅、学校、医院、幼儿园等。

7)热利用率不良。在蒸汽采暖系统中，目前由于疏水器质量的问题，往往有大量蒸汽通过疏水器流入凝结水管，最后由凝结水箱上的通气管排入大气中。同时，在蒸汽采暖系统的不严密处出现跑汽和漏汽现象也是不可避免的。

2. 蒸汽采暖系统管路布置

室内蒸汽采暖系统按干管所处的位置可分为上供下回式、上供上回式、中供式等，如图6.31～图6.33所示；按组成环路的立管设置情况可分为单管式系统与双管式系统。

(1)蒸汽采暖系统管路布置原则。

1)为了使凝结水顺利地排出，避免水击现象的产生，管道布置大多采用上供下回双管式系统。当地面不便于布置凝结水管时，也可采用上供上回式系统。实践证明，上供上回式系统不利于运行管理。

2)系统必须在每个散热设备的凝结水管上安装疏水器和止回阀。

3)为了减轻水击现象，蒸汽干管必须具有足够的坡度，并尽可能保持汽、水同向流动。蒸汽干管汽、水同向流动时，坡度宜采用0.003，不得小于0.002，进入散热器支管的坡度宜为0.01～0.02。

(2)蒸汽采暖系统布置注意事项。在蒸汽采暖系统中，无论是何种形式的系统，都应保证系统中的空气能及时排除，凝结水能顺利地送回锅炉，防止蒸汽大量逸入凝结水管以及尽量避免水击现象。因此，系统布置应注意以下4点。

1)合理设置疏水器。

①在水平蒸汽干管向上拐弯处设置疏水器，定期排除沿途流来的凝结水。

②在低压蒸汽采暖系统中，疏水器设置在室内每组散热器的凝结水出口处和上供下回式系统的每根凝水立管下端。

③在高压蒸汽采暖系统中，疏水器集中安装在每个环路凝水干管的末端。

2)凝结水管过门。当凝结水管布置在地面上遇到过门时，为方便出入，必须将凝结水管下降到地板面以下的过门地沟内，这样凝结水管会形成水封，阻碍空气通过。因此，需要在门上部(环绕门框)装设过门的空气管，即空气绕行管。同时，在空气管上安装放风阀门。为了泄水和排污，将地沟内的凝结水管做顺水坡向，末端还需设置泄水丝堵。

3)水平管变径连接。当水平蒸汽管管径或水平凝结水管管径由大变小时，宜采用偏心管连接，使管线底边在直线上，以使管道中凝结水流动畅通无阻。

4）热补偿问题。蒸汽管道的温度变化比较大，尤其是高压蒸汽采暖系统，因此管道的热胀冷缩问题比较严重。为防止管道因胀缩而破坏，对于较长的管段，应设置伸缩器或在管道中间增加能进行自然补偿的转弯，管道转弯部分的弯曲半径应不小于6~8倍的管道直径。

6.1.4　地辐射采暖系统

低温地辐射采暖是采用低温热水为热媒，通过预埋在建筑物地板内的加热管辐射散热的采暖方式，简称地暖。低温地辐射采暖因具有节能、舒适、卫生、美观和热源灵活等特点，被广泛地应用于饭店、商场、展览馆、娱乐场所、住宅楼以及医院、游泳池等。

1. 地辐射采暖系统的组成

低温地辐射采暖系统通常包含热源、供回水主管路、分水器、集水器、地热管、温控器等。热源是提供热量的设备，供回水主管路是由热源连接到分水器的管路，分水器将系统中的一股水分成几股水，而集水器则将系统中的几股水汇合成一股水，地热管是埋于地下用于释放热量的管道，温控器可以感应和控制房间的温度。独立热源地辐射采暖系统的组成如图 6.34 所示。

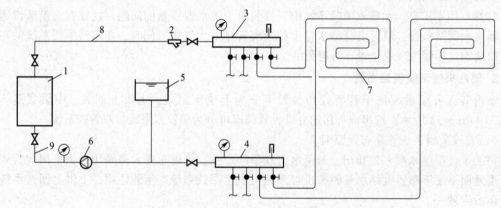

图 6.34　独立热源地辐射采暖系统
1—壁挂炉；2—过滤器；3—分水器；4—集水器；5—膨胀水箱；
6—循环水泵；7—地板辐射管；8—供水管；9—回水管

分水器是用来集中控制和分配每个环路地热管水流量的管道附件，而集水器是将各环路地热管的水流量汇集在一起的管道附件。每个环路地板辐射管的进、出水口应分别与分水器、集水器相连，每个分水器、集水器上均应设置手动或自动排气阀，且分支环路不宜多于8路，每个分支环路供、回水管上均应设置可关闭阀门。在分水器的供水管道上，顺水流方向应安装阀门、过滤器和热计量装置，在集水器之后的回水管道上应安装阀门。分水器、集水器构造如图 6.35 所示。

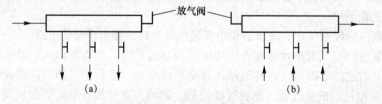

图 6.35　分水器、集水器
（a）分水器；（b）集水器

低温地辐射采暖具有舒适性强、节能、便于物业管理、使用寿命长等优点；但也有采暖费用高、增加结构荷载、维修难度大等缺点。

2. 地辐射采暖地板的构造

地辐射采暖地板的构造如图 6.36 所示，由混凝土基础层、隔热保温层、反射层、地热管、塑料固定卡钉、填充层、找平层、地面装饰层等组成。

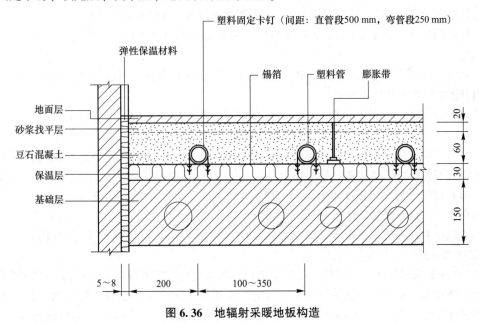

图 6.36 地辐射采暖地板构造

(1)混凝土基础层：钢筋混凝土楼板。

(2)隔热保温层：多采用聚苯乙烯发泡板，用来隔绝热量向下传递。

(3)反射层：通常采用铝箔作为反射膜，阻止向下辐射传热。

(4)地热管：一般加热介质为热水。

(5)塑料固定卡钉：固定地热管线，使之均匀辐射热量，避免局部温度过高。

(6)填充层：一般采用豆石混凝土，起到均热、蓄热作用。

(7)地面装饰层：一般为木地板或瓷砖等。

3. 地辐射采暖的排管方式

地热管常用的布置方式主要有回转形、S 形(图 6.37)和直列形。回转形排管可保持供回水管间隔排布，使室内温度分布均匀；S 形排管适合布置在小面积房间、走道或不同支路间隔的狭小空间处；直列形排管供水温度沿环路走向逐渐降低，易造成房间温度分布不均，使用较少。

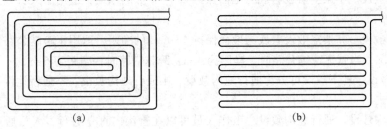

图 6.37 地热管常用的布置方式

(a)回转形；(b)S 形

4. 地辐射采暖的安装

（1）地辐射采暖安装有关技术措施和施工安装要求。

1）加热管及其覆盖层与外墙、楼板结构层间应设置绝热层；当允许双向传热时，可不设置绝热层。

2）覆盖层厚度不宜小于 50 mm，并设置伸缩缝及填充弹性膨胀材料。

3）绝热层设在土壤上时应先做防潮层，在潮湿房间内加热管覆盖层上应做防水层。

4）热水温度不应高于 60 ℃，民用建筑供水温度宜为 35 ℃～50 ℃，供、回水温度差应不大于 10 ℃。

5）系统工作压力不应大于 0.8 MPa，否则应采取相应的措施。当建筑物高度超过 50 m 时，宜竖向分区。

6）加热管宜在环境温度高于 5 ℃的条件下施工，并应防止油漆、沥青或其他化学溶剂接触管道。

7）加热管伸出地面时，穿过地面构造层部分和裸露部分应设硬质套管；在混凝土填充层内的加热管上不得设可拆卸接头。

8）细石混凝土填充层强度不宜低于 C15，应掺入防龟裂添加剂。浇捣混凝土时，加热管应保持不小于 0.4 MPa 的静压，养护 48 h 后再卸压。

9）隔热材料应符合以下要求：热导率≤0.05 W/（m·K），抗压强度为 100 kPa，吸水率≤6%，氧指数≥32%。

（2）地辐射采暖安装工艺流程。低温地辐射采暖的安装工艺流程：土建结构具备地暖工作业面→固定分水器、集水器→粘贴边角保温→铺设聚苯板→铺设反射铝膜→敷设加热管并固定→设置伸缩缝和伸缩套管→中间试压→回填混凝土→安装地面层→试压验收→系统试运行。

6.1.5 室外热力管网

室外热力管网将锅炉生产的蒸汽、热水等热媒输送到室内用热设备，以满足生产、生活的需要。

1. 室外热力管网的敷设方式

（1）地上架空敷设。地上架空敷设是将供热管道安装在型钢、钢筋混凝土的支架上，或者墙、柱的托架上的敷设形式。根据供热管道所处的位置和沿途地势的不同，架空敷设的高度也不同，通常有低、中、高 3 种架空敷设形式。

1）低架空敷设。低架空敷设管底与地面保持 0.5～1 m 的净距，通常是沿着工厂的围墙或平行于公路或铁路敷设。低架空敷设可以节省大量土建材料，建设投资小，施工安装方便，维护管理容易，适用于不妨碍交通、不影响厂区扩建的情况。

2）中架空敷设。中架空敷设管底与地面保持 2.5～4 m 的净距，适用于人行频繁和非机动车辆通行的情况。

3）高架空敷设。高架空敷设管底与地面保持 4～6 m 的净距，适用于跨越公路、铁路或其他障碍物时的情况。当管道跨越公路时，净距为 4 m；跨越铁路时，净距为 6 m。

（2）地下敷设。地下敷设可分为通行地沟敷设、半通行地沟敷设、不通行地沟敷设和直接埋地敷设 4 种形式。

1）通行地沟敷设。通行地沟敷设，工作人员可以在管沟内直立通行，人行通道的高度不低于 1.8 m，宽度不小于 0.6 m，并应允许管沟内最大直径的管道通过通道，适用于管道根数多和人员需要经常到沟内检修的情况。

2）半通行地沟敷设。半通行地沟敷设，工作人员可以在管沟内检查管道和进行小型修理工作，但更换管道等大修工作仍需挖开地面进行，适用于管道根数在 3 根以内和人员不必经常到沟内检修的情况。

3）不通行地沟敷设。不通行地沟的横截面较小，只需保证管道施工安装的必要尺寸即可。不通行管沟的造价较低，占地面积较小，其缺点是管道检修时必须掘开地面，适用于管道根数在两根以下且不需要人员到沟内检修的情况。

4）直接埋地敷设。直接埋地敷设的采暖管道直接埋在土壤中，热损耗大。目前，应用最多的结构形式为整体式预制保温管，即将采暖管道、保温层和保护外壳三者紧密地黏结在一起，形成一个整体，然后一起埋地敷设。

2. 室外热力管道安装

（1）安装范围。室外热力管道的安装范围，一般是由锅炉房外墙至用户外墙或热力入口之间的部分，如图 6.38 所示。热力管道在敷设的沿途要设置活动支座、导向支座、固定支座。活动支座安装在方形补偿器两侧第一个支架及其水平臂的中点，以及管道弯头两侧；导向支座安装在补偿器与固定支架之间的直管段上；固定支座安装在两补偿器之间、热源出口、用户入口等处。

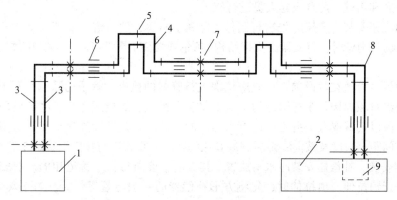

图 6.38 室外地沟内热力管道的安装范围
1—锅炉房；2—用户；3—采暖管道；4—方形补偿器；5—活动支座；
6—导向支座；7—固定支座；8—自然补偿器；9—热力入口

（2）安装要求。

1）一般要求。

①室外热力管道应采用焊接钢管或无缝钢管。

②室外热力管道水平敷设时有坡度要求。对于蒸汽管，汽、水同向流动，坡度>0.002；汽、水逆向流动，坡度≥0.005。对于热水管，坡度>0.002。

③管道连接除安装阀门处采用法兰连接外，其他接口采用焊接。

④对头连接的管道产生空隙时，不允许将管壁加力延伸而使管头密合，应另加一短管。该段管长度不应小于管道空隙，也不能小于 100 mm。

⑤固定点之间的管道中心线应呈直线，其偏差应符合规定的要求。

⑥为了保证管道上阀门、伸缩器维修方便，在同用途、同规格的管道上，应采用相同规格的配件。阀门、伸缩器在安装前要经过外观检查和水压试验，合格后方可安装。

⑦钢管、阀门等配件应有制造厂的试验证明。

⑧安装完毕的管道系统，应按照设计要求或按《给水排水管道工程施工及验收规范》(GB 50268—2008)的规定进行水压试验。

2)特殊要求。无论是蒸汽采暖管道还是热水采暖管道，都必须注意解决管网的泄水与排气问题。除了在坡度上给予保证外，还要采取以下措施：

①蒸汽采暖管道中，在适当的位置加设疏水器。其位置通常是：管道的最低点，垂直升高的管段之前，可能集结凝结水的蒸汽管道闭塞端和每隔 50 m 左右的直管段位置。蒸汽管道安装时，要高于凝结水管道，以便于将蒸汽管道产生的凝结水通过疏水器等装置排入凝结水管道，其高差应不小于安装疏水器需要的尺寸。

②热水采暖管道中，在管道的高位点应设置排气装置，在管道的低位点应设置泄水装置。一般排气阀门直径为 15~25 mm，泄水阀门的直径是热水管直径的 1/10 左右，但不得小于 20 mm。

③热水主干管每隔 800~1 000 m 安装分段阀门。对于没有分支管的主干管，其分段阀门间距可以增大到 2 500 m，这样可以减少非事故管道水头损失和缩短检修时间。两个分段阀门之间必须设置泄水和排气装置，以便能排出其间的水和空气。

(3)安装工艺。室外地沟内热力管网的安装工艺流程：测量放线与管沟开挖→砌筑沟底和沟壁→管沟内支架安装→管道敷设→补偿器安装→试压→冲洗→防腐→保温→盖沟盖板。

1)测量放线与管沟开挖。按设计单位提供的管道系统图和施工图进行。

2)砌筑沟底和沟壁。配合土建人员进行施工。

3)管沟内支架安装。支架应先进行制作、除锈、防腐，然后进行安装。支架安装分两次进行：第一次在砌筑沟壁时，将支架的支撑结构(角钢或槽钢)预埋好；第二次在敷设管道时，安装托座。

4)管道敷设。管道在敷设前，首先应依次进行管材的检查、管子的除锈、管子的防腐；其次进行管子的组对和焊接，在管沟边的平地上将管子组对、焊接成适当长度的管段；再次将组对焊接好的管段以机械或人工由管沟边放入沟内的支架上，把管段连接成整条管道，然后将管道就位并调整间距、坡度及坡向；最后安装管道的托座，将管道与托座焊接起来放在支架上。

5)补偿器安装。补偿器安装时水平放置，其坡度、坡向与相应管道相同。在安装方形补偿器时，应先进行预拉伸。预拉伸时，先将方形补偿器的一端与管道焊接，另一端作为拉伸口，待拉伸量合适后再将该口焊接。

6)试压。在室外供热管道安装完成之后进行压力试验，以检查其强度和严密性。强度试验压力值是工作压力的 1.5 倍，严密性试验压力值等于工作压力。

①试压准备。试压前，在试压系统最高点设排气阀，在系统最低点装设手压泵，接好临时水源，始、终端设置堵板及压力表。

②试压时，先关闭低点放水阀。打开高点放气阀，向被试压管道内充水至满，排尽空气后关闭放气阀，然后以手压泵缓慢升压至强度试验压力值，观测 10 min，若无压力下降或压降在 0.05 MPa 以内，降至工作压力，进行全面检查，以不渗、不漏为合格。水压试压完毕后要将管道内的水全部放干净，以防止冬季冻坏管道。

7)冲洗。室外热力管道在使用前，应用清水冲洗以去除杂物。冲洗前，应将管路上的流量孔板、滤网、温度计、止回阀等部件拆下，冲洗后再装上。若系统较大、管路较长，可以分段冲洗，冲洗到排水处水色透明为止。

8)防腐。室外热力管道在进行防腐时，顺序为除锈→去污→表面清洁→底层涂料→面层涂料→质量检查。采暖管道及其支吊架的防腐应达到设计要求及国家验收规范的标准。

9)保温。室内采暖系统在进行保温时，顺序为涂刷防腐层→保温层施工→保护层施工→涂刷冷底子油→质量检查。采暖系统的保温材质及厚度均满足设计要求，质量达到国家验收规范标准。

10)盖沟盖板。预制钢筋混凝土盖沟盖板的安装，采用自卸吊进行运输安装，人工进行调整。

6.2 建筑燃气系统

6.2.1 概述

燃气是可燃气体的统称。气体燃料与固体燃料、液体燃料相比，有许多优点，如使用方便，燃烧完全，热效率高，燃烧温度高，易调节、控制；燃烧时没有灰渣，清洁卫生；可以利用管道和瓶装供应，使用方便。日常生活中采用燃气作为燃料，对改善人民的生活条件，减少空气污染和保护环境，都具有重大意义。但燃气与空气混合到一定比例，易引起燃烧式爆炸，火灾危险性大。人工煤气具有强烈的毒性，容易引起中毒事故。所以，对于燃气设备及管道的设计、加工和敷设，都有严格的要求；同时，在日常的使用中，必须加强维护和管理，防止漏气。

1. 燃气的种类

根据来源不同，燃气可分为天然气、人工煤气、液化石油气及生物气等。

（1）天然气。天然气具有热值高，容易燃烧且燃烧效率高等优点，是优质、清洁的气体燃料，是理想的城市气源。天然气一般可分为纯天然气、石油伴生气、凝析气田气、矿井气4种。天然气的发热值为 33 494～41 868 kJ/Nm³。

1）纯天然气是从气井开采出来的。它是埋藏在地下深处的气态燃料，其甲烷含量约为95%。

2）石油伴生气是溶解于石油中，随石油一起开采出来后从石油中分离出来的。其甲烷含量约为80%，还含有一些其他的烃类。

3）凝析气田气是含石油轻质留分的燃气。

4）矿井气又称矿井瓦斯，是从井下煤层抽出的。其甲烷含量约为50%，其他主要成分为空气和氮气。

（2）人工煤气。人工煤气是将煤、重油等矿物燃料通过热加工而得到的。通常使用的有干馏煤气（如焦炉煤气）和重油裂解气。一般焦炉煤气的发热值为 17 585～18 422 kJ/Nm³，重油裂解气的发热值为 16 747～20 515 kJ/Nm³。

人工煤气具有强烈的气味及毒性，含有硫化氢、萘、苯、氨、焦油等杂质，容易腐蚀及堵塞管道。因此，人工煤气需加以净化后才能使用，并用储气罐气态储存或管道输送。

（3）液化石油气。液化石油气是在对石油进行加工处理过程中作为副产品而获得的一部分碳氢化合物。液化石油气是多种气体的混合物，其中主要包含丙烷、丙烯、丁烷和丁烯，它们在常温常压下呈气态；当压力升高或温度降低时，很容易转变为液态，便于储存和运输。液化石油气的发热值通常为 83 736～123 044 kJ/Nm³。

（4）生物气。生物气是利用生物能源转化得到的气体燃料。它是由各种有机物质在隔绝空气的条件下，保持一定的温度、湿度和酸碱度，经过微生物发酵分解作用而产生的一种燃气。这种燃气最早是在沼泽地区发现的，所以也称为沼气。

生物气可分为天然生物气和人工生物气。前者存在于自然界中腐烂有机质积累较多的地方，如沼泽、池塘、粪坑、污水沟等处。人工生物气是用作物秸秆、树叶杂草、人畜粪便、污水污泥和一些工厂的有机废水残渣（如酒厂内酒糟、酒精厂的废液）等有机物质为原料，在适当的工艺条件下进行发酵分解而生成。

2. 燃气的成分

燃气是多种成分的混合气，其主要成分为甲烷、氢气、一氧化碳、硫化氢，以及少量的其他碳氢化合物，这些都是可燃成分。其他成分包含氧气、氮气、二氧化碳、水蒸气、焦油、石蜡、萘、硫等。

燃气中含有少量的水蒸气，当燃气的温度低于露点温度时，水蒸气便会凝结成水。凝结水会使燃气管道不通畅，并产生水化物，水化物会腐蚀和堵塞燃气管道。因此燃气在输送之前应先进行脱水，燃气在输送过程中管路内也应设置排水器。

燃气中的焦油、石蜡、萘等会堵塞管道，所以燃气管路应设置吹扫装置。

一般人工燃气中含有少量的硫，天然燃气中含有硫化氢。硫对钢管具有腐蚀作用，对铜管件的腐蚀作用更为严重，所以燃气在输送之前应先进行脱硫处理。

3. 燃气管道分类

(1)按用途分类。燃气管道按用途分为长距离输气管线、城市燃气管道和工业企业燃气管道。长距离输气管线的干管及支管末端连接城市或大型工业企业，作为供应区的气源点。城市燃气管道包括街区和庭院分配管道、用户引入管和室内燃气管。

(2)按输气压力分类。我国城市燃气管道根据输气压力一般可分为：

1)低压燃气管道：$P<0.01$ MPa。

2)中压 B 燃气管道：0.01 MPa$\leq P<0.2$ MPa。

3)中压 A 燃气管道：0.2 MPa$\leq P<0.4$ MPa。

4)次高压 B 燃气管道：0.4 MPa$\leq P<0.8$ MPa。

5)次高压 A 燃气管道：0.8 MPa$\leq P<1.6$ MPa。

6)高压 B 燃气管道：1.6 MPa$\leq P<2.5$ MPa。

7)高压 A 燃气管道：2.5 MPa$\leq P<4$ MPa。

居民和小型公共建筑用户一般直接由低压管道供气，中压 B 和中压 A 管道必须通过区域调压站或用户专用调压站才能给城市分配管网中的低压管道、中压管道、工业企业、大型建筑用户或锅炉房供气。

(3)按敷设方式分类。

1)埋地敷设。城市中燃气管道一般采用埋地敷设。当燃气管段需要穿越铁路、公路时，有时需加设套管或管沟，因此有直接埋设及间接埋设两种。

2)架空敷设。工厂厂区内或管道跨越障碍物以及建筑物内的燃气管道，常采用架空敷设。

4. 燃气使用安全常识

燃气燃烧后所排出的废气成分中含有浓度不同的一氧化碳，人体吸入过量一氧化碳会中毒甚至死亡，因此，设有燃气用具的房间，都应有良好的通风设施。为保证人身和财产安全，使用燃气时应注意以下几点：

(1)管道燃气用户应在室内安装燃气泄漏报警切断装置。

(2)使用中的燃气应有人看管。

(3)如果发现燃气泄漏，应进行以下处理：

1)切断气源。

2)杜绝火种。严禁在室内开启各种电器设备，如开灯、打电话等。

3)通风换气。应及时打开门窗，切忌开启排气扇，以免引燃室内混合气体，造成爆炸。

4)不能迅速脱下化纤服装，以免由于静电产生火花引起爆炸。

5)如果发现邻居家有燃气泄漏，不允许按门铃，应敲门告知。

6)到室外拨打当地燃气抢修报警电话或 119。

(4)用户在临睡、外出前和使用燃气后，一定要认真检查，保证灶前阀和炉具开关关闭完好，以防燃气泄漏，造成伤亡事故。

(5)不准在燃气灶附近堆放易燃、易爆物品。

(6)燃气灶前软管的安装和使用应注意以下问题：

1)灶前软管的安装长度不能大于 2 m。

2)灶前软管不能穿墙使用。

3)对于天然气和液化石油气，一定要使用耐油的橡胶软管。

4)要经常检查软管是否已经老化，连接接头是否紧密。

5)要定期更换灶前软管。

（7）燃气设施的标志性颜色是黄色。

（8）户内燃气管不能做接地线使用。

（9）使用瓶装液化石油气时，还应注意以下几点：

1)钢瓶应严格按照规定进行定期检验和修理，钢瓶从出厂日期起 20 年内每 5 年检验一次，超过 20 年每两年检验一次。

2)不得将钢瓶横卧或倒置使用。

3)严禁用火、热水或其他热源直接对钢瓶加热使用。

4)减压阀若出现故障，不得自己拆修或调整，应由供气单位的专业人员维修或更换。

5)严禁乱倒残液。

6.2.2 室内燃气系统

1. 室内燃气系统的组成

室内燃气系统主要由引入管、室内燃气管道、燃气表、用具连接管、燃气用具及阀门附件等组成，如图 6.39 所示。

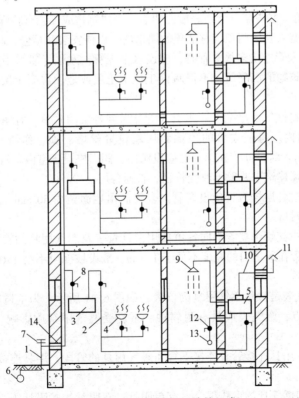

图 6.39 室内民用燃气系统的组成

1—引入管；2—室内燃气管道；3—燃气表；4—燃气炉灶；5—热水器；6—室外燃气管道；7—三通及丝堵；
8—开闭阀；9—莲蓬头；10—排烟管；11—伞形帽；12—冷水阀；13—水管；14—套管

（1）引入管。引入管用于连接室内燃气管道与城市燃气管道，如图 6.40 所示。当引入管穿越房屋基础或管沟时，应预留孔洞，并加套管，间隙用油麻、沥青或环氧树脂填塞。

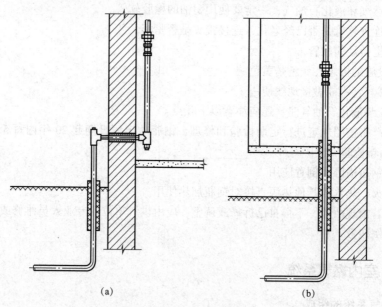

图 6.40　引入管的安装方式
（a）地上引入；（b）地下引入

（2）室内燃气管道。室内燃气管道一般应明装。当建筑物或工艺有特殊要求时，也可以采用暗装，但必须敷设在有人孔的闷顶或有活盖的墙槽内，以便安装和检修，暗装部分不宜有接头。

1）水平干管。引入管连接多根立管时，应设水平干管。水平干管可沿楼梯间或辅助间的墙壁敷设，不宜穿过建筑物的沉降缝，不得暗设于地下土层或地面混凝土层内。管道经过的楼梯和房间应有良好的通风。

2）立管。立管是将燃气由水平干管或引入管分送到各层的管道，宜明装。立管一般敷设在厨房、走廊或楼梯间内。每一立管的顶端和底端设置丝堵三通，作清洗用，其直径不小于25 mm。当由地下室引入时，立管在第一层应设阀门，阀门应设于室内。对重要用户，应在室外另设阀门。立管在一幢建筑中一般不改变管径，直通各层。

3）套管。立管通过各层楼板处应设套管。套管高出地面至少 50 mm，套管与立管之间的间隙用油麻填堵，沥青封口。

4）用户支管。用户支管由立管引向各单独用户计量表及燃气用具的管道。支管穿墙时也应有套管保护。用户支管在厨房内的高度不低于 1.7 m，敷设坡度应不小于 0.002，并由燃气表分别坡向立管和燃气用具。

（3）燃气表。燃气表是计量燃气用量的仪表，如图 6.41 所示。为了适应燃气本身的性质和城市用气量波动的特点，燃气表应具有耐腐蚀、不易受燃气中杂质影响、量程宽和精度高等特点。

（4）用具连接管。用具连接管是连接支管和燃气用具的管段。用具连接管可采用钢管连接，也可采用软管连接。

（5）燃气灶。厨房燃气灶的形式很多，有单眼灶、双眼灶、多眼灶等。最常见的是双眼灶，由炉体、工作面和燃烧器 3 个部分组成。

（6）燃气热水器。为了洗浴方便，越来越多的家庭配置了燃气热水器。绝对禁止将燃气热水

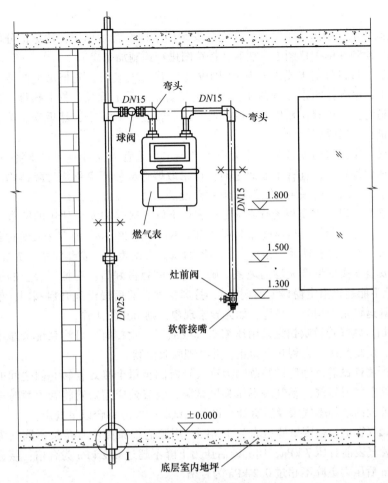

图 6.41　燃气表安装

器安装在浴室内使用，可将其安装在厨房或其他房间内。该房间应具有良好的通风，房间面积不得小于 12 m²，房高不低于 2.6 m。安装时热水器底部应距地面有 1.2～1.5 m 的高度。

（7）阀门。室内燃气管道中，应设置阀门的部位：燃气表前、用气设备或燃烧器前、点火器和测压点前、放散管前、燃气引入管上。

2. 室内燃气系统的安装

（1）安装要求。

1）燃气引入管不得敷设在卧室、浴室、地下室。

2）严禁将引入管敷设在存放易燃或易爆品的仓库、有腐蚀介质的房间、配电间、变电室、电缆沟、烟道和进风道等部位。

3）燃气引入管应敷设在厨房或走廊等便于维修的非居住房间内，若确有困难，可从楼梯间引入，此时引入管阀门宜设置在室外。进入密闭室时，密闭室必须进行改造。

4）燃气引入管穿过建筑物基础、墙或管沟时，均应加设套管，并应考虑沉降的影响，必要时采取补偿措施。套管穿墙孔应与建筑物沉降量相适应，套管与管子间的缝隙用沥青油麻堵严，热沥青封口。

（2）安装工艺流程。室内燃气管道安装的工艺流程：安装准备→管道预制加工→卡架安装→管道安装→燃气表安装→管道吹扫→强度、严密性试验→防腐、刷油→灶具及热水器安装。

1）安装准备。核对各种管道的坐标标高是否准确；在结构施工阶段，配合土建预留孔洞套管及预埋件。

2）管道预制加工。画出施工草图，在实际安装的结构位置做标记，按标记分段量出实际安装的准确尺寸，绘制在施工草图上；然后，按草图进行预制加工。

3）卡架安装。按设计要求或规范规定间距安装。吊卡安装时，先把吊棍按坡向、顺序依次穿在型钢支架上；吊环按间距位置套在管上，再将管抬起穿上螺栓、拧上螺母，将管固定。安装托架上的管道时，先把管在托架上就位，把第一节管装好U形卡，然后安装第二节管，以后各节管均照此进行，紧固好螺栓。

4）管道安装。室内管道安装的顺序为引入管→水平干管→立管→用户支管→用具连接管。室内水平管道遇到障碍物，直管不能通过时，可采取煨弯或使用管件绕过障碍物。当两层楼的墙面不在同一平面上时，应采用"来回弯"形式敷设。

5）燃气表安装。燃气表安装场所应满足抄表、维修、保养和安全使用的要求。当燃气表安装在燃气灶具上方时，燃气表与燃气灶的水平净距不得小于30 cm。燃气表安装过程中，不准碰撞、倒置、敲击，不允许有铁锈、杂物、油污等物质掉入仪表内。安装完毕，先通气检查管道、阀门、仪表等安装连接部位有无渗漏现象，确认各处密封良好后，再拧下表上的加油螺塞，加入润滑油(油位不能超过指定窗口上的刻线)，拧紧螺塞；然后慢慢地开启阀门，使表运转，同时观察表的指针运转是否均匀、平稳，如无异常现象，则可正常工作。

6）管道吹扫。燃气管道吹扫宜采用压缩空气或氮气。吹扫时，可将系统末端用户燃烧的喷嘴作为放散口，反复数次，直到吹净为止，并办理验收手续。

7）强度、严密性试验。强度试验范围为进气管总阀至每个接灶管转心门之间的管段。检验介质宜采用压缩空气或氮气，燃气表不做强度试验，装表处应用短管将管道暂时连通。严密性试验应在上述范围内增加燃气表及所有灶具设备。试验标准应符合以下规定：

①住宅内燃气管道。强度试验压力为1 MPa，用肥皂液涂抹所有接头不漏气为合格。严密性试验，未接燃气表前打压7 kPa，10 min后压力下降不超过0.2 kPa为合格；接通燃气表后打压3 kPa，5 min后压力下降不超过0.2 kPa为合格。

②公共建筑内燃气管道。强度试验压力，低压燃气管道压力为0.1 MPa，中压燃气管道压力为0.15 MPa，用肥皂液涂抹所有接头不漏气为合格。严密性试验，低压燃气管道试验压力为7 kPa，打压10 min后压力下降不超过0.2 kPa为合格；中压燃气管道试验压力为0.1 MPa，稳压3 h，观察1 h，压力下降不超过1.5%为合格。接通燃气表后打压3 kPa，5 min后压力下降不超过0.2 kPa为合格。

8）防腐、刷油。室内燃气管道和附件除锈处理后，刷黄色的防腐识别漆或涂银粉漆并刷上黄色的标识环。

9）灶具及热水器安装。灶具与燃气管道通常用软管连接，连接软管长度不得超过2 m，软胶管与波纹管接头间应用卡箍固定，软管内径不得小于8 mm并不应穿墙。热水器的供气、供水管道宜采用金属管道连接，也可采用软管连接。当采用软管连接时，燃气管应采用耐油管，水管应采用耐压管。软管长度不得超过2 m，软管与接头应用卡箍固定。

6.2.3 城市天然气系统

城市天然气系统是指城市中集中供应居民生活和生产用燃气的工程系统，是城市公用事业的组成部分。城市使用燃气代替煤作为燃料，对发展生产、方便居民生活、节约能源、减轻大气污染等都具有重要意义。目前，城市燃气的供应有两种方式：一种是瓶装供应，用于储存液化石油气，适用于距气源地不远、运输方便的城市；另一种是管道输送，可以输送液化石油气，也可以输送人工煤气和天然气。这里主要介绍管道输送天然气的系统。

1. 城市天然气系统的组成

城市天然气系统的组成如图 6.42 所示。

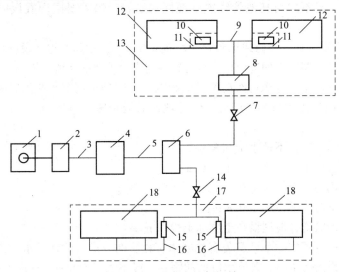

图 6.42 城市天然气系统

1—气田集气站；2—天然气净化厂；3—长距离输气干管；4—一级输气站；5—城镇输气干管；
6—二级输气干管；7—厂区引入口总阀；8—厂区总调压室和用气计量室；9—厂区燃气管道；
10—车间调压装置；11—燃气入口；12—车间；13—厂区；14—建筑小区引入口总阀；15—调压箱；
16—室外燃气管道；17—建筑小区；18—居住建筑物

(1)气田集气站。气田集气站是将各气井开采出来的高压天然气，通过集气管线输至本站。在这里对进站的天然气进行计量、降压和初步分离，然后输送至天然气净化厂。

(2)天然气净化厂。天然气净化厂是进一步分离从气田集气站输送来的天然气中的水及固体杂质等，对燃气进行脱硫，以达到管输天然气的气质要求。将净化后的高压天然气通过长距离输气干管输送至输气站。

(3)输气站。输气站的主要任务是计量、调压及输、配气。

(4)厂区总调压室和用气计量室。厂区总调压室和用气计量室的任务：一是将次高压调至中压；二是计量厂区的用气量。

(5)车间调压装置。车间调压装置的任务是将中压燃气调至低压。

(6)调压箱。调压箱的任务是将次高压或中压燃气调至低压。

2. 城市天然气管道的安装

(1)城市燃气管道的布置原则。

1)高中压管道应连接成环网状以保证供气安全可靠。

2)高压管道宜布置在城市边缘或有足够安全距离的地带。高、中压管道应避免在车辆来往频繁或闹市区的主要干线敷设；否则，将对施工和管理、维修造成困难。

3)高、中压管道应尽量靠近各调压室，以缩短连接支管长度。

4)高、中压管道应尽量避免穿越铁路或河流等大型障碍物，以减少工程量和投资。

5)考虑用户数量随城市发展而逐步增加，低压管道以环状布置为主外，也允许存在枝状管道。

6)考虑经济性与安全性，低压管网的成环边长一般控制在 300～600 m。

7)低压管道尽可能布置在街坊内兼作庭院管道，以节省投资。

8)低压管道可以沿街一侧敷设，在遇到某些特殊情况可双侧敷设。

9)地下燃气管道不得从大型建筑物下面穿过，不得在堆积易燃、易爆材料和具有腐蚀性液体的场地下面穿越；且不能与其他管线或电缆同沟敷设，当需要同沟敷设时，必须采取防护措施。

10)为了便于管道管理、维修或接新管时切断气源，高、中压管道需设阀门的地点包括：气源厂的出口、储配站、调压室的进出口、分支管的起点、重要的河流、铁路两侧。

地下燃气管道埋深主要考虑地面动负荷的影响，特别是车辆重负荷的影响以及冰冻层对管内输送气体中可凝性气体的影响。因此，管道埋设的最小覆土厚度（路面至管顶）应满足下列规定：

①埋设在车行道下时，不得小于0.8 m；

②埋设在非车行道下时，不得小于0.6 m；

③埋设在庭院内时，不得小于0.3 m；

④埋设在水田下时，不得小于0.8 m；

⑤输送湿燃气的管道，应埋设在土壤冻土线以下。

在输送湿燃气的管道中，不可避免有冷凝水、轻质油或渗入的地下水。为了排除出现的液体，需在管道低处设置凝水缸，各凝水缸的间距，一般不大于500 m。管道坡度应不小于0.003且坡向凝水缸。

（2）城市燃气管道的安装工艺流程。城市燃气管道安装的工艺流程：管沟的放线与开挖→管材检查→管材防腐→管段组对→管道敷设→试压→补做防腐层→回填土。

总结回顾

1. 采暖系统的分类。热水采暖系统的分类、组成及各部分的作用。
2. 采暖系统的形式、地辐射采暖系统的组成及施工安装要求。
3. 室内采暖管道、附件、散热器及附属设备的安装。
4. 室内燃气系统的组成与室内燃气系统的安装。

课后评价

一、填空题

1. 采暖系统按使用热介质的种类不同可分为_____、_____、_____。
2. 采暖系统主要由_____、_____和_____三部分组成。
3. 热水采暖系统的布置形式有_____、_____、_____。
4. 燃气的种类有_____、_____、_____、_____。
5. 钢制散热器种类较多，常用的有_____、_____。
6. 地暖采暖的排管方式主要有_____、_____、_____。

二、简答题

1. 室内采暖系统支管安装应注意哪些问题？
2. 简述热水采暖系统的组成。
3. 简述室内燃气管道引入管的安装要求。
4. 简述室内采暖系统管道的安装工艺。

任务7　建筑通风空调系统

工作任务	建筑通风空调系统
教学模式	任务驱动
任务介绍	通风就是利用换气的方法，向某一房间或空间输送新鲜空气，将室内被污染的空气直接或经处理后排到室外，从而维持室内环境符合卫生标准，满足人们生活或生产的需要。 　　空调，即空气调节，是一门采用人工方法，创造和保持满足一定温度、相对湿度、洁净度、气流速度等参数要求的室内空气环境的科学技术。 　　本任务主要介绍建筑通风空调系统
学有所获	1. 掌握通风系统和空调系统的任务。 2. 了解通风空调系统的分类及其组成。 3. 熟悉通风空调系统管道的制作与安装过程及管道的防腐与保温。 4. 掌握通风空调系统设备的安装与调试方法

任务导入

通风是为了促进房间空气流动，保证房间内部环境具有良好的空气质量，排除房间产生的余热、粉尘及有害气体等。

空调技术在促进国民经济和科学技术的发展、提高人们的生活水平等方面都具有重要的作用。

任务分解

本任务主要包括通风空调系统的概述、通风空调系统的管道安装、通风空调系统的设备安装以及通风空调系统的调试等内容。

任务实施

7.1　通风空调系统概述

7.1.1　通风空调系统的分类及组成

通风空调系统按不同的使用场合和生产工艺要求，大致可分为通风系统、空气调节系统和空气洁净系统。

1. 通风系统

通风系统按其作用范围不同可分为全面通风系统、局部通风系统和混合通风系统等；按其工艺要求不同可分为送风系统、排风系统和除尘系统。

（1）送风系统。送风系统用于向室内输送新鲜的或经过处理的空气。其工作流程为：室外空气由可挡住室外杂物的百叶窗进入进气室，经保温阀至过滤器，由过滤器除掉空气中的灰尘，再经空气加热器将空气加热到所需的温度后被吸入通风机，经风量调节阀、风管，由送风口送入室内。

（2）排风系统。排风系统用于将室内产生的污浊、高温干燥空气排到室外大气中。其工作流程为：污浊空气由室内的排气罩吸入风管后，经通风机排到室外的风帽而进入大气。如果预排放的污浊空气中的有害物质超过国家制定的排放标准，必须经中和及吸收处理。排放浓度低于排放标准后，再排到大气中。

（3）除尘系统。除尘系统通常用于生产车间，其主要作用是将车间内含有大量工业粉尘和微粒的空气进行收集处理，有效地降低工业粉尘和微粒的含量，以达到排放标准。其工作流程为：含尘空气被车间内的吸尘罩吸入，经风管进入除尘器除尘，随后经风机送至室外的风帽而排入大气。

2. 空气调节系统

空气调节系统可保证室内空气的温度、湿度、流动速度及洁净度在一定范围内，并且不受室外气候条件和室内各种条件的影响。空气调节系统根据使用要求的不同可分为恒温恒湿空调系统、舒适性空调系统和除湿性空调系统。空气调节系统根据空气处理设备设置的集中程度不同可分为集中式空调系统、局部式空调系统和混合式空调系统3类。

（1）集中式空调系统。集中式空调系统中，处理空气的空调器集中安装在专用的机房内，空气加热、冷却、加湿和除湿用的冷源和热源由专用的冷冻站和锅炉房供给，集中式空调系统多适用于大型建筑。

（2）局部式空调系统。局部式空调系统中，处理空气的冷源、空气加热加湿设备、风机和自动控制设备组装在一个箱体内，就近安装在空调房间，就地对空气进行处理。局部式空调系统多用于分散布局的空调房间和小面积房间。

（3）混合式空调系统，混合式空调系统有诱导式空调系统和风机盘管空调系统两类，均由集中式空调系统和局部式空调系统组成。诱导式空调系统多用于建筑空间不大且装饰要求较高的旧建筑、地下建筑、舰船、客机等；风机盘管空调系统多用于新建的高层建筑和需要增设空调的小面积、多房间的旧建筑等。

3. 空气洁净系统

空气洁净系统是发展现代工业不可缺少的辅助性综合系统。空气洁净系统按洁净室的气流流型不同可分为非单向流洁净室和单向流洁净室两类；又可按洁净室的构造不同分为整体式洁净室、装配式洁净室和局部净化式洁净室3类。非单向流洁净室的气流流型不规则，工作区气流不均匀，并有涡流。

7.1.2 通风空调系统常用材料

1. 金属板材

通风空调系统常用的金属板材有普通薄钢板、冷轧薄钢板、复合钢板、不锈钢板和铝板。

（1）普通薄钢板。常用的薄钢板厚度为 0.5～2 mm，分为板材和卷材。通风空调系统用的薄钢板表面应平整、光滑，厚度均匀，允许有紧密的氧化铁薄膜，但不得有裂纹、结疤等缺陷。

普通薄钢板具有良好的加工性能及结构强度，货源多，价格低，但其表面容易生锈，需刷油漆进行防腐，多用于排气、除尘系统，一般较少用于送风系统。

（2）冷轧薄钢板。冷轧薄钢板的价格高于普通薄钢板，稍低于镀锌钢板，其表面平整、光洁，由于受潮易生锈，也需及时刷漆。其漆面附着力较强，使用寿命较长，多用于送风系统，可以达到外观精美的要求。

（3）复合钢板。为了使普通钢板免遭锈蚀，可用电镀、粘贴和喷涂的方法，在钢板的表面罩上一层"外衣"，形成复合钢板，镀锌钢板、塑料复合钢板等，它们都属于复合钢板。

1)镀锌钢板。镀锌钢板表面为银白色，俗称"白铁皮"，它是在普通钢板表面镀了一层厚度为0.5～1.5 mm的镀层，其表面起到了防腐蚀的作用。在通风工程中，常用镀锌钢板制作不含酸、碱气体的通风系统和空调系统的风管，在送风排气空调、洁净系统中大量使用。

2)塑料复合钢板。塑料复合钢板是在普通钢板的表面喷一层塑料薄膜，或喷上0.2～0.4 mm厚的塑料层而制成，后一种塑料复合钢板有时也称为塑料涂层钢板。

塑料复合钢板分单面复合和双面复合两种，不仅具有塑料耐腐蚀的特点，还具有普通钢板弯折、咬口、铆接、切断、钻孔等加工性能，常用于制作防尘要求较高的空调系统和温度为−10 ℃～70 ℃的耐腐蚀系统的风管。

(4)不锈钢板。不锈钢板表面有铬金属形成的钝化保护膜，起隔绝空气、防止被氧化的作用，它具有较高的塑性、韧性和机械强度，耐酸性气体、碱性气体、溶液和其他介质的腐蚀。它是一种不容易生锈的合金钢，因而多用于化学工业中输送含有腐蚀性气体的通风系统。

(5)铝板。铝板有纯铝板和合金铝板两种。用于制作化工工程通风管时，一般以纯铝板为主，铝板质轻，表面光洁，具有良好的可塑性和传热性能，在摩擦时不易产生火花，因此常用在有爆炸可能的通风系统中。合金铝板机械强度较高，但耐腐蚀能力不及纯铝板。

2. 非金属板材

非金属板材主要是指硬聚氯乙烯塑料板材。硬聚氯乙烯具有良好的耐酸、耐碱性能，并具有较高的弹性；但它的热稳定性能较差，在较低温度环境中使用时性脆、易裂，在较高温度环境中使用时强度降低，只有在60 ℃以下温度时才能保证适当的强度，故硬聚氯乙烯只适用于温度为−10 ℃～60 ℃的环境。硬聚氯乙烯的热膨胀系数很大(比钢大5～7倍)，其在通风系统中常用于制作输送含有腐蚀性气体的风管和部件。

硬聚氯乙烯塑料板材是由聚氯乙烯树脂掺入稳定剂和少许增塑剂加热制成的。它具有良好的耐腐蚀性，在各种酸类、碱类和盐类物质的作用下，本身不会发生化学变化，具有很好的化学稳定性。但其在强氧化剂(如浓硝酸、发烟硫酸和芳香族碳水化合物)的作用下是不稳定的。硬聚氯乙烯塑料板材具有较高的强度和弹性，但热稳定性较差，加热到100 ℃～150 ℃时，呈柔软状态，加热到190 ℃～200 ℃时，呈流动状态，在压力不大的情况下，聚氯乙烯分子会相互结合。硬聚氯乙烯塑料板材的表面应平整，不得含有气泡、裂缝；厚度要均匀，无离层等现象。

3. 金属型材

金属型材在通风系统中被用来制作风管的法兰、管道和通风、空调设备的支架，以及风管部件和管道配件等，常用的金属型材有圆钢、扁钢、角钢、槽钢等，其断面形状如图7.1所示。

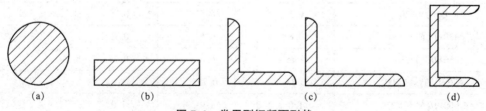

(a)　　　　　　　(b)　　　　　　　(c)　　　　　　　(d)

图7.1 常用型钢断面形状

(a)圆钢；(b)扁钢；(c)角钢；(d)槽钢

(1)圆钢。通风空调系统中，常用到普通碳素钢的热轧圆钢(直条)，其规格用直径(ϕ)表示，单位为毫米(mm)，如$\phi5.5$。圆钢适用于加工制作U形螺栓和抱箍(支、吊架)等。

(2)扁钢。扁钢常用普通碳素钢热轧而成，其规格用"宽度×厚度"表示，单位为毫米(mm)，如30×3。扁钢在采暖空调中主要用来制作共管法兰、加固圈和管道支架等。

（3）角钢。角钢的规格以"边宽×边宽×厚度"表示，并在规格前加符号"角钢∟"，单位为毫米（mm），如角钢∟50×50×6。工程中常用等边角钢，其边长为20～200 mm，厚度为3～24 mm。角钢是通风空调系统中应用广泛的金属型材，可用于制作通风管道法兰盘、各种箱体容器、设备框架和管道支架等。

（4）槽钢。槽钢在通风空调系统中主要用来制作箱体框架、设备机座、管道及设备支架等。槽钢的规格以号（高度）表示，单位为毫米（mm）。槽钢分为普通型和轻型两种，工程中常用普通型。

4. 辅助材料

通风空调系统常用的辅助材料有垫料和紧固件。

（1）垫料。垫料主要用在风管之间、风管与设备之间的连接处，用于保证接口的严密性，常见的垫料有橡胶板、石棉橡胶板、石棉绳等。

（2）紧固件。紧固件是指螺栓、螺母、铆钉、垫圈等。

1）螺栓、螺母。螺栓、螺母用于法兰的连接和设备与支座的连接，规格以"公称直径×螺杆长度"表示。

2）铆钉。铆钉用于金属板材与材料、风管和部件之间的连接，常见的有半圆头铆钉、平头铆钉、抽心铆钉等。

3）垫圈。垫圈有平垫圈和弹簧垫圈两种，用于使连接件表面免遭螺母擦伤，防止连接件松动。

7.2 通风空调系统管道安装

7.2.1 金属风管制作与安装

1. 金属风管制作

金属风管制作的程序：画线→板料剪切→咬口加工→卷圆或折方→风管闭合成型与接缝→装配法兰→风管加固。

（1）画线。按风管的设计尺寸确定板材的厚度（表 7.1 和表 7.2），选定弯管节数及接口方式，采用计算、展开法下料，画定剪切线，做出剪切印迹。

表 7.1 钢板风管板的厚度　　　　　　　　　　　　　　单位：mm

风管直径 D 或边长尺寸 b	圆形风管	矩形风管		除尘系统风管
		中、低压系统	高压系统	
$D(b) \leqslant 320$	0.5	0.5	0.75	1.5
$320 < D(b) \leqslant 450$	0.6	0.6	0.75	1.5
$450 < D(b) \leqslant 630$	0.75	0.6	0.75	2.0
$630 < D(b) \leqslant 1\,000$	0.75	0.75	1.0	2.0
$1\,000 < D(b) \leqslant 1\,250$	1.0	1.0	1.0	2.0
$1\,250 < D(b) \leqslant 2\,000$	1.2	1.0	1.2	按设计
$2\,000 < D(b) \leqslant 4\,000$	按设计	1.2	按设计	

注：1. 螺旋风管的钢板厚度可适当减小 10%～15%。

　　2. 排烟系统风管厚度可按高压系统确定。

　　3. 特殊除尘系统风管钢板厚度应符合设计要求。

　　4. 本表不适用于地下人防和防火隔墙的预埋管。

表7.2　高、中、低压系统不锈钢板风管板材的厚度　　　　　　单位：mm

风管直径 D 或边长尺寸 b	不锈钢板厚度	风管直径 D 或边长尺寸 b	不锈钢板厚度
$D(b) \leqslant 500$	0.5	$1\,220 < D(b) \leqslant 2\,000$	1.0
$500 < D(b) \leqslant 1\,220$	0.75	$2\,000 < D(b) \leqslant 4\,000$	1.2

画线开始必须规方，又称规角，以保证板料角为直角。画线方法和程序应严格，必须做到线平直、等分准确、交圈严密、尺寸正确，画线过程中应经常校核接合尺寸，画的线包括剪切线、折方线、翻边线、倒角线、留孔线、咬口线等。

风管在展开下料过程中，应尽量节省材料、减少板材切口和咬口，要进行合理的排版。板料拼接时，无论咬接还是焊接，均不得有十字交叉缝。空气净化系统风管制作时，板材应减少拼接，矩形底边宽度不大于900 mm时，不得有拼接缝；大于900 mm时，应减少纵向拼接缝，不得有横向拼接缝。板材加工前要除尽表面油污和积尘，清洗时要用中性洗涤剂。

（2）板料剪切。当板料上已做好展开图及清晰的留边尺寸下料边缘线的印记时，可进行板料剪切工序。使用手剪剪切钢板时，板料厚度应小于0.8 mm；其余厚度的钢板一般用机具剪切。

1）剪切前，严格校对板材上的画线尺寸，被剪切的钢板上必须有明显的切线画印，剪切后仍须认真校对下料尺寸后再进行加工。

2）将剪口张开后应垂直夹住钢板，对准切线剪切。在进行切断的过程中，用手向上抬起且折曲切下来的板料，可减小剪切过程中的阻力。

3）剪切曲线、折线、切角时，绝不可切掉板料上的画线印记。因此，必须使剪刀片的端部和转角的顶端重合。

4）剪孔时，先凿一个孔，放入剪刀，沿画线按逆时针方向进行剪切。剪圆时，若圆的直径较小，则按逆时针方向采用弯剪子剪切；若圆的直径较大而余边较小，则可按顺时针方向剪切。

5）板料剪切后，必须用剪子或倒角机对板料端部进行倒角。这样可避免咬角后出现重叠而造成安装后漏风。

（3）咬口加工。

1）咬口加工的类型。根据材料不同，金属风管咬口加工的类型也有所不同，可分为钢板风管咬接、不锈钢板风管咬接和铝板风管咬接。

①钢板风管咬接。钢板风管和配件壁厚 $\delta \leqslant 1.2$ mm时，可采用咬口连接；$\delta > 1.2$ mm时，可采用焊接。翻边对焊宜采用气焊。采用镀锌钢板制作风管和配件时，应采用咬口连接或铆接。

塑料复合钢板风管一般只能采用咬口连接和铆接，以避免气焊和电焊烧毁塑料层，咬口机械不能有尖锐的棱边，以免造成伤痕。若塑料层损伤，则应及时刷漆保护。

螺旋咬口风管在专用联合机械上制作。所用带钢宽度为135 mm，厚度为0.5～1.25 mm，材质为冷轧碳钢板及镀锌钢板。制成的圆形风管直径为100～1 000 mm，螺旋咬口风管的最大制作长度可根据安装和运输条件确定，其长度允许偏差为±5 mm。

风管上的测定孔和检查孔应按设计要求的部位在风管安装前装好，接合处应严密、牢固。

②不锈钢板风管咬接。不锈钢板风管壁厚 $\delta \leqslant 1$ mm时，可采用咬口连接；$\delta > 1$ mm时，可采用电弧焊、氩弧焊连接，不得采用气焊。焊条应选择与母材相同类型的材质，机械强度不应低于母材机械强度的最低值。

不锈钢板风管和配件的表面不得有划伤、凹痕等缺陷，加工和堆放应避免与具有锈蚀性的材料接触。

制作较复杂形状的不锈钢风管和配件时，可先用纸板下好样板，再在不锈钢板上画线下料。

不锈钢板尽量采用机械加工，做到一次成型，减少手工操作。若需要用手工锤击成型，不得使用碳素钢制造的工具。

不锈钢板经冷加工，会迅速增加其强度，降低其韧性，材料发生硬化。在拍打、制作咬口时，注意不要拍反，以免改拍咬口时板材硬化，造成加工困难，甚至产生断裂现象。

③铝板风管咬接。铝板风管和配件壁厚 $\delta \leqslant 1.5$ mm 时，可采用咬口连接；$\delta > 1.5$ mm 时，可采用气焊或氢弧焊连接。

铝板风管和配件表面应避免刻划，不应有划伤等缺陷，应采用铅笔或色笔画线放样。风管的咬口或成型应尽量采用木槌，以避免咬口缝变形。

2）咬口宽度和咬口留量。

①咬口宽度。金属风管的咬口宽度由所制风管的板厚决定，应符合表 7.3 的要求。咬口宽度如图 7.2 所示。

表 7.3　金属风管的咬口宽度　　　　　　　　　　　单位：mm

咬口形式	咬口宽度 B		
	板厚 0.5～0.7	板厚 0.7～0.9	板厚 1.0～1.2
单平咬口	6～8	8～10	10～12
单立咬口	5～6	6～7	7～8
转角咬口	6～7	7～8	8～9
联合角咬口	8～9	9～10	10～12
按扣式咬口	12	12	12

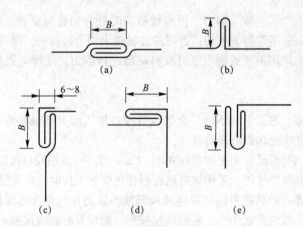

图 7.2　咬口宽度

(a)单平咬口；(b)单立咬口；(c)转角咬口；(d)联合角咬口；(e)按扣式咬口

②咬口留量。咬口留量的大小与咬口宽度和重叠层数、使用的机械有关。一般来说，对于单平咬口、单立咬口、转角咬口，其咬口留量在第一块板材上等于咬口宽度，而在第二块板材上等于两倍咬口宽度，这样咬口留量就等于三倍咬口宽度。如厚度为 0.7 mm 以上的钢板，咬口宽度为 7 mm，其咬口留量为 7×3 = 21(mm)。对于联合角咬口，其咬口留量在第一块板材上为咬口宽度，在第二块板材上是三倍咬口宽度，这样联合角咬口的咬口留量就等于四倍咬口宽度，咬口留量应根据咬口需要确定，分别留在两边。

(4)卷圆或折方。

1)卷圆。手工卷圆时，按圆形风管的直径制成样板，将板料放置在钢管或型钢上，从两侧向下敲打，随打随移动或转动，并用样板随时卡弧检查，板料厚度不大于 1 mm 时，用木打板；板料厚度大于 1 mm 时，用铁打板。较厚的钢板一般以木槌、铁锤敲打，敲打过程中，应严格用样板先矫正初敲的两端圆弧度，两头起端的圆弧度和规定的圆弧度必须吻合。敲打用力要均匀，板料应放平、放正，不可用力过大，不能在某一处过度锤打。

对口与合口时，当风管(纵向)采用咬口时，将其咬口缝朝上，下面垫在方钢条上，将两口插进咬口后，用木打板沿直线轻轻敲打，随着接缝逐渐咬口，适当加大打击力，将咬口打紧、压平。然后进行找圆平整，直到圆弧均匀为止。

机械卷圆时，用卷圆机进行，先将板料接口的两端用手工拍圆后，再送进卷圆机两辊间进行卷圆，调整上下两辊的间距，可以卷出各种直径的风管。

2)折方。在矩形风管周长上设置一个或两个角咬口时，板料必须折方。人工折方时，把画好折线的板料放在工作台上，折线对准槽钢的边，一般由两人分别站在板料两端一起操作。用一只手压住钢板料，另一只手将板料向下压成直角，再用木打板进行拍打，直到打出直角棱角线并找平、找正为止。机械折方时，可用手动折方机，操作方便、简单。

(5)风管闭合成型与接缝。制作风管时，采用咬接还是焊接取决于板材的厚度及材质。在可能的情况下，应尽量采用咬接，因为咬接缝可以增加风管的强度，变形小，外形美观。风管采用焊接的特点是严密性好，但焊后往往容易变形，焊缝处容易锈蚀或氧化。厚度大于 1.2 mm 的普通钢板接缝采用电焊；厚度大于 2 mm 的接缝可采用气焊。

1)风管的焊缝形式。风管的焊缝形式有对接焊缝、搭接焊缝、翻边焊缝及角焊缝 4 种。

①对接焊缝。板材的拼接或横向对接缝及纵向闭合对接缝常采用对接焊缝，如图 7.3(a)、(b)所示。

②搭接焊缝。风管或管件的纵向闭合缝或矩形风管的弯头、三通的转向缝等常采用搭接焊缝，如图 7.3(c)、(d)、(e)所示。搭接焊缝的搭接量一般为 10 mm，焊接前先画好搭接线，焊接时按线点焊好，用小锤使焊缝密合后再进行连续焊接。

③翻边焊缝。无法兰连接及圆管、弯头的闭合缝常采用翻边焊缝，当板材较薄或用气焊时可使用，如图 7.3(f)所示。

④角焊缝。矩形风管或管件的纵向闭合缝或矩形弯头、三通的转向缝，圆形、矩形风管封头闭合缝常用角焊缝，如图 7.3(b)、(d)、(f)所示。

2)焊缝的质量要求。焊缝表面不应有裂纹、烧穿、漏焊等缺陷。纵向焊缝必须错开。焊缝应平整，焊接时应轮流对称点焊，以防止变形，焊缝宽度应均匀。焊接后应对焊缝进行清理，去除焊渣。

(6)装配法兰。通风空调管道之间及管道与部件配件之间最主要的连接方式是法兰连接，常用的法兰有角钢法兰和扁钢法兰。

圆形风管法兰的加工顺序是下料卷圆、焊接、找平及钻孔，法兰卷圆可分为手工煨圆和机械卷圆，机械卷圆用法兰煨弯机进行。矩形风管法兰的加工顺序是下料→找正→焊接→钻孔。矩形风管法兰由四根角钢焊接而成，两根长度等于风管一侧边长，另两根长度等于另一侧边长加上两倍角钢宽度。法兰上孔间距一般不大于 150 mm。

(7)风管加固。风管加固规定如下：

1)圆形风管(不包括螺旋风管)直径大于或等于 800 mm 且其管段长度大于 1 250 mm 或总表面积大于 4 m² 时，均应采取加固措施。

2)矩形风管边长大于 630 mm，保温风管边长大于 800 mm，管段长度大于 1 250 mm 或低压风管单边表面积大于 1.2 m²，中、高压风管单边表面积大于 1.0 m² 时均应采取加固措施。

3)非规则椭圆风管的加固应参照矩形风管执行。

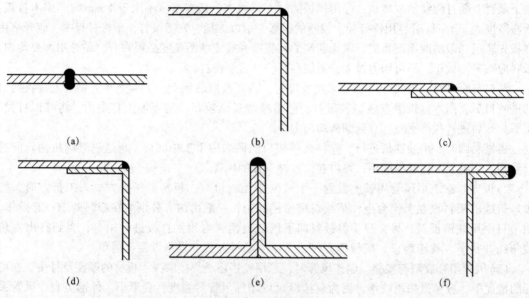

图 7.3　焊缝形式

(a)横向对接缝；(b)纵向闭合对接缝；(c)横向搭接缝；(d)纵向闭合搭接缝；

(e)三通转向缝；(f)封闭角焊缝

2. 金属风管安装

(1)风管支架制作与安装。风管支架一般用角钢、扁钢和槽钢制作而成，其形式有吊架、托架和立管卡子等，如图 7.4 所示。

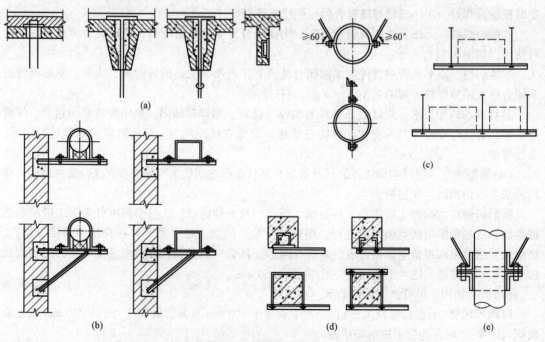

图 7.4　风管支架的形式

(a)钢筋混凝土楼板、大梁；(b)吊架；(c)墙上托架；(d)柱上托架；(e)立管卡子

若设计无专门要求，则风管支架可按照下列要求进行安装：

1) 水平不保温风管的安装要求。直径或大边长小于 400 mm 的风管支架间距不超过 4 m；直径或大边长为 400~1 000 mm 的风管支架间距不超过 3 m；直径或大边长大于 1 000 mm 的风管支架间距不超过 2 m。

2) 垂直不保温风管的安装要求。直径或大边长小于 400 mm 的风管支架间距不超过 1 m；直径或大边长为 400~1 000 mm 的风管支架间距不超过 3.5 m；直径或大边长大于 1 000 mm 的风管支架间距不超过 2 m。每根立管的固定件不少于两个；塑料风管支架的间距不大于 3 m。

3) 保温风管支架间距由设计规定，或按不保温风管支架间距乘以 0.85 的系数确定。

4) 风管转弯处两端应设支架。支架可根据风管的重量及现场情况选用扁钢、角钢、槽钢制作，吊筋用 ϕ10 的圆钢，具体可按设计要求或参照标准图集制作。吊托支架制作完毕后，应除锈、刷油后再进行安装。

支架不能设置在风口、阀门、检查孔及自控机构处，也不得直接吊在法兰上。支架离风口或插接板的距离不宜小于 200 mm。当水平悬吊的主、干管长度超过 20 m 时，应设置防止摆动的固定点，每个系统不少于两个。安装在托架上的圆风管应设置圆弧木托座和抱箍，其外径与管道外径一致。矩形保温风管支架宜设在保温层外部，并不得损伤保温层。对铝板风管钢支架应进行镀锌防腐处理。不锈钢风管的钢支架应按设计要求喷刷涂料，并在支架与风管之间垫非金属块。

(2) 风管连接。风管的连接长度应根据风管的壁厚、法兰与风管的连接方法、安装的结构部位和吊装方法等依据施工方案确定。为了安装方便，在条件允许的情况下，尽量在地面上进行风管连接，一般可接至 10~12 m 长。

1) 风管排列有法兰连接。按设计要求确定装填垫料后，将两个法兰先对正，穿上几个螺栓并戴上螺母，暂时不要紧固。然后用尖头圆钢塞进穿不上螺栓的螺孔中，将两个螺孔插正，直到所有螺栓都穿上后，再将螺栓拧紧。为了避免螺栓滑扣，紧固螺栓时应按十字形交叉对称、均匀地拧紧。

连接好的风管应以两端法兰为准，拉线检查风管连接是否平直，并注意法兰是否有破损(开焊、变形等)，若有，应及时更换、修理，连接法兰的螺母应在同一侧。不锈钢风管法兰连接的螺栓，宜用同材质的不锈钢制成，若用普通碳素钢标准件，则应按设计要求喷涂涂料。铝板风管法兰连接应采用镀锌螺栓，并在法兰两侧垫镀锌垫圈。聚氯乙烯风管法兰连接应采用镀锌螺栓或增强尼龙螺栓，螺栓与法兰接触处应加镀锌垫圈。

2) 风管排列无法兰连接。风管采用无法兰连接时，接口处应严密、牢固，矩形风管四角必须有定位及密封措施，风管连接的两平面应平直，不得错位和扭曲。螺旋风管一般采用无法兰连接。

风管排列无法兰连接有以下几种形式：

①抱箍式连接。抱箍式连接主要用于钢板圆风管和螺旋风管连接。抱箍式连接是将每管段的两端轧制成鼓筋，并使其一端缩为小口。安装时按气流方向把小口插入大口，外面用钢制抱箱将两个管端的鼓筋抱紧连接，最后用螺栓穿在耳环中固定拧紧。其做法如图 7.5(a) 所示。

②插接式连接。插接式连接主要用于矩形或圆形风管连接。其具体做法是：首先制作连接管，然后将其插入两侧风管，再用自攻螺栓或拉铆钉将其紧密固定，如图 7.5(b) 所示。

③插条式连接。插条式连接如图 7.6 所示，主要用于矩形风管连接。其做法是：将不同形式的插条插入风管两端，然后压实。

④软管式连接。软管式连接主要用于风管与部件(如散流器、静压箱侧送风口等)的连接。风管安装时，将软管两端套在连接的管外，然后用特制软卡将软管箍紧。

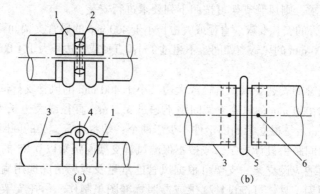

图 7.5 抱箍式连接和插接式连接

(a)抱箍式连接；(b)插接式连接

1—外抱箍；2—连接螺栓；3—风管；4—耳环；5—内接环；6—自攻螺栓

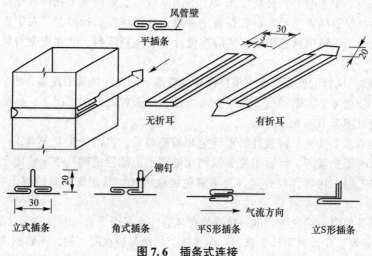

图 7.6 插条式连接

(3)风管吊装与就位。风管安装前，进一步检查安装好的支架、吊(托)架的位置是否正确，安装是否牢固可靠。根据施工方案确定的吊装方法(整体吊装或一节一节地吊装)，按照先干管后支管的安装程序进行吊装。吊装前，应根据现场的具体情况，在梁、柱的节点上挂好滑车，穿上麻绳，牢固地捆扎好风管。

1)用绳索将风管捆绑结实，塑料风管、玻璃钢风管或复合材料风管如需整体吊装，绳索不得直接捆绑在风管上，应用长木板托住风管底部，四周应有软性材料做垫层。

2)起吊时，先慢慢拉紧起重绳，当风管离地 200～300 mm 时应停止起吊，检查滑车的受力点和所绑扎的麻绳绳扣是否牢固，风管的重心是否正确。

3)水平安装的风管，可以用吊架的调节螺栓或在支架上用调整垫块的方法来调整水平。风管安装就位后，可以用拉线、水平尺检查风管是否横平竖直。

4)当不便悬挂滑车或受地势限制不能进行整体吊装时，可将风管分节用麻绳拉到脚手架上再抬到支架上，对正法兰逐节进行安装。

5)敷设风管地沟时，在地沟内进行分段连接。在地沟内不便操作时，可在沟边连接，用麻绳绑好风管，用人力慢慢将风管放到支架上。风管甩出地面或在穿楼层时甩头不小于 200 mm，敞口应做临时封堵。风管穿过基础时，应在浇灌基础前下好预埋套管，套管应牢固地固定在钢筋骨架上。

6）特殊风管的安装就位。输送易燃、易爆气体或在这种环境下的风管应敷设接地，并且尽量减少接口，通过生活间或辅助间时不得设有接口。不锈钢与碳素钢支架之间垫以非金属垫片。铝板风管支架、抱箍应镀锌。空气净化空调系统风管安装应严格按程序进行，不得颠倒，风管、静压箱及其他部件，在安装前，其内壁必须擦拭干净，做到无油污和浮尘，注意封堵临时端口。当风管穿过围护结构时，接缝应密封，保持清洁、严密。

7.2.2 非金属风管制作与安装

非金属风管主要包括硬聚氯乙烯塑料风管、有机玻璃钢风管和无机玻璃钢风管等。

1. 硬聚氯乙烯塑料风管的制作与安装

硬聚氯乙烯塑料风管的两端面应平行，无明显扭曲，外径或外边长的允许偏差为 2 mm；表面平整、圆弧均匀，凹凸不应大于 5 mm，焊缝应饱满，焊条排列应整齐，无焦黄、断裂现象。

（1）塑料风管法兰盘制作。圆形法兰盘制作的方法是将塑料板锯成条状板，并在内圆侧开好坡口后，放到电热烘箱内加热。取出后在圆形胎具上煨成圆形法兰，趁热压平冷却后进行焊接和钻孔。矩形法兰盘制作的方法是将塑料板锯成条形板，开好坡口后在平板上焊接而成。

（2）塑料风管的组配和加固。为避免腐蚀介质对风管法兰金属螺栓的腐蚀和自法兰间隙中泄漏，管道安装尽量采用无法兰连接。对加工制作好的塑料风管，根据安装和运输条件，将短风管组配成 3 m 左右的长风管，风管组配采取焊接方式。风管的纵缝必须交错，交错的距离应大于 60 mm。圆形风管管径小于 500 mm，矩形风管长边长度小于 400 mm 时，其焊缝形式可采用对接焊缝；圆形风管管径大于 560 mm，矩形风管长边长度大于 500 mm 时，应采用硬套管或软套管连接，风管与套管再进行搭接焊接。

搭接焊接时应注意以下几点：

1）硬聚氯乙烯塑料风管及配件的连接采用焊接，可分别采用手工焊接和机械热对挤压焊接。应保证焊缝饱满、焊条排列整齐，不得出现焦黄、断裂等缺陷，焊缝强度不得低于母材强度的 60%。

2）硬聚氯乙烯塑料风管也可采用套管连接。套管的长度宜为 150～250 mm，厚度不应小于风管的壁厚。

3）硬聚氯乙烯塑料风管承插连接。当圆形风管的直径不大于 200 mm 时，可采用承插连接，插口深度为 40～80 mm。黏结处的油污应清除干净，黏结应严密、牢固。

4）当风管直径或边长大于 500 mm 时，连接处应加三角支撑。支撑间距为 100～300 mm，连接法兰的两个三角支撑应对称，使其受力均匀。

5）矩形风管四角应焊接成型，对边长不小于 630 mm 和煨角成型、边长不小于 800 mm 的风管，当管段长度大于 1 200 mm 时，应采取加固措施。风管加固可用与法兰同规格的加固框或加固筋焊接固定。

2. 有机玻璃钢风管的制作与安装

有机玻璃钢风管不应有明显扭曲，内表面应平整、光滑，外表面应整齐、美观。厚度应均匀，边缘无毛刺，且无气泡及分层现象。风管的外径或外边长尺寸的允许偏差为 3 mm，圆形风管的任意两正交直径之差不应大于 5 mm，矩形风管的两对角线之差不应大于 5 mm。应将法兰与风管做成一个整体，并有过渡圆弧，且与风管轴线成直角。管口平面度的允许偏差为 3 mm，螺孔的排列应均匀，至管壁的距离应一致，允许偏差为 2 mm。矩形风管的边长大于 900 mm，且管段长度大于 1 250 mm 时，应进行加固，加固筋的分布应均匀、整齐。

（1）有机玻璃钢风管的糊制。

1）待胶衣初凝，手感软而不黏时，立即铺层糊制。铺层要按层次安排进行，胶衣后面的一层要仔细成型，完成后可等待一段时间，等不黏手再铺第二层。成型时反复刮挤，树脂含量越小越不易变形，树脂凝胶时间调整为 1 h 左右为宜，以便减少成型后的变形。

2）由于树脂固化收缩，易使布纹凸起，造成表面不平滑，因此，表层除用胶衣外，还可用 0.06～0.1 mm 厚的薄布、表面毡，甚至用纸或有机纤维布做表面，还可用普通树脂加入粉末填料来代替胶衣树脂，树脂都应饱和。用方格布时，含胶量控制在 50%～55%；用毡时含胶量控制在 70%～75%。最好逐层铺布，定量使用树脂。

3）紧贴胶衣的增强材料最好用 1～2 层短切纤维毡，要注意排除气泡，树脂也应饱和，这样有利于浸透和排除气泡。风管厚度如超过 7 mm，可分两次成型，等放热缓慢时再继续。

4）在糊制时，为防止固化时放热量过大，需中途停下而实行多次成型时，只有将前一次已固化的含蜡表面磨去才能继续。中途如果停顿，应尽量在固化之前继续糊制。

5）转角、法兰、孔等受力处，可增加布层，但布的尺寸要由小到大，尽量不在棱角处搭接，这些都要在成型前考虑到。每次铺层，不得同时铺两层以上的布。玻璃布之间的接缝应互相错开，一般搭缝宽度不小于 50 mm。

6）为了提高产品的刚度，有时在产品中埋入加强筋。加强筋应在铺层厚度达到 70% 以上时埋入，这样不致影响表层质量。埋入件无论是金属、木材，还是泡沫塑料，都要去油洗净；为防止位移，应稍加固定。

7）糊制时，用力沿布的经向和纬向顺一个方向赶气泡，或从中间向两头赶气泡，使布层贴紧，含胶量均匀。

8）遇到直角、锐角等尖角面又不能改变原设计时，可填充玻璃纤维加树脂。在垂直面上糊制时，为防止或减少流胶，可在树脂上加适量触变剂。对拐角处的圆角半径 R 的限制是：内侧大于 5 mm，外侧大于 2 mm。若圆角半径太小，由于玻璃纤维的回弹，易在拐角处产生气泡。

9）糊制时，可打开窗户自然通风，也可用电扇通风。

10）糊制完毕，要使落成面也带上胶衣。可以先将刚糊完尚未凝胶的落成面进行修整，使之平整无毛刺，在凝胶开始时的放热期间随即涂刷加有蜡液的胶衣树脂，或用加有触变剂的普通树脂。若胶衣是有色的，则可在紧贴胶衣层的一层布中用和胶衣或树脂层相同颜色的树脂，这样可保证有机玻璃钢风管两面带胶衣或树脂，使之两面光滑。糊制完毕，工具要清洗干净。例如，用过的毛刷浸在油漆稀释剂或丙酮中仍会变硬，无法再用，因此，必须将树脂洗去，干燥后备用。

（2）有机玻璃钢风管的安装。有机玻璃钢风管的安装应参照硬聚氯乙烯塑料风管的安装。对于采用套管连接的风管，其套管厚度不能小于风管的壁厚。

3. 无机玻璃钢风管的制作与安装

无机玻璃钢风管是指主要用氯氧镁水泥添加氯化镁胶结料等，用玻璃纤维布作为增强材料而制得的复合材料风管。

（1）无机玻璃钢风管的制作。无机玻璃钢风管的制作多采用手糊成型的方法，其具体制作方法可参照有机玻璃钢风管。区别是用氯化镁、氯氧镁等代替有机玻璃钢的树脂胶粘剂。

无机玻璃钢风管根据使用的对象不同可分为非保温单层风管和双层保温风管两种，双层保温风管即在其中间设有厚度为 20 mm 的自熄型的聚苯乙烯泡沫塑料板。无机玻璃钢风管除外形尺寸偏差和风管的壁厚及玻璃纤维布的厚度、层数必须达到要求外，风管和配件不得扭曲，内表面应平整光滑，外表面应整齐美观，厚度要均匀，边缘无毛刺，不得有返卤、严重泛霜和气泡分层现象。

（2）无机玻璃钢风管的安装。无机玻璃钢风管的安装方法与金属风管的安装方法基本相同。无机玻璃钢风管由于自身的特点，在安装过程中应注意下列问题：

1) 无机玻璃钢风管在吊装或运输过程中，应特别注意不能强烈碰撞，风管不能在露天堆放，避免雨淋日晒。风管如发生损坏或变形，不易修复，必须重新加工制作，可能会造成不应有的损失。

2) 与薄钢板风管相比，无机玻璃钢风管的自身重量大得多，在选用支架、吊架时，不能套用现行的标准，应根据风管的重量等因素详细计算确定型钢的尺寸。

3) 对进入安装现场的风管应认真检验，防止不合格的风管进入施工现场。风管各部位的尺寸必须达到要求的数值，否则组装后易造成过大的偏差。

4) 在吊装时，不能损伤风管的本体，不能采用钢线绳捆绑，可用棕绳或专用托架吊装。

无机玻璃钢风管不仅具有良好的防火、不燃烧性能（其氧指数达到99%），而且具有耐腐蚀、防潮，保温性好以及漏风量低等优点。其缺点是较脆，易损坏，比较笨重，应变能力差。与其他材质的风管相比，无机玻璃钢风管的安装较为困难。

7.2.3 管道防腐

1. 通风空调工程中管道防腐常用的涂料性能及用途

通风空调工程中管道防腐常用的涂料性能及用途见表7.4。

表7.4 通风空调工程中管道防腐常用的涂料性能及用途

型号	涂料名称	涂料性能及用途
Y53-1	红丹油性防锈漆	防锈性、涂刷性均好，但干燥较慢，漆膜较软，用于室内外金属表面防锈打底
Y53-2	铁红油性防锈漆	防锈性较好，附着力好，用于室内外要求不高的金属表面防锈打底
X06-1	乙烯磷化底漆	作为有色及黑色金属底层的防锈涂料，可增加有机涂层和金属表面的附着力，用于金属管道和器材表面
H06-2	铁红、铁黑、锌黄环氧酯底漆	漆膜坚硬耐久，附着力良好；铁红、铁黑环氧酯底漆用于黑色金属材料打底，锌黄环氧酯底漆用于有色金属表面打底
F53-1	红丹酚醛防锈漆	防锈好、干燥快、附着力好，多用于室外物体，耐水性较油性及醇酸防锈漆好，多用于室外物体，但不能作为面漆，也不能用于轻金属表面
F53-4	锌黄酚醛防锈漆	锌黄能使金属表面钝化，故有良好的保护性与防锈性，适用于铝及其他轻金属物体的表面涂装，做防锈打底用
F53-38	铝铁酚醛防锈漆	漆膜坚韧，附着力强，能受高温烘烧（如装配切割等），不会产生有毒气体，施工方便，做防锈底漆打底涂层或金属结构防锈用
Y03-1	各色油性调和漆	耐候性较好，但干燥时间较长，漆膜较软，用于室内外一般金属、木质物件及建筑物表面的涂刷，做保护和装饰用
C53-1	红丹醇酸防锈漆	具有良好的防锈性能，漆膜坚韧，用于桥梁、铁塔、车辆、大型钢铁设备构件等黑色金属表面打底防锈。此底漆干燥后应及时涂面漆，可自干
C53-3	锌黄醇酸防锈漆	有一定的防锈性，适用于铝金属及其他轻金属等表面做防锈打底涂层，可自干
C06-1	铁红醇酸底漆	有良好的附着力和防锈能力，可在涂硝基、醇酸、氨基、过氯乙烯等面漆前作为防锈底漆
C06-12	铁黑、锌黄醇酸底漆	对金属有较好的附着力，锌黄醇酸底漆适用于镁及铝合金等轻金属物体表面打底防锈。铁黑醇酸底漆用在黑色金属表面
C04-2	各色醇酸磁漆	具有较好的光泽和机械强度，能常温干燥，适合涂装金属表面，木材表面也可使用。配套要求：先涂 C06-1 铁红醇酸底漆 1~2 遍，以 C07-5 醇酸腻子补平，再涂 C06-10 醇酸底漆两遍，最后涂本漆

型号	涂料名称	涂料性能及用途
H52-3	各色环氧防腐漆	有一定的耐腐蚀和黏合能力,用于涂刷要求耐腐蚀的金属、混凝土、储槽等表面或用于黏合陶瓷、耐酸砖
L50-1	沥青耐酸漆	具有耐一定硫酸腐蚀的性能,并具有良好的附着力,用于需要防止酸侵蚀的金属、木材表面
G52-1	各色过氯乙烯防腐漆	具有优良的耐腐蚀性、防潮性、耐酸、耐碱、防霉,附着力较差;低温(60 ℃~65 ℃)烘烤1~3 h,可增强附着力
G52-2	过氯乙烯防腐清漆	干燥快,具有优良的耐化学腐蚀性能,耐无机酸、碱、盐类及煤油,单独使用时附着力差,要求配套使用。配套要求:喷1~2遍G06-4锌黄、铁红过氯乙烯底漆,再喷2~3遍G52-1,最后喷3~4遍本漆
H61-1	环氧有机硅耐热漆	有较好的耐水性、耐汽油性及耐温变性,特别是耐热性和耐化学腐蚀性很好。能常温干燥,供铝及镁合金等轻金属防腐使用

2. 防腐层结构常用材料

(1)冷底子油。冷底子油由石油沥青和溶剂调配而成,其在管道工程中作为防锈涂料,防止金属被锈蚀。配制冷底子油时,先将沥青加热至170 ℃~200 ℃,然后缓慢加入溶剂,调匀即可。在加溶剂时应特别注意防火,以保证人身及周围机械设备和建筑物等的安全。

(2)石油沥青玛琋脂(沥青胶)。根据用途不同,石油沥青玛琋脂分为热用石油沥青玛琋脂和冷用石油沥青玛琋脂。

1)热用石油沥青玛琋脂。热用石油沥青玛琋脂由石油沥青加热熔化后加入填充料配制而成,必须在熔化状态下使用。其除用于防腐外,在绝热中可用作防潮层和绝热层的胶粘剂。热用石油沥青玛琋脂的配合比与耐热度、石油沥青号数等有关,见表7.5。

表7.5 热用石油沥青玛琋脂的配合比

耐热度/℃	石油沥青		填充料			
	30号	60号	六级石棉	泥炭渣或木粉	混合石棉	石灰石、白云石粉
65		85 87 70 55	15	13	30	45
75	90 87 80 70	82 78 65	13	18 10	35 20	30
85	85 82 65 45		18	15	35	55
90	78 82 60		22	18	40	

熬制热用石油沥青玛琋脂时,当温度升至160 ℃~180 ℃后,可逐渐加入填料,搅拌均匀后

去除水分便可使用。

2)冷用石油沥青玛琋脂。冷用石油沥青玛琋脂由石油沥青加溶剂(如轻柴油等)及填料制成,可在常温时不加热使用(在气温 5 ℃以下使用时需加热),常用于粘贴绝热材料(如聚苯乙烯泡沫塑料)。

冷用石油沥青玛琋脂的配合比(质量)为 10 号石油沥青∶轻柴油∶油酸∶熟石灰粉∶石棉绒＝50∶(25~27)∶1∶(14~15)∶(7~10)。

3. 防腐施工工艺

管道在刷油前,应先将表面的铁锈、污物、毛刺和内部的砂粒、铁屑等除净。暗设不保温管道、管件、支架,除锈后刷樟丹两遍;明设不保温管道、管件、支架,除锈后刷樟丹一遍、银粉两遍;保温管道除锈后刷樟丹两遍,再做保温处理。

(1)表面清理。对未刷过底漆的管道,应先做表面清理。

金属管道表面常有泥灰、浮锈、氧化物、油脂等杂物,影响防腐层同金属表面的结合,因此在刷油前必须去掉这些污物。除采用 7108 稳化型带锈底漆时允许有 80 μm 以下的锈层外,一般要求露出金属本色。

表面清理一般包括除油、除锈。

1)除油。管道表面粘有较多的油污时,可先用汽油或浓度为 5%的热氢氧化钠溶液洗刷,然后用清水冲洗,干燥后再进行除锈。

2)除锈。除锈有喷砂、酸洗等方法。

(2)涂漆。涂漆一般采用刷漆、喷漆、浸漆、浇漆等方法。管道工程大多采用刷漆和喷漆方法,人工涂漆要求涂刷均匀,用力往复涂刷,不应有"花脸"和局部堆积现象。机械喷涂时,漆流要与喷漆面垂直。喷嘴与喷漆面距离为 400 mm 左右,喷嘴的移动应当均匀平稳,速度为 10~18 m/min,压缩空气压力为 0.2~0.4 MPa。涂漆时的环境温度不得低于 5 ℃,否则应采取适当的防冻措施,遇雨、雾、露、霜及大风天气时,不宜在室外进行涂漆施工。涂漆的结构和层数按设计规定,涂漆层数在两层或两层以上时,要待前一层干燥后再涂下一层,每层厚度应均匀。

有些管道在出厂时已按设计要求做过防腐处理,当安装施工完成并试压后,要对连接部位进行补涂,防止遗漏。

(3)管道着色。管道涂漆除了为了防腐外,还有装饰和辨认作用,特别是在厂区和车间内,各类工业管道很多,为了便于操作者管理和辨认,可在输送不同介质的管道表面或保温层表面涂上不同颜色的油漆和色环。

管道支架涂漆除图纸有标注外,一律用灰色。各行业对管道本身着色的规定大同小异,机械工业系统一般按表 7.6、表 7.7 的规定进行。设计有特殊要求时,可按图纸施工。

表 7.6 常用管道面漆和色环的颜色

序号	管道名称 (按输送介质划分)	油漆颜色		序号	管道名称 (按输送介质划分)	油漆颜色	
		基本色	色环			基本色	色环
1	饱和蒸汽管	红	—	7	生活饮水管	绿	—
2	过热蒸汽管	红	黄	8	热力网供水管	绿	黄
3	废弃管	红	绿	9	热力网回水管	绿	褐
4	工业用水管	黑	—	10	凝结水管	绿	红
5	工业用水与消防用水合用管	黑	橙黄	11	消防用水管	绿	红蓝
6	雨水管	黑	绿	12	煤气管	黄	

序号	管道名称 （按输送介质划分）	油漆颜色		序号	管道名称 （按输送介质划分）	油漆颜色	
		基本色	色环			基本色	色环
13	天然气管	黄	黑	17	氧气管	深蓝	—
14	液化石油管	黄	绿	18	乙炔管	白	—
15	燃料油管	褐	—	19	氢气管	白	红
16	压缩空气管	浅蓝	—	20	氨气管	棕	—

表 7.7　色环的宽度和间距

管道保温层外径/mm	色环的宽度/mm	色环的间距/m
<150	50	1.2～2.0
150～300	70	2.0～2.5
>300	100	2.5～3.0

管道上还要用箭头标出介质流动的方向。介质有两个流动方向的可能性时，应标出两个箭头，箭头一般为白色或黄色。

7.2.4　管道保温

1. 绝热材料

（1）绝热材料的种类。

1）绝热材料按所含元素不同可分为无机绝热材料和有机绝热材料两大类。

①无机绝热材料。采暖管道及管件绝热用的材料多为无机绝热材料，此类材料具有不腐烂、不燃烧、耐高温等特点，如水泥珍珠岩、泡沫混凝土、玻璃纤维、矿渣棉、岩棉、聚氨酯等。

②有机绝热材料。低温保冷工程多用有机绝热材料，此类材料堆积密度小、热导率小、原料来源广；但不耐高温、吸湿时易腐烂，如软木、聚苯乙烯泡沫塑料、聚氨基甲酸酯、聚氨酯泡沫塑料、毛毡等。

2）绝热材料按使用温度限度不同可分为高温用、中温用和低温用绝热材料 3 种。高温用绝热材料用于温度在 700 ℃ 以上的环境中；中温用绝热材料用于温度为 100 ℃～700 ℃ 的环境中；低温用绝热材料用于温度在 100 ℃ 以下的保冷工程中。

3）绝热材料按形状不同可分为松散粉末状、纤维状、粒状、瓦状和砖状等。

4）绝热材料按施工方法不同可分为湿抹式绝热材料、填充式绝热材料、绑扎式绝热材料、包裹及缩绕式绝热材料和浇灌式绝热材料。

常用的保温绝热材料有膨胀珍珠岩及其制品、玻璃棉及其制品、岩棉制品、微孔硅酸钙、硅酸铝纤维制品、泡沫塑料、泡沫石棉等。其性能见表 7.8。

表 7.8　常用保温绝热材料的性能

名称	密度 ρ/(kg·m^{-3})	热导率 K/[W·(m·K)$^{-1}$]	适用温度 t/℃	特点
膨胀珍珠岩	81～30	0.025～0.053	−196～+1 200	粉状，重量小，适用范围广
沥青玻璃棉毡	120～140	0.036～0.04	−20～+250	适用于油罐及设备保温
沥青矿渣棉毡	120～150	0.035～0.045	+250	适用于温度较高、强度较低环境
膨胀蛭石	80～280	0.045～0.06	−20～+1 000	填充性保温材料

名称	密度 $\rho/(kg \cdot m^{-3})$	热导率 $K/[W \cdot (m \cdot K)^{-1}]$	适用温度 $t/℃$	特点
聚苯乙烯泡沫塑料	16～220	0.013～0.038	−80～+70	适用于 $DN15～DN400$ 管道
聚氯乙烯泡沫塑料	33～220	0.037～0.04	−60～+80	适用于 $DN15～DN400$ 管道
软木管壳	150～300	0.039～0.07	−40～+60	适用于 $DN50～DN200$ 管道
酚醛玻璃棉毡	120～140	0.03～0.04	−20～+250	适用于 $DN15～DN600$ 管道

(2)绝热材料的要求。

1)热导率小。绝热材料的热导率越小,绝热效果越好。

2)密度小。多孔性的绝热材料的密度小,选用密度小的绝热材料,对于架空敷设的管道,可以减小支撑构架的荷载,节约工程费用,一般绝热材料的密度应低于 600 kg/m³。

3)具有一定的机械强度。绝热材料的抗压强度应不小于 0.3 MPa,以保证绝热材料及制品在本身自重及外力作用下不产生变形或破坏。

4)吸水率小。吸水后绝热结构中各气孔内的空气被水排挤出去,由于水的热导率比空气的热导率大得多,绝热材料的绝热性能变差。

5)不易燃烧且耐高温。绝热材料在高温作用下不应着火燃烧。对过热蒸汽管道选用耐高温的绝热材料。

6)具有一定的耐腐蚀性能,能抵抗自然环境的侵蚀。

7)便于施工和价格低。为便于施工和降低工程造价,应尽可能就地、就近取材,以减少运输费用和损耗。

2. 绝热结构的构造

绝热结构由防锈层、绝热层、防潮层、保护层及识别标志层组成。

(1)防锈层。管道或设备在进行绝热之前,必须在其表面涂刷防锈漆,可直接涂刷在清洁干燥的管道或设备的外表面,一般涂刷 1～2 遍。

(2)绝热层。绝热层在防锈层的外面,是绝热结构的主体部分,其作用是减少管道或设备的热量损失,起保温和保冷作用。

(3)防潮层。防潮层用于防止水蒸气或雨水渗入绝热材料。对输送冷介质的保冷管道应在绝热层外面设置防潮层,防潮层所用的材料有沥青及沥青毛毡、玻璃丝布、聚乙烯薄膜铝箔等。

(4)保护层。保护层设在绝热层或防潮层外面,主要是保护绝热层或防潮层不受机械损伤,常用的材料有石棉石膏、石棉水泥、金属薄板及玻璃丝布等。

(5)识别标志层。绝热结构的最外面常采用不同颜色的油漆涂刷,用于识别管道内流动介质的种类。

管道绝热除了可以减少介质温降和温升,节约能源,保证正常生产外,还有以下作用:

(1)防止冬季冻坏管道和阀门,特别是当管道间断性工作时,管道保温更为重要。

(2)防止高温管道和阀门附件烫伤操作人员。

(3)防止空气中的水蒸气凝结在管道上。

(4)由于管道外有了绝热层,可保持管外壁干燥,减弱腐蚀作用。

3. 绝热工程施工

绝热工程有以下几种施工方法:

(1)管道涂抹式保温。在不定型保温材料(如膨胀珍珠岩、膨胀蛭石、石棉、白云石粉、石棉纤维、硅藻土熟料等)中加入胶粘剂(如水泥、水玻璃、耐火黏土等),或再加入促凝剂(氟硅酸钠或霞石氨基比林),选定一种配料比例,加水搅拌均匀,使之成为塑性泥团,徒手或用工具涂抹到保温管道和设备上的施工方法称为管道涂抹式保温。管道涂抹式保温结构如图 7.7 所示。

（2）管道缠包式保温。管道缠包式保温结构如图 7.8 所示。管道缠包式保温是将保温材料制成绳状或带状，直接缠绕在管道上的保温方法。采用这种方法使用的保温材料有矿渣棉毡、玻璃棉毡、稻草绳、石棉绳或石棉带等。

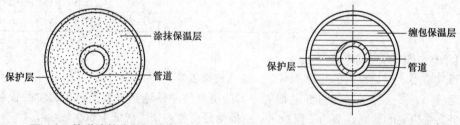

图 7.7　管道涂抹式保温结构　　　　图 7.8　管道缠包式保温结构

（3）管道预制装配式保温。管道预制装配式保温结构如图 7.9 所示，一般当管径不大于 $DN80$ mm 时，采用半圆形管壳；当管径不小于 $DN100$ mm 时，则采用扇形瓦（弧形瓦）或梯形瓦。预制品所用的材料主要有泡沫湿凝土、石棉、硅藻土、矿渣棉、玻璃棉、岩棉、膨胀珍珠岩、膨胀蛭石、硅酸钙等。

（4）管道填充式保温。当保温材料为散料时，对于可拆配件的保温可采用填充式保温。管道填充式保温结构如图 7.10 所示。

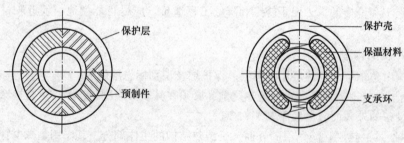

图 7.9　管道预制装配式保温结构　　　图 7.10　管道填充式保温结构

施工时，在管壁固定好用圆钢制成的支承环，环的厚度和保温层厚度相同，然后用镀锌薄钢板、铝皮或镀锌钢丝网包在支承环的外面，再填充保温材料。也可采用多孔材料预制成的硬质弧形块作为支撑结构，其间距约为 900 mm。平织镀锌钢丝网按管道保温外周尺寸裁剪下料，并经卷圆机加工成圆形，才可包覆在支撑圆周上，并进行矿渣棉填充。

填充式保温结构宜采用金属保护壳。

采用填充式保温结构，施工麻烦，保温材料易飞扬，影响人体健康；加之填充的保温结构密度不易达到设计规定的装填密度，而且均匀密实程度也有差别，故较少采用。

（5）管道喷涂式保温。管道喷涂式保温主要用于现场发泡的聚氨酯硬质泡沫塑料，优点是无须进行材料的搅拌和运输，降低材料消耗，且保温结构整体性好，可减少热损失。

喷涂式保温结构是现代射流技术在绝热工程上的应用，现主要采用干式喷涂法，干式喷涂法是一种适用于无机材料（如膨胀珍珠岩、膨胀蛭石和粒状矿渣棉等）和有机材料（各种聚氨酯泡沫塑料、聚异氰脲酸酯泡沫塑料等）的优质、高效、先进的施工方法。其施工工艺流程为：所有保温材料、胶粘剂或水均匀地沿各自的输送管路被送至喷枪，在喷嘴处干料与液体进行膛内混合或膛外混合，形成正压射流，喷向保温管道的管壁。

4. 管道附件的绝热

管道附件主要有阀门、法兰、三通、弯管和支吊架等。当这些附件需要绝热时，需要考虑到绝热结构应容易拆卸及修复，可根据具体情况而定。

（1）阀门绝热。阀门绝热如图 7.11 所示。

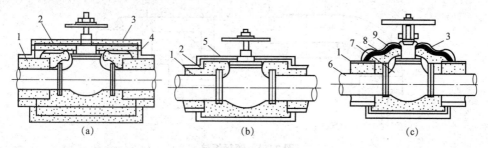

图 7.11　阀门绝热

（a）预制管壳绝热；（b）薄钢板壳绝热；（c）棉毡包扎绝热

1—管道绝热层；2—绝缘材料；3—保护层；4—镀锌钢丝；5—薄钢板壳；

6—管道；7—阀门；8—绝热棉毡；9—镀锌钢丝网

（2）法兰绝热。法兰绝热如图 7.12 所示。

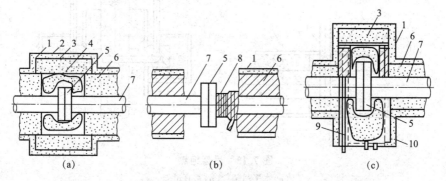

图 7.12　法兰绝热

（a）预制管壳绝热；（b）缠绕式绝热；（c）包扎式绝热

1—保护层；2—镀锌钢丝；3—散装绝热材料；4—法兰绝热层；5—法兰；

6—管道绝热层；7—管道；8—石棉绳；9—钢带；10—石棉布

（3）三通绝热。三通绝热如图 7.13 所示。

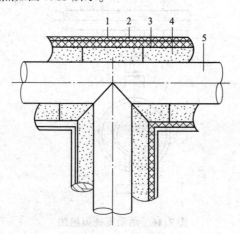

图 7.13　三通绝热

1—保护层；2—镀锌钢丝网；3—镀锌钢丝；4—绝热层；5—管道

（4）弯管绝热。弯管绝热如图 7.14 所示。

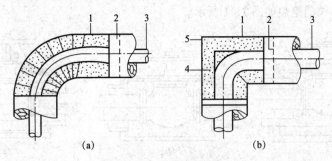

图 7.14　弯管绝热

（a）管径小于 80 mm；（b）管径小于 100 mm

1—预制管壳；2—镀锌钢丝；3—管道；4—绝热材料；5—薄钢板

（5）吊架绝热。吊架绝热如图 7.15 所示。

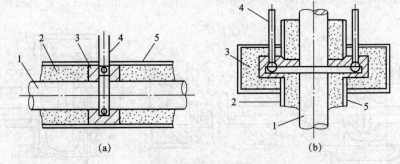

图 7.15　吊架绝热

（a）水平吊架；（b）垂直吊架

1—管道；2，5—绝热层；3—吊架处填充的散状绝热材料；4—吊架

（6）活动支托架绝热。活动支托架绝热如图 7.16 所示。

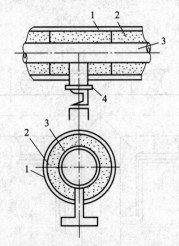

图 7.16　活动支托架绝热

1—保护层；2—绝热层；3—管道；4—支架

7.3 通风空调系统设备安装

通风空调系统安装分为风机、除尘器安装，空气过滤器安装，风机盘管机组及诱导器安装，装配式洁净室安装，通风阀部件及消声器制作安装等。

7.3.1 风机、除尘器安装

1. 风机安装

（1）在墙上安装轴流式通风机。在墙上安装轴流式通风机如图 7.17 所示，支架的位置和标高应符合设计图纸的要求。支架应用水平尺找平，支架的螺栓孔要与通风机底座的螺栓孔一致，底座下应垫 3～5 mm 厚的橡胶板，以避免刚性接触。

（2）在墙洞内或风管内安装轴流式通风机。墙的厚度应为 240 mm 或 240 mm 以上。土建施工时应及时配合留好孔洞，并预埋好挡板的固定件和轴流式通风机支座的预埋件，在墙洞内安装轴流式通风机如图 7.18 所示。

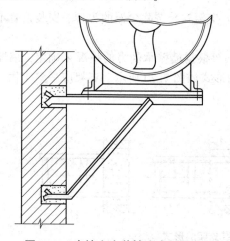

图 7.17 在墙上安装轴流式通风机

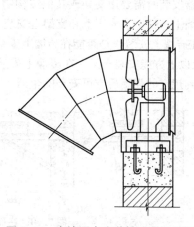

图 7.18 在墙洞内安装轴流式通风机

（3）在钢窗上安装轴流式通风机。首先在厚度为 2 mm 的钢板上打好与通风机框架上相同的螺栓孔，并开好与通风机直径相同的孔洞，然后将钢板安装在钢窗上，在钢板的孔洞内安装通风机，如图 7.19 所示。孔洞外装铝质活络百叶格，通风机关闭时，叶片向下挡住室外气流进入室内；通风机开启时，叶片被通风机吹起，排出气流。有遮光要求时，可在孔洞内安装带有遮光百叶的排风口。

组装大型轴流式通风机时，叶轮与机壳的间隙应均匀分布，并符合设备技术文件的要求。叶轮与进风外壳间隙的允许偏差见表 7.9。

表 7.9 叶轮与进风外壳间隙的允许偏差 单位：mm

叶轮直径	≤600	600 ~1 200	1 200 ~2 000	2 000 ~3 000	3 000 ~5 000	5 000 ~8 000	>8 000
对应两侧半径间隙之差的最大值	0.5	1	1.5	2	3.5	5	6.5

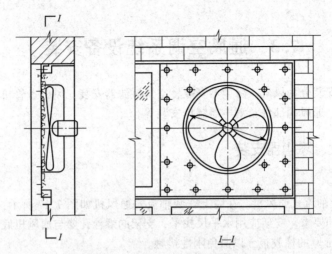

图 7.19　在钢窗上安装轴流式通风机

2. 除尘器安装

除尘器安装时需要用支架或其他结构物来固定。支架安装按除尘器的类型、安装位置不同可分为在墙上、柱上、支座上和支架上安装 4 类。

(1)在砖墙上安装。是否能在砖墙上安装支架一般根据墙壁承受力的情况来确定,墙厚在240 mm 及以上方能安装支架。在砖墙上安装支架的形式如图 7.20 所示。支架应平整牢固,待混凝土达到规定的强度后方可安装除尘器。

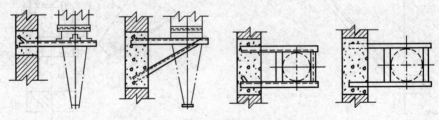

图 7.20　在砖墙上安装支架的形式

(2)在混凝土柱及钢柱上安装。一般用抱箍或长螺栓将型钢紧固在柱上,如图 7.21 所示。在钢柱上固定,应按设计要求采用焊接或螺栓连接。

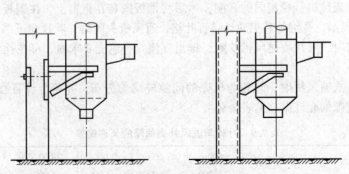

图 7.21　在柱上安装支架

(3)在砖支座上安装。在建筑结构如平台、楼板等处(包括除尘室)安装支架,均应在除尘器固定部位设置预埋件。预埋件上的螺栓孔位置和直径应与除尘器一致，并在预埋前加工好，砖砌结构支座及除灰门等的缝隙应严密。在混凝土楼板上安装支架，如图7.22所示。

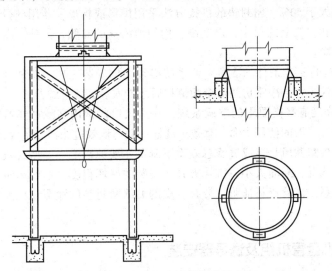

图7.22 在混凝土楼板上安装支架

(4)在支架上安装。这类支架一般用于安装在室外的除尘器，支架的设置应便于泄水、泄灰和清理杂物。支架的底脚下面常设有砖砌或混凝土浇筑的基础，支架应用地脚螺栓固定在基础上。中、小型除尘器可整体安装，大型除尘器可分段组装。

7.3.2 空气过滤器安装

空气过滤器分为粗效过滤器、中效过滤器和高效过滤器3种。

1. 粗效过滤器安装

粗效过滤器按使用滤料的不同可分为金属网格浸油过滤器和自动浸油过滤器等。其安装时应考虑便于拆卸和更换滤料，并使过滤器与框架、框架与空调器之间保持严密。

金属网格浸油过滤器用于一般通风空调系统，常采用LWP型过滤器。

自动浸油过滤器只用于一般通风空调系统，不能在空气洁净系统中采用，以防止将油雾或灰尘带入系统中。

2. 中效过滤器安装

中效过滤器的安装方法与粗效过滤器相同，一般安装在空调器内或特制的过滤器箱内。中效过滤器安装时应严密，并便于拆卸和更换。

3. 高效过滤器安装

高效过滤器是用超细玻璃棉纤维纸或超细石棉纤维纸过滤粗效过滤器、中效过滤器不能过滤的或者含量最多为1 μm以下的亚微米级微粒，以达到洁净室、房间的洁净要求。为保证过滤器的过滤效率和洁净系统的洁净效果，高效过滤器安装必须符合下列规定：

(1)按出厂标志竖向搬运和存放，防止剧烈振动和碰撞。

(2)安装前必须检查过滤器的质量，确认无损坏后才能安装。

(3)安装时若发现安装用的过滤器框架尺寸不对或不平整，为了保证连接严密，只能修改框架使其符合安装要求。不得修改过滤器，更不能因为框架不平整而强行连接，否则会使过滤器的木框损裂。

(4)过滤器的框架之间必须做密封处理,一般采用闭孔海绵橡胶板或氯丁橡胶板密封垫,也有的不用密封垫,而用硅橡胶涂抹密封。密封垫料厚度为6~8 mm,定位粘贴在过滤器边柜上,安装后的压缩率应大于50%。密封垫的拼接方法采用榫形或梯形。若用硅橡胶涂抹密封,涂抹前应先清除过滤器和框架上的粉尘,再饱满、均匀地涂抹硅橡胶。另外,高效过滤器的保护网在安装前应擦拭干净。

(5)高效过滤器的安装条件。洁净空调系统必须全部安装完毕,调试合格,并运转一段时间,吹净系统内的浮尘。洁净室房间需全面清扫后才能安装高效过滤器。

(6)对空气洁净度有严格要求的空调系统,在送风口前常用高效过滤器来消除空气中的微尘,为了延长高效过滤器的使用寿命,高效过滤器一般与低效过滤器和中效过滤器串联使用。

高效过滤器密封垫漏风是造成过滤总效率下降的主要原因之一。密封效果的好坏与密封垫材料的种类、表面状况、断面大小、拼接方式、安装的好坏程度、框架端面加工精度和表面粗糙度等都有密切关系。试验资料证明,带有表皮的海绵密封垫的泄漏量比无表皮的海绵密封垫的泄漏量大很多。

7.3.3 风机盘管机组及诱导器安装

1. 风机盘管机组安装

风机盘管机组由箱体、出风格栅、吸声材料、循环风口及过滤器、前向多翼离心风机或轴流式通风机、冷却加热两用换热盘管、单相电容调速低噪声电机、控制器和凝水盘等组成。

风机盘管机组一般分为立式和卧式两种形式,可按要求在地面上立式或悬吊安装。同时根据室内装修的需要采用明装或暗装,通过自耦变压器调节电机输入电压,以改变风机转速,变换成高、中、低三挡风量。

风机盘管机组安装时,应符合下列规定:

(1)在风机盘管机组安装前,应检查每台电动机壳体及表面交换器有无损伤、锈蚀等缺陷。

(2)对风机盘管机组和诱导器应逐台进行通电试验检查,机械部分不得有摩擦,电气部分不得漏电。

(3)应逐台进行水压试验,试验强度应为工作压力的1.5倍,定压后观察2~3 min,应不渗不漏。

(4)卧式吊装风机盘管机组,吊架安装应平整牢固,位置正确。吊杆不应自由摆动,吊杆与托盘相连处应用双螺母紧固,找平、找正。

(5)暗装卧式风机盘管机组应由支架、吊架固定,并使其便于拆卸和维修。

(6)水管与风机盘管机组连接宜采用软管,接管应平直,严禁渗漏,目前应用较多的是金属软管和非金属软管。非金属软管中的橡胶软管只能用于管压较低并且是单冷工况的场合。紧固螺栓时,应注意不要用力过大,同时要用双套工具两人对称用力,以防损坏设备。凝结水管宜选用透明塑料管,并用卡子卡住设备凝水盘一端,另一端应插入 DN20 的凝水支管,进入量应大于 50 mm;还要找好坡度,使凝结水能畅通地流到指定位置,凝水盘应无积水现象。或者设置紫铜管接头,以免接管时损坏盘管,同时也便于维修。

(7)风机盘管机组与风管、回风室及风口连接处应严密。

(8)排水坡度应正确,凝结水应畅通地流到指定位置。

(9)风机盘管机组同冷热媒管道应在管道清洗排污后连接,以免堵塞热交换器。

2. 诱导器安装

(1)诱导器安装前必须逐台检查质量,检查项目如下:

1)各连接部分不能出现松动、变形和破裂等情况;喷嘴不能脱落堵塞。

2)静压箱封头处，缝隙密封材料不能有裂痕和脱落，一次风机调节阀必须灵活可靠，并调到全开位置。

(2)按设计要求的型号就位安装，并注意喷嘴型号。

(3)诱导器与一次风管连接处要密闭，防止漏风。

(4)暗装卧式诱导器应由支架、吊架固定，便于拆卸和维修。

(5)诱导器水管接头方向和回风面朝向应符合设计要求。对立式双面回风诱导器，应在靠墙一面留50 mm以上的空间，以便于回风。对卧式双面回风诱导器，要保证靠楼板一面留有足够的空间。

(6)诱导器的出风口或回风口的百叶格栅有效通风面积不能小于80%。凝水盘要有足够的排水坡度，以保证排水畅通。

(7)冷热媒水管与风机盘管、诱导器连接宜采用钢管或紫铜管，接管应平直。紧固时应用扳手卡住六方接头，以防损坏铜管。凝结水管宜软管连接，软管长度应不大于300 mm，材质宜用透明胶管，并用喉箍紧固，严禁渗漏。凝结水管的坡度应正确，凝结水应能畅通地流到指定位置。凝水盘应无积水现象。

7.3.4　装配式洁净室安装

1. 安装规定

(1)洁净室的顶板和壁板(包括夹芯材料)应为不燃材料。

(2)洁净室的地面应干燥、平整，平整度允许偏差为1/1 000。

(3)壁板的构配件和辅助材料的开箱应在清洁的室内进行，安装前应严格检查其规格和质量。壁板应垂直安装，底部宜采用圆弧或钝角交接。安装后的壁板之间、壁板与顶板间的拼缝应平整严密，墙板允许的垂直偏差为2/1 000。顶板水平度的允许偏差与每个单间的几何尺寸的允许偏差均为2/1 000。

(4)洁净室吊顶在受荷载作用后应保持平直，压条应全部紧贴。洁净室壁板若为上、下槽形板，其接头应平整、严密。组装完毕的洁净室所有拼接缝，包括与建筑的接缝，均应采取密封措施，做到不脱落，密封良好。

2. 安装要点

(1)装配式洁净室安装应在装饰工程完成后的室内进行。室内空间必须清洁、无积尘，并在施工安装过程中对零部件和场地随时清扫、擦净。

(2)安装时，应首先进行吊挂、锚固件等与主体结构、楼面、地面的连接件的固定。

(3)壁板安装前必须严格放线，墙角应垂直交接，防止累积误差造成壁板倾斜扭曲，壁板的垂直度偏差不应大于0.2%。

(4)吊顶应从房间宽度方向起拱，使吊顶在受荷载后的使用过程中保持平整。吊顶周边应与墙体交接严密。

(5)需要粘贴面层的材料、嵌填密封胶的表面和沟槽，必须严格清扫和清洗，除去杂质和油污，确保粘贴密实，防止脱落和积灰。

(6)装配式洁净室的安装缝隙必须用密封胶密封。

7.3.5　通风阀部件及消声器制作安装

1. 通风阀部件制作安装

(1)阀门制作安装。阀门制作按照国家标准图集进行，并按照《通风与空调工程施工质量验收规范》(GB 50243—2016)的要求进行验收。阀门与管道间的连接方式与管道的连接方式一样，主要采用法兰连接。通风空调系统中常用的阀门有以下几种：

1)调节阀。调节阀包括对开多叶调节阀、蝶阀、防火调节阀、三通调节阀、插板阀等。插板阀安装时，网板必须为向上拉启；水平安装时，阀板还应顺气流方向插入。

2)防火阀。防火阀是通风空调系统中的安全装置，是用于防止火灾沿通风管道蔓延的阀门。制作防火阀时，阀体板厚度应不小于2 mm，防火分区隔墙两侧的防火阀距墙表面不应大于200 mm。防火间应设置单独的支架，以防风管在高温下变形而影响阀门的功能。防火阀易熔金属片应设置于迎风面一侧。另外，防火阀安装分为垂直安装和水平安装，并有左右之分，安装时应注意其方向。防火阀安装完毕后应做漏风试验。风管防火阀如图7.23所示。

3)单向阀。单向阀可防止风机停止运转后气流倒流。单向阀安装具有方向性。

4)圆形瓣式启动阀及旁通阀。圆形瓣式启动阀及旁通阀为离心式风机启动用阀。

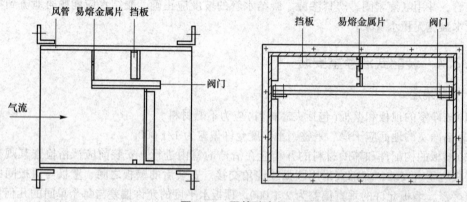

图7.23 风管防火阀

阀门安装完毕后应在阀体外标明阀门开启和关闭的方向。对保温风管，要在阀门处做明显标志。

(2)风口安装。在通风空调系统中，风口设置于系统末端，安装在墙上或顶棚上，与管道间用法兰连接。空调用风口多为成品，常用的风口有百叶风口、格栅风口、条式风口、散流器等。风口安装应保证具有一定的垂直度和水平度，风口表面应平整，调节灵活，净化系统风口与建筑结构接缝处应加设密封垫料或密封胶。

(3)软管接头安装。软管接头一般设置在风管与风机进出口连接处及空调器与送风、回风管道连接处，用于减小噪声在风管中的传递。在一般的通风空调系统中，软管接头用厚帆布制作。输送腐蚀性介质时，也可采用耐酸橡胶板或0.8~1.0 mm厚的聚氯乙烯塑料板制作，洁净系统多用人造革制作。柔性软管接头的长度一般为150~300 mm，用于法兰与风管和风机等处的连接。软管接头安装如图7.24所示。

软管接头不能用来代替变径管，并且其外部不宜采取保温措施。

当系统风管跨越建筑物沉降缝时，应设置软管接头，其长度可根据沉降缝的宽度适当加长100 mm及以下。

2. 消声器制作安装

消声器内部装有吸声材料，用于消除管道中的噪声。消声器常设置于风机进、出口风管上，以及产生噪声的其他空调设备位置。消声器可按国家标准图集现场加工制作，也可购买成品。常用的有管式消声器、片式消声器、微穿孔板式消声器、复合阻抗式消声器、折板式消声器及

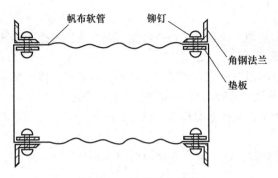

图 7.24　软管接头安装

消声弯头等。消声器一般单独设置支架，以便拆卸和更换。普通空调系统消声器可不采取保温措施，但对于恒温恒湿系统，要求较高时，消声器外壳应与风管一样采取保温措施。

7.4　通风空调系统调试

7.4.1　设备单机试运转

设备单机试运转包括风机试运转、水泵试运转和冷却塔试运转等。

1. 风机试运转

(1)风机经一次启动立即停止运转，检查叶轮与机壳有无摩擦和不正常的声响。

(2)风机的旋转方向应与机壳上箭头所示方向一致。

(3)风机启动后如发现机壳内有异物，应立即停机，并设法取出异物。

(4)风机启动时，应用钳形电流表测量电动机的启动电流，待风机正常运转后再测量电动机的运转电流。若电动机运转电流值超过电动机额定电流值，则应将总量调节阀逐渐关小，直到运转电流值回降到额定电流值为止。

(5)在风机正常运转的过程中，应用金属棒或长柄螺钉旋具仔细监听轴承内有无杂声，以判定风机轴承是否有损坏或润滑油中是否混入杂物。

(6)风机运转一段时间后，用表面温度计测量轴承温度，所测得的温度值不应超过设备说明书中的规定；当设计无规定值时，轴承温度可参照表7.10所列数值。风机经试运转检查一切正常后，再进行连续运转，持续运转时间不少于2 h。

表7.10　风机运转时轴承温度限值

轴承形式	滚动轴承	滑动轴承
轴承温度/℃	≤80	≤60

(7)轴承运转时的径向振幅(双向)应符合表7.11所列数值。

表7.11　轴承运转时的径向振幅(双向)限值

转速 /(r·min⁻¹)	≤375	375~500	550~750	750~1 000	1 000~1 450	1 450~3 000	>3000
振幅/mm	<0.78	<0.15	<0.12	<0.10	<0.08	<0.06	<0.04

2. 水泵试运转

(1)水泵经一次启动立即停止运转,检查叶轮与泵壳有无摩擦声和其他不正常现象,同时观察水泵的旋转方向是否正确。

(2)水泵启动时,应用钳形电流表测量电动机的启动电流,待水泵正常运转后,再测量电动机的运转电流,保证电动机的运转功率(或电流)不超过额定值。

(3)在水泵运转过程中,应用金属棒或长柄螺钉旋具仔细监听轴承内有无杂声,以判定轴承的运转状态。

(4)水泵连续运转2 h后,滚动轴承运转时的温度不应高于75 ℃;滑动轴承运转时的温度不应高于70 ℃。

(5)水泵运转时,其填料的温升应正常,在无特殊要求的情况下,普通软填料允许有少量的泄漏,但不应大于60 mL/h;机械密封时泄漏不应大于5 mL/h,即每分钟不超过两滴。

(6)水泵运转时的径向振幅应符合设备技术文件的规定。规定值可参照表7.12所列数值。

表7.12 水泵运转时的径向振幅限值

转速 /(r·min⁻¹)	≤375	375 ～600	600 ～750	750 ～1 000	1 000 ～1 500	1 500 ～3 000	3 000 ～6 000	6 000 ～1 200	>1 200
振幅/mm	<0.18	<0.15	<0.12	<0.10	<0.08	<0.06	<0.04	<0.03	<0.02

水泵运转经检查一切正常后,再进行2 h以上的连续运转。运转中如未再发现问题,水泵单机试运转即为合格。水泵试运转报告的填写内容与风机相同。水泵试运转结束后,应将水泵出入口阀门和附属管路系统的阀门关闭,将泵内积存的水排净,防止锈蚀或冻裂。

3. 冷却塔试运转

冷却塔试运转时,应检查风机的运转状态和冷却水循环系统的工作状态,并记录运转中的情况及有关数据,如无异常现象,连续运转时间应不少于2 h。

冷却塔试运转应检查以下项目:

(1)检查喷水量和吸水量是否平衡,以及补给水和集水池的水位等是否符合要求。

(2)测定风机的电动机启动电流和运转电流值。

(3)检查冷却塔产生振动和噪声的原因。

(4)测量轴承的温度。

(5)检查喷水的偏流状态。

(6)测定冷却塔出入口水的温度。

冷却塔在试运转过程中,管道内残留以及随空气带入的泥沙、尘土会沉积到集水池底部,因此试运转工作结束后,应清洗集水池。冷却塔试运转后如长期不使用,应将循环管路及集水池中的水全部放出,以防止冻坏设备。

7.4.2 通风空调设备试运转

1. 恒温恒湿机和柜式空调机试运转

恒温恒湿机和柜式空调机分为风冷式和水冷式两种。它们进行试运转的基本方法相同。下面以水冷式恒温恒湿机为例介绍试运转的程序和方法。

(1)压缩机电动机启动前,必须先将压缩机的排气阀及冷凝器进水阀打开。

(2)对压缩机的启动程序进行校验时,应先启动风机,然后再启动压缩机,使风机与压缩机互起联锁作用。

(3)装有电磁阀的制冷系统，若将温湿度调节仪表的湿度控制整定值调至小于所要求的湿球温度(湿球温度是指同等焓值空气状态下，空气中水蒸气达到饱和时的空气温度)，则加湿器系统应断路，而电磁阀应开启通路，制冷剂在制冷系统中进行制冷并进行除湿。如果整定的湿球温度大于要求数值，那么电磁阀应断路，而加湿器系统应开启。

(4)风机应按所示的箭头方向旋转，若反向旋转，则可将电动机的电源线换相。

(5)检查电加热器是否与风机联锁，确保风机启动后电加热器才能启动。检验温度调节器动作的正确性，达到调节温度的目的。

(6)检查加湿器系统是否与风机联锁，确保风机启动后加湿器系统才能启动。

(7)压缩机试运转时应注意的事项如下：

1)压缩机启动前必须先开启排气阀。排气阀的一端接有压力表和压力继电器，在逆时针方向旋转开启后，必须再顺时针方向旋转 1/2～1 转以开启压力表接管，开启程度以运转时压力表指针无剧烈跳动为准。

2)压缩机启动前，先开启冷凝器的冷却水进水阀门，冷却水量的调节应根据压缩机高压侧的高压确定。制冷剂为 R12 时，其压力值不应大于 1 MPa。

3)压缩机运转后，应防止冷却水突然断流或细流现象的出现。

4)压缩机运转时，要经常注意压缩机的高压压力、低压压力和油泵压力。制冷剂为 R12 时，在一般情况下，高压压力为 0.7～1.0 MPa，低压压力为 0.17～0.25 MPa，油泵压力应比低压压力高 0.1～0.3 MPa。

2. 除尘器试运转

(1)旋风除尘器试运转。旋风除尘器启动前应检查每个旋风子穿孔情况和以下各连接部位的气密性：

1)每个旋风子本体的连接部分。

2)除尘室和烟道、灰斗的连接处。

3)灰斗和出灰装置、输灰装置的连接处。

经检查，各连接部位气密性符合要求时，应关闭挡板，防止风机在过载的情况下启动。风机启动后慢慢开启挡板，直至风机的电动机运转电流值达到额定电流值。

(2)水浴式洗涤除尘器试运转。水浴式洗涤除尘器的除尘效率与其内部的水位高低有密切关系。

在启动前，应先调整除尘器内的水位。对于用水膜捕集灰尘的除尘器，应保证形成正常的水膜，然后通入含尘空气，投入运转。水浴式洗涤除尘器停止运行时，应先关闭给水阀，再切断风机电源，最后关闭排水阀。

(3)袋式除尘器试运转。袋式除尘器应根据设备技术文件的要求进行试运转。对于用于锅炉烟气除尘的场合，为了确保除尘器的正常运转，启动前应满足以下要求：

1)烟气冷却装置等配套部件动作可靠。

2)负荷运转前，为防止除尘器中的气体爆炸，应使除尘器中的一氧化碳、氧气的浓度低于爆炸极限，并使烟气温度低于爆炸极限温度。

3)烟气温度与压力损失的自动控制器及其他配套的仪表准确、动作无误。

(4)电除尘器试运转。电除尘器运转时应注意下列问题：

1)启动前，应将高压网络上绝缘子和绝缘管上的烟尘与水分擦拭干净，防止漏电。然后用 1 000 V 兆欧表测定高压网络上的绝缘电阻，其值应在 100 Ω 以上。

2)在振打装置处于休止状态时通入烟气，烟尘容易黏附在放电电极和沉降电极上，因此，振打装置应在通入烟气前投入自动运转。

3）为防止烟气中的凝聚物黏附在沉降电极和放电电极上，启动前应先通烟气或外加热进行充分的预热，待沉降电极与放电电极及除尘室内各部分干燥后，再通电进行电晕放电。

7.4.3 空气洁净设备试运转

1. 空气吹淋室试运转

空气吹淋室试运转前应进行下列检查：

（1）根据设备的技术文件和使用说明书，对规定的各种动作进行试验调整，使各项技术指标达到要求。风机启动，电加热器对吹入空气的加热、两门的互锁以及时间继电器的试验整定，应达到以下要求：

1）空气吹淋室在吹淋过程中，两门均打不开。

2）进入洁净室必须经过吹淋，由洁净室出来不要吹淋。

3）两门互锁，即一门打开时，另一门打不开，使洁净室与外面不直接接通。

（2）空气吹淋室一般采用球状缩口型喷嘴，它具有送风均匀、喷嘴转向可以调整的特点。为了保证吹淋效果，必须使喷嘴射出的气流（两侧沿切线方向）吹到被吹淋人员的全身。对喷嘴的吹淋角度一般应调整为顶部向下 20°，两侧水平相错 10°，向下 10°。喷嘴吹淋的角度和气流流型如图 7.25 所示。

图 7.25　喷嘴吹淋的角度和气流流型
（a）喷嘴吹淋的角度；（b）喷嘴吹淋的气流流型

2. 自净器试运转

自净器设置在非单向流洁净室的四角或气流涡流区，以减少灰尘滞留，也可作为操作点的临时净化装置。自净器试运转前，洁净室的洁净空调系统应正常运转，洁净室必须满足设计要求的洁净条件。

自净器运转前，要求对风机电动机的启动电流、运转电流进行测定，其参数应满足设备铭牌上的规定。

若空气洁净设备选用不当，则系统安装结束后，在试运转调试过程中可能会出现以下问题：

（1）风机电动机的运转电流达不到额定电流，只有额定电流的 60%～70%。

（2）系统的动压过小而静压过大，局部阻力过大。

（3）系统总风量过低。

▷ 总结回顾

1. 建筑通风空调系统的分类与组成；通风空调系统常用的材料。

2. 建筑通风空调系统管道的制作与安装；管道的防腐与保温。

3. 建筑通风空调系统设备的安装。

4. 建筑通风空调系统的调试。

 课后评价

一、填空题

1. 通风空调系统按不同的使用场合和生产工艺要求，大致可分为 _____、_____ 和_____。

2. 通风系统按其作用范围不同可分为_____、_____、_____ 等，按其工艺要求不同可分为_____、_____、_____。

3. 一般常用的金属型材有_____、_____、_____、_____等。

4. 金属风管制作的程序为 _____→_____→_____→_____→_____→_____→_____。

5. 材料不同，金属风管咬口加工的类型也有所不同，可分为_____、_____、_____ 和_____。

6. 金属风管的焊缝形式有_____、_____、_____和_____4种。

7. 圆形风管法兰的加工顺序是_____、_____、_____和_____。

8. 风管的连接长度应根据风管的_____、_____、_____和_____等依据施工方案确定。

9. 绝热材料按形状不同可分为_____、_____、_____和_____等。

二、简答题

1. 风管与套管搭接焊接时应注意哪些事项？

2. 管道绝热除了可以减少介质温降和温升、节约能源、保证正常生产外，还有哪些作用？

3. 简述装配式洁净室的安装要点。

4. 简述压缩机试运转时的注意事项。

任务 8　建筑通风空调工程识图

工作任务	建筑通风空调工程识图
教学模式	任务驱动
任务介绍	本任务主要以通风空调工程施工图为例，来讲解建筑暖通工程施工图的识读
学有所获	掌握建筑通风空调工程施工图的组成和识读

任务导入

阅读建筑通风空调工程施工图主要图纸之前，应先看设计说明和设备材料表，然后以系统图为线索深入阅读平面图、系统图和详图。

任务分解

建筑通风空调工程施工图的识读主要包括平面图、系统图及详图的识读。

任务实施

8.1　建筑通风空调工程施工图的组成

通风空调工程施工图是设计意图的体现，是进行工程施工的依据，也是编制施工预算的重要依据。

通风空调工程施工图由设计说明、基本图和详图等组成。

1. 设计说明

设计说明包括有关的设计参数和施工方法及施工的质量要求。

(1)工程性质、规模、服务对象及系统工作原理。

(2)通风空调系统的工作方式、系列划分和组成，系统总送、排通量和各风口的送、排风量。

(3)通风空调系统设计参数。室外气象参数、室内温湿度、室内含尘浓度、换气次数及空气状态参数等。

(4)施工质量要求和特殊的施工方法。

(5)保温层、油漆等的施工要求。

2. 基本图

基本图包括系统原理图、系统平面图、系统剖面图及系统轴测图等。

(1)系统原理图。系统原理图是综合性的示意图。如图 8.1 所示，系统原理图将空气处理设备、通风管路、冷热源管路、自动调节及检测系统联结成一个整体，构成一个整体的通风空调系统，它表明了系统的工作原理及各环节的有机联系。这种图样在一般通风空调工程中不绘制，只在比较复杂的通风空调工程中才绘制。

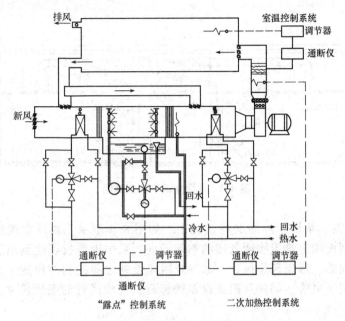

图8.1 通风空调系统原理图

（2）系统平面图。在通风空调系统中，系统平面图表明风管、部件及设备在建筑物内的平面位置，如图8.2所示。

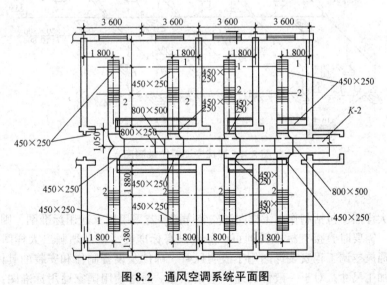

图8.2 通风空调系统平面图

系统平面图主要说明的内容如下：

1）风管、送风口、回（排）风口、风量调节阀、测孔等部件和设备的平面位置、与建筑物墙面的距离及各部位尺寸。

2）送风口、回（排）风口的空气流动方向。

3）通风空调设备的外形轮廓、规格型号及平面坐标位置。

（3）系统剖面图。系统剖面图表明通风管路及设备在建筑物中的垂直位置、相互之间的关系、标高及尺寸。在系统剖面图上可以看出风机、风管及部件、风帽的安装高度，如图8.3所示。

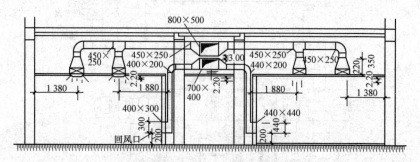

图 8.3　通风空调系统剖面图

（4）系统轴测图。系统轴测图又称透视图，如图8.4所示。通风空调系统管路纵横交错，在平面图和剖面图上难以表明管线的空间走向，采用轴测投影绘制出管路系统单线条的立体图，可以完整、形象地将风管、部件及附属设备之间的相对位置关系表示出来。系统轴测图上还注明了风管、部件及附属设备的标高，各段风管的断面尺寸，送风口、排风口的形式等。

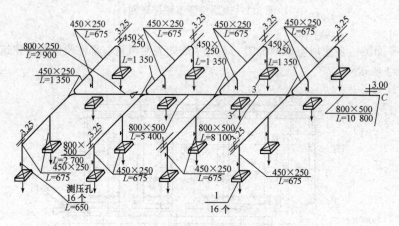

图 8.4　通风空调系统轴测图

3. 详图

详图又称大样图，包括制作加工详图和安装详图。若采用国家通用标准图，则只标明图号，不再将图画出，需要时直接查标准图即可。如果没有标准图，就必须画出大样图，以便加工、制作和安装。通风空调工程安装详图用于表明风管、部件及设备制作和安装的具体形式、方法和详细构造及加工尺寸。对于一般性的通风空调工程，通常使用国家通用标准图；对于一些有特殊要求的工程，则由设计部门根据工程的特殊情况设计施工详图。

8.2　通风空调工程施工图识读

识读通风空调工程施工图，应首先了解并掌握与图样有关的图例符号所代表的含义。施工图中，风管系统和水管系统(包括冷冻水系统、冷却水系统)具有相对独立性，因此识图时应先将风管系统与水管系统分开阅读，然后综合阅读。风管系统和水管系统都有一定的流动方向和各自的回路，可从冷水机组或空调设备开始阅读，直至经过完整的环路又回到起点。通风空调工程施工图的具体识读步骤如下：

(1)阅读图样目录。根据图样目录了解工程图样的总体情况，包括图样的名称、编号及数量等情况。

(2)阅读设计说明。通过阅读设计说明可充分了解设计参数、设备种类、系统的划分、选材、工程的特点及施工要求等，这是施工图中很重要的内容，也是必须查看的内容。

(3)确定并阅读有代表性的图样。根据图样编号找出有代表性的图样，如总平面图、空调系统平面图、冷冻机房平面图、空调机房平面图。识图时，先从平面图开始，然后查看其他辅助性图样(如剖面图、系统轴测图和详图等)。

(4)查阅辅助性图样。如设备、管道及配件的标高等，要根据平面图上的提示找出相关辅助性图样进行对照阅读。

下面以工程实例来介绍通风空调工程施工图的识读，如图8.5～图8.9所示。

8.2.1 空调工程水系统施工图识读

1. 空调冷冻水识图

空调冷冻水是一个闭式水循环系统，如图8.5～图8.7所示。

空调冷冻水循环路径：冷水机组蒸发器→供水管L1→末端设备→回水管L2→冷冻水泵→冷水机组蒸发器。

系统中各设施作用如下：

(1)冷水机组蒸发器。使制冷剂在冷水机组蒸发器中蒸发，从而吸收冷冻水热量，使冷冻水温度下降。

(2)冷冻水泵。冷冻水泵使冷冻水在冷水机组蒸发器和末端设备之间循环流动。

(3)末端设备。末端设备是指负责室内空气调节的设备，本工程中末端设备有K80吊顶式空气处理机和风机盘管，分别安装在阴凉库和超市中。

(4)膨胀水箱。膨胀水箱用于收容和补偿系统中水的胀缩量。

(5)自动排气阀。自动排气阀用于排放管道中的空气，设置在管道系统的最高点。

(6)压差控制器。压差控制器用于调节系统中冷冻水流量，以达到平衡主机系统中水压力的目的。

(7)离子棒水处理器。离子棒水处理器用于冷冻水防垢、除垢、杀菌灭藻和防腐。

2. 空调冷却水识图

空调冷却水是一个开式水循环系统，如图8.5所示，其循环路径为：冷水机组冷凝器→供水管L4→冷却塔→回水管L3→冷却水泵→冷水机组冷凝器。

系统中各设施作用如下：

(1)冷水机组冷凝器。制冷剂在冷水机组冷凝器中冷凝时将热量传递给冷却水，通过冷却塔将热量带走。

(2)冷却水泵。冷却水泵使冷却水在冷水机组冷凝器和冷却塔之间循环流动。

(3)离子棒水处理器。离子棒水处理器用于冷却水防垢、除垢、杀菌灭藻和防腐。

(4)冷却塔。冷却塔将冷却水中的热量散发到室外，冷却水温度下降后流回冷水机组后继续吸收热量。

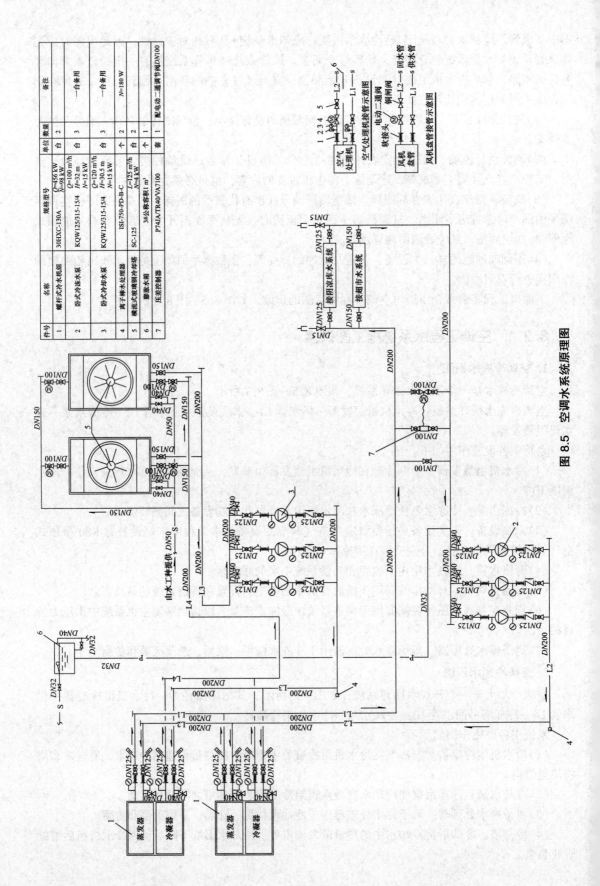

图 8.5 空调水系统原理图

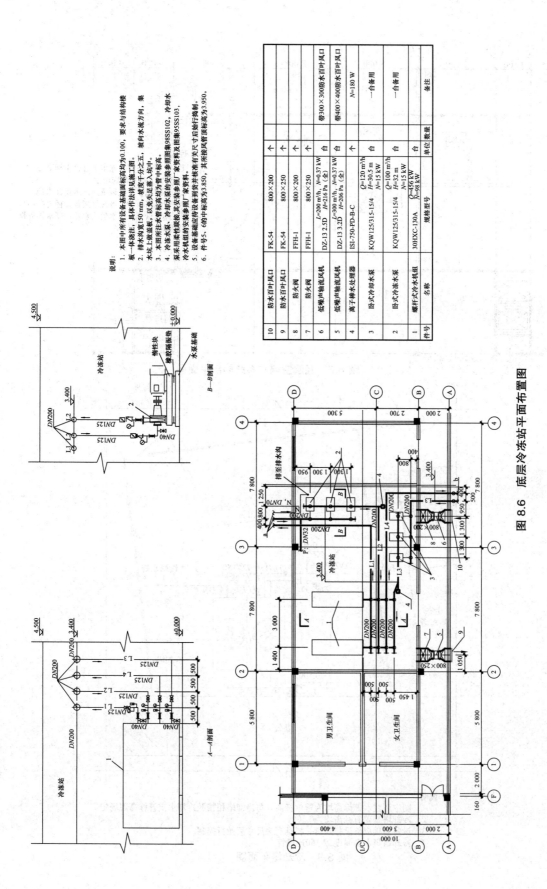

说明：

1. 本图中所有设备基础面标高均为0.100，要求与结构楼板一体浇注，具体作法详见施工图。

2. 排水沟宽150 mm，坡度千分之五，坡向水流方向，集水坑上做盖板，以免先足落入沟中。

3. 本图所往水管高均为管中标高。

4. 冷却水泵、冷却水泵的安装参照图集98SS102、冷却水冷水机组的安装参图95SS103。

5. 泵采用柔性接头。其安装有关尺寸后始行确制，冷水机组的安装参图厂家资料。

6. 设备基础应待设备到货并核准有关尺寸后始行确制，符号5、6的中标高为3.850，其所接风管顶端高为3.950。

件号	名称	规格型号	单位	数量	备注
10	防水百叶风口	FK-54	800×200	个	
9	防水百叶风口	FK-54	800×250	个	
8	防火阀	FFH-1	800×200	个	
7	防火阀	FFH-1	800×250	个	
6	低噪声轴流风机	DZ-13 2.5D	L=200 m³/h，N=0.37 kW H=216 Pa（全）	台	带300×300防水百叶风口
5	低噪声轴流风机	DZ-13 3.2D	L=300 m³/h，N=0.37 kW H=206 Pa（全）	台	带400×400防水百叶风口
4	离子棒水处理器	ISI-750-PD-B-C		个	N=180 W
3	卧式冷却水泵	KQW125/315-15/4	Q=120 m³/h H=30.5 m N=15 kW	台	一备用
2	卧式冷冻水泵	KQW125/315-15/4	Q=100 m³/h H=32 m N=15 kW	台	一备用
1	螺杆式冷水机组	30HXC-130A	Q=456 kW N=98 kW	台	

图 8.6　底层冷冻站平面布置图

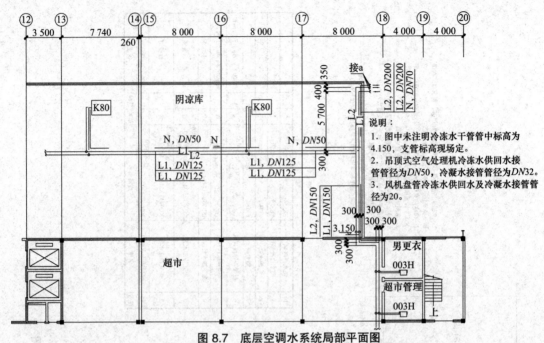

图 8.7　底层空调水系统局部平面图

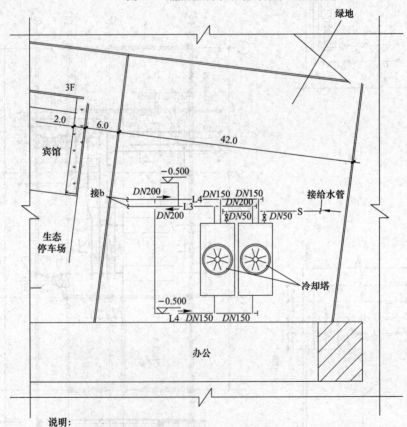

说明：
1. 图中所注水管标高均为管中标高，与冷却塔相接的冷却水支管标高现场定。
2. 冷却塔基础面标高均为0.500。
3. 设备基础应待设备到货并核准有关尺寸后始行捣制。
4. 冷却塔集水盘间设DN150连通管。

图 8.8　冷却塔平面图

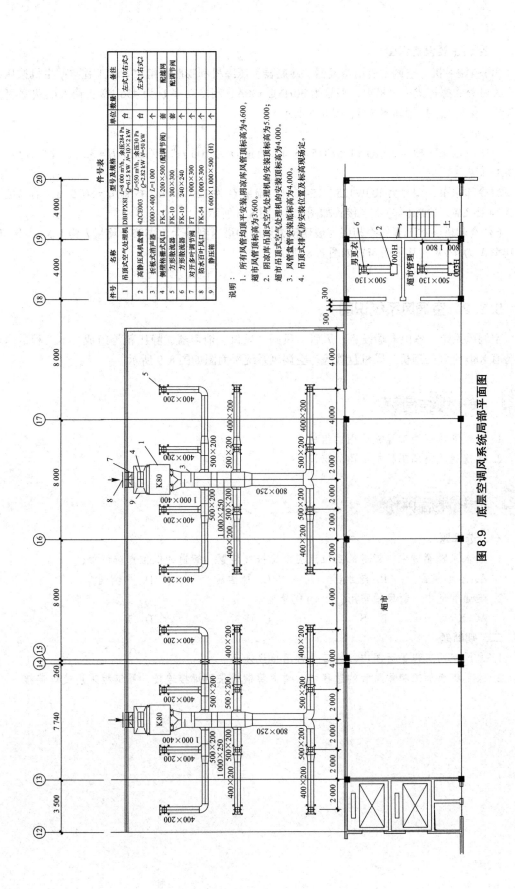

件号表

件号	名称	型号及规格	单位	数量	备注
1	吊顶式空气处理机	DBFPX81 $L=8\ 000\ \text{m}^3/\text{h}$，余压284 Pa $Q=61.5\ \text{kW}$ $N=10\times2\ \text{kW}$	台		左式10右式5
2	高静压风机盘管	42CE003 $L=550\ \text{m}^3/\text{h}$，余压30 Pa $Q=2.82\ \text{kW}$ $N=50\ \text{kW}$	台		左式1右式2
3	折板式消声器	1000×400 $L=1\ 000$	个		
4	侧壁格栅式风口	FK-4 $1\ 200\times500$（配调节阀）	套		配调节阀
5	方形散流器	FK-10 300×300	套		
6	方形散流器	FK-10 240×240	个		
7	对开多叶调节阀	FT $1\ 000\times300$	个		
8	防水百叶风口	FK-54 $1\ 000\times300$	个		
9	静压箱	$1\ 600\times1\ 000\times500$ (H)			

说明：

1. 所有风管均顶平安装，阴凉库风管顶标高为4.600，超市风管顶标高为3.600。

2. 阴凉库吊顶式空气处理机的安装顶标高为5.000；超市吊顶式空气处理机的安装顶标高为4.000。

3. 风管盘管安装底标高为4.000。

4. 吊顶式排气风口安装位置及标高现场定。

图 8.9 底层空调风系统局部平面图

3. 空调主要设备识图

（1）空调主机。空调主机由蒸发器、冷凝器、压缩机和膨胀阀组成。本工程空调主机按压缩机形式可分为螺杆式冷水机组，型号为 30HXC-130A，制冷功率 Q 为 456 kW，输入电功率 N 为 98 kW。冷水机组接管如图 8.5、图 8.6 所示。

（2）水泵。

1）冷冻水泵，型号为 KQW125/315-15/4，流量 Q 为 100 m^3/h，扬程 $H=32$ m，输入电功率 N 为 15 kW。

2）冷却水泵，型号为 KQW125/315-15/4，流量 Q 为 120 m^3/h，扬程 $H=30.5$ m，输入电功率 N 为 15 kW。冷冻(却)水泵接管如图 8.5、图 8.6 所示。

（3）冷却塔。本工程的冷却塔为玻璃钢方形冷却塔，型号为 SC-125，流量 L 为 125 m^3/h，输入功率 N 为 4 kW，其平面布置如图 8.8 所示。

8.2.2 空调风系统识图

空调风系统一般由末端设备、风管、风阀、风口、消声器、静压箱等组成。本工程的末端设备有 K80 空气处理机、风机盘管等。空调风系统平面图如图 8.9 所示。

▶ 总结回顾

1. 建筑通风空调工程施工图的组成。
2. 建筑通风空调工程施工图的识读。

▶ 课后评价

一、选择题

1. 热水采暖管道中，管道的高位点应设置排气装置，管道的低位点应设置(　　)。
   A. 泄水装置　　　　B. 疏水器　　　　　　C. 补偿器　　　　　　D. 平衡阀
2. 暖通管道中，新风管常用(　　)代号表示。
   A. K　　　　　　　B. S　　　　　　　　C. P　　　　　　　　D. X

二、判断题

1. 通风空调工程平面图中，风管通常用单线表示。　　　　　　　　　　　　　　(　　)
2. 采用钢板加工制作风管的过程中，通常薄钢板采用焊接连接，厚钢板采用咬口连接。
　　　　　　　　　　　　　　　　　　　　　　　　　　　　　　　　　　(　　)

下篇

建筑电气工程识图与施工

任务9 建筑变配电系统

工作任务	建筑变配电系统
教学模式	任务驱动
任务介绍	供配电系统的任务就是用户所需电能的供应和分配，供配电系统是电力系统的重要组成部分。用户所需的电能，绝大多数是由公共电力系统供给的，故在介绍供配电系统之前，先介绍电力系统的知识
学有所获	1. 了解电力系统的基本概念；常用高压电气设备的种类及作用。 2. 理解供配电系统的概念；供电系统方案的选择；变配电所一次设备安装方法。 3. 掌握建筑低压配电系统的配电方式；常用低压电气设备的种类、特点及作用；常用电线电缆型号的表示方法及含义。 4. 掌握变配电所主接线图的组成、识图方法；变配电所平面图、剖面图的识图方法

任务导入

电能是一种清洁的二次能源，电力是现代工业的主要动力。电能不仅便于输送和分配，易于转换为其他的能源，而且便于控制、管理和调度，易于实现自动化。因此，电能已广泛应用于国民经济、社会生产和人民生活的各个方面。一旦电能供应中断，就可能使整个社会生产和生活瘫痪。因此，每位受现代教育并即将从事工程技术工作的人员，都应该了解一些电气方面的基本知识。

任务分解

本任务主要介绍电力系统概论，常用高低压电气设备，常用电线电缆，变电所主接线，变配电所平面图、剖面图以及变配电所一次设备安装。

任务实施

9.1 电力系统概论

9.1.1 电力系统和供配电系统概述

1. 电力系统

电力系统是由发电厂、变电所、电力线路和电能用户组成的一个整体。如图 9.1 所示为电力系统示意图，虚线框内表示建筑供电系统。

为了充分利用动力资源，降低发电成本，发电厂往往远离城市和电能用户。例如，火力发电厂大都建在靠近一次能源的地区；水力发电厂建在水利资源丰富的远离城市的地方；核能发电厂厂址也受种种条件限制。因此，需要输送和分配电能，将发电厂发出的电能经过升压、输送、降压和分配，输送给用户，如图 9.2 所示。

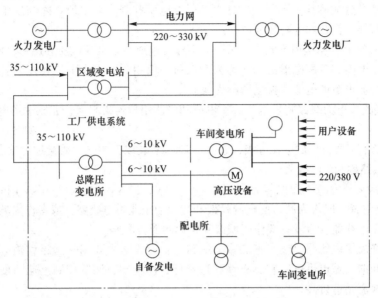

图 9.1 电力系统示意图

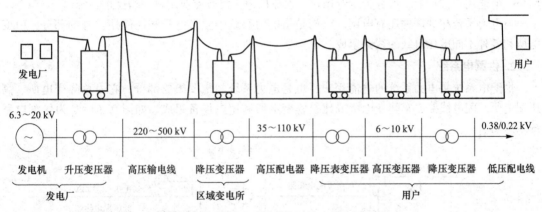

图 9.2 从发电厂到用户传、输、配电过程图

(1)发电厂。发电厂将一次能源转换成电能。根据一次能源的不同，发电厂可分为火力发电厂、水力发电厂和核能发电厂。另外，还有风力、地热、潮汐和太阳能发电厂等。

1)火力发电厂将煤、天然气、石油的化学能转换为电能。我国火力发电厂燃料以煤炭为主。火力发电的原理：燃料在锅炉中充分燃烧，将锅炉中的水转换为高温高压蒸汽，蒸汽推动汽轮机转动，带动发电机旋转发电。

2)水力发电厂将水的位能转换成电能。其原理是水流驱动水轮机转动，带动发电机旋转发电。根据提高水位的方法，水力发电厂可分为堤坝式水力发电厂、引水式水力发电厂和混合式水力发电厂 3 类。

3)核能发电厂利用原子核的核能产生电能。核燃料在原子反应堆中裂变释放核能，将水转换成高温高压的蒸汽，蒸汽推动汽轮机转动，带动发电机旋转发电。其生产过程与火力发电厂基本相同。

（2）变电所。变电所的功能是接受电能、变换电压和分配电能。为了实现电能的远距离输送和将电能分配到用户，需要将发电机电压进行多次电压变换，这个任务由变电所完成。

变电所由电力变压器、配电装置和二次装置等构成。

1）按变电所的性质和任务不同，可分为升压变电所和降压变电所。除与发电机相连的变电所为升压变电所外，其余均为降压变电所。

2）按变电所的地位和作用不同，又可分为枢纽变电所、地区变电所和用户变电所。

仅用于接受电能和分配电能的场所称为配电所，仅用于将交流电流转换为直流电流或将直流电流转换为交流电流的电流变换场所称为换流站。

（3）电力线路。电力线路将发电厂、变电所和电能用户连接起来，完成输送电能和分配电能的任务。

1）电力线路有各种不同的电压等级，通常将 220 kV 及以上的电力线路称为输电线路，120 kV 及以下的电力线路称为配电线路。

2）配电线路又分为高压配电线路（120 kV、66 kV、35 kV、10 kV、6 kV）和低压配电线路（380/220 V）。前者一般作为城市配电网骨架和特大型企业供电线路，或者作为城市主要配网和大、中型企业供电线路，后者一般作为城市和企业的低压配网。

除了上述交流输电线路，还有直流输电线路。直流输电主要用于远距离输电，连接两个不同频率的电网和向大城市供电。它具有线路造价低、损耗小、调节控制迅速简便和无稳定性问题等优点，但换流站造价高。

（4）电能用户。电能用户又称电力负荷，所有消耗电能的用电设备或用电单位统称为电能用户。电能用户按行业，可分为工业用户、农业用户、市政商业用户和居民用户等。

与电力系统相关联的还有电网。电网是指电力系统中除发电厂和电能用户外的部分，由变电所和各种不同电压等级的线路组成。

2. 供配电系统

供配电系统是电力系统的电能用户，也是电力系统的重要组成部分。它由总降变电所、高压配电所、配电线路、车间变电所或建筑物变电所和用电设备组成。如图 9.3 所示为供配电系统示意图。

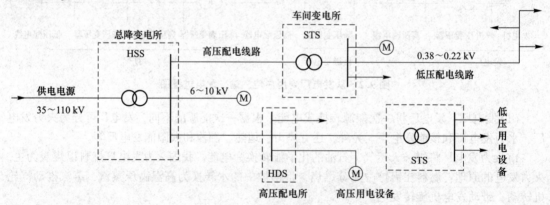

图 9.3 供配电系统示意图

（1）总降变电所是企业电能供应的枢纽。它将 35～120 kV 的外部供电电源电压降为 6～10 kV 高压配电电压，供给高压配电所、车间变电所和高压用电设备。

（2）高压配电所集中接受 6～10 kV 电压，再分配到附近各车间变电所或建筑物变电所和高压用电设备。一般负荷分散、厂区大的大型企业设置高压配电所。

（3）配电线路分为6~10 kV厂内高压配电线路和380/220 V厂内低压配电线路。高压配电线路将总降变电所与高压配电所、车间变电所或建筑物变电所和高压用电设备连接起来。低压配电线路将车间变电所的380/220 V电压分配给各低压用电设备。

（4）车间变电所或建筑物变电所将6~10 kV电压降为380/220 V电压，供低压用电设备使用。

（5）用电设备按用途分为动力用电设备、照明用电设备、工艺用电设备、电热用电设备等。

应当指出，对于某个具体的供配电系统的组成，主要取决于电力负荷的大小和厂区的大小。通常大型企业都设总降变电所，中小型企业仅设全厂6~10 kV变电所或配电所，某些特别重要的企业还设自备发电厂作为备用电源。当负荷容量不大于160 kVA时，一般采用低压电源进线，因此只需设一个低压配电间。

对供配电的基本要求是安全、可靠、优质、经济。

9.1.2　电力系统的额定电压

电力系统的电压是有等级的，电力系统的额定电压包括电力系统中各种发电、供电、用电设备的额定电压，额定电压是指能使电气设备长期运行、经济效果最好的电压。我国规定的三相交流电网和电力设备的额定电压见表9.1。下面仅讨论变压器的额定电压。

表9.1　我国交流电网和电力设备的额定电压

分类	电网和用电设备额定电压/kV	发电机额定电压/kV	电力变压器额定电压/kV	
			一次绕组	二次绕组
低压	0.38	0.40	0.38/0.22	0.40/0.23
	0.66	0.69	0.66/0.38	0.69/0.40
高压	3	3.15	3，3.15	3.15，3.30
	6	6.30	6，6.3	6.30，6.60
	10	10.50	10，10.5	10.50，11.00
	—	13.80，15.75，18，20，22，24，26	13.8，15.75，18.20，22，24，26	—
	35	—	35	38.50
	66	—	66	72.60
	110	—	110	121.00
	220	—	220	242.00
	330	—	330	363.00
	500	—	500	550.00
	750	—	750	820.00

注：表中斜线"/"左边的数字为线电压，右边的数字为相电压。

1. 电力变压器的额定电压

（1）变压器一次绕组的额定电压。变压器一次绕组接电源，相当于用电设备。与发电机直接相连的升压变压器的一次绕组的额定电压应与发电机额定电压相同。连接在线路上的降压变压器相当于用电设备，其一次绕组的额定电压应与线路的额定电压相同。

（2）变压器二次绕组的额定电压。变压器的二次绕组向负荷供电，相当于发电机。二次绕组的额定电压应比线路的额定电压高5%，而变压器二次绕组额定电压是指空载时的电压，但在额定负荷下，变压器的电压降为5%。因此，为使正常运行时变压器二次绕组电压较线路的额定电压高5%，当线路较长（如35 kV及以上高压线路）时，变压器二次绕组的额定电压应比相连线路的额定电压高10%；当线路较短（直接向高低压用电设备供电，如10 kV及以下线路）时，二次绕组的额定电压应比相连线路的额定电压高5%。

2. 电压分类及高低电压的划分

按国标规定，额定电压分为3类。

第一类额定电压为100 V及以下，如12 V、24 V、36 V等，主要用于安全照明、潮湿工地建筑内部的局部照明及小容量负荷。

第二类额定电压为100 V以上、1 000 V以下，如220 V、380 V、600 V等，主要用于低压动力电源和照明电源。

第三类额定电压为1 kV以上，有6 kV、10 kV、35 kV、120 kV、220 kV、330 kV、500 kV、750 kV等，主要用于高压用电设备、发电及输电设备。

在电力系统中，通常将1 kV以下的电压称为低压，1 kV以上的电压称为高压，330 kV以上的电压称为超高压，1 000 kV以上的电压称为特高压。三相电力设备的额定电压不作特别说明时均指线电压。

9.1.3　供电系统的质量指标

1. 电压的质量要求

现行《电能质量　供电电压偏差》（GB/T 12325—2008）规定了不同电压等级的允许电压偏差：

（1）35 kV及以上供电电压，正、负偏差的绝对值之和不超过标称电压的10%。

（2）20 kV及以下三相供电电压偏差为标称电压的±7%。

（3）220 V单相供电电压允许偏差为+7%、−10%。

2. 频率的要求

我国规定的额定电压频率为50 Hz，大容量系统允许的频率偏差为±0.2 Hz，中、小容量系统允许的频率偏差为±0.5 Hz。频率的调整主要由发电厂进行。电力用户的频率指标由电力系统给予保证。

3. 供电的可靠性要求

保证供电系统的安全可靠性是电力系统运行的基本要求。所谓供电的可靠性，是指确保用户能够随时得到供电。这就要求供配电系统的每个环节都安全、可靠运行，不发生故障，以保证连续不断地向用户提供电能。

9.1.4　建筑供电系统方案选择

根据供配电系统的运行统计资料，系统中各个环节以电源对供电可靠性的影响最大，其次是供配电线路等其他因素。建筑供电系统应根据建设单位要求，由设计者根据工程负荷容量，区分各个负荷的级别和类别，确定供电方案，并经供电部门同意，如图9.4所示。

我国将电力负荷按其对供电可靠性的要求，以及中断供电在政治上、经济上造成的损失或影响的程度，划分为三级。

1. 一级负荷

一级负荷为中断供电将造成以下后果的负荷：造成人身伤亡；将在政治、经济上造成重大损失，

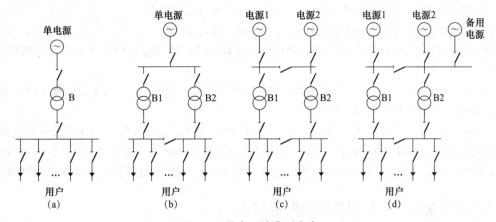

图 9.4 供电系统典型方案

(a)三级负荷；(b)二级负荷；(c)、(d)一级负荷

如重大设备损坏、重大产品报废、用重要原料生产的产品大量报废、国民经济中重点企业的连续性生产过程被打乱而需要长时间恢复等；将影响有重大政治、经济影响的用电单位的正常工作。

（1）在一级负荷中，中断供电将发生中毒、爆炸和火灾等情况的负荷，以及特别重要场所的不允许中断供电的负荷，称为特别重要的负荷。

（2）一级负荷应由两个电源供电，当一个电源发生故障时，另一个电源不应同时损坏；一级负荷设备容量较大或有高压用电设备时，应采用两个高压电源，负荷容量不大时，优先采用从电力系统或邻近单位取得第二低压电源，也可采用发电机组，如一级负荷仅为照明或电话站负荷时，宜采用蓄电池作为备用电源。

（3）一级负荷用户变配电所内的高、低压配电系统，均宜采用单母线分段系统，母线间设置联络开关，可手动或自动分合闸。

（4）在一级负荷中的特别重要负荷，除上述两个独立电源外，还必须增设应急电源。为保证对特别重要负荷的供电，严禁将其他负荷接入应急供电系统。应急电源一般有独立于正常电源的发电机组，供电网络中有效地独立于正常电源的专门馈电线路、蓄电池。根据用电负荷对停电时间的要求，确定应急电源接入方式。蓄电池组有允许短时电源中断(小于 0.1～0.2 s)的应急电源装置(EPS)和不间断电源装置(UPS)两种，UPS 适用于停电时间为 10 ms，计算机、自控系统、数据处理系统等不能中断供电的场所但需使用逆变器将电池组供给的直流电转换成交流电才能向负荷供电，EPS 适用于应急照明供电。

带有自动投入装置的独立于正常供电线路以外的专用馈电线路，适用于允许中断供电时间大于电源切换时间的供电。当允许中断供电时间为 15～30 s 时，可采用快速自动启动柴油发电组。

一级负荷供电的回路中不应接入其他级别的负荷。

2. 二级负荷

二级负荷是指中断供电将造成较大影响或损失、将影响重要用电单位的正常工作或造成公共场所秩序混乱的负荷。二级负荷应由两回线路供电，做到当电力变压器发生故障或电力线路发生常见故障时，不致中断供电或中断后能迅速恢复。在负荷较小或地区供电条件困难时，可由一回路 6 kV 及以上专用架空线路或电缆供电(两根电缆，每根应能承受 100%二级负荷)。

3. 三级负荷

三级负荷为不属于一级和二级负荷者。对一些非连续性生产的中、小型企业，停电仅影响产量或造成少量产品报废的用电设备，以及一般民用建筑的用电负荷等均属于三级负荷。

三级负荷对供电电源没有特殊要求，一般由单回电力线路供电。

民用建筑内的电力负荷一般可分为照明、空调、动力3大类。

(1)照明设备包括照明灯具、插座(供台灯、计算机等用)、电热设备(热水器、电磁炉、开水炉等)。

(2)空调设备包括冷水机组、空调机、空调用泵类设备、新风机、冷却塔等。当动力、照明分开计量时，空调负荷按照明计量。

(3)动力设备包括升降机械(电梯、扶梯、电葫芦等)、水泵、进排风机、洗衣设备及厨房设备等。

当用电设备的总容量在250 kW及以上，或变压器容量在160 kV·A及以上时，宜以10(6)kV供电；反之，可由380/220 V供电。如果供电电压为35 kV，也可直接降至0.23/0.4 kV配电电压。

9.1.5　建筑低压配电系统的配电方式

建筑低压配电系统包括室外和室内两部分。室外配电系统可采用放射式、树干式或环式。室内配电系统由配电装置(配电盘)及配电线路(干线及分支线)组成，常见的低压配电方式有放射式、树干式、链式及混合式四种，如图9.5所示。

1. 放射式

由总配电箱直接供电给分配电箱或负载的配电方式称为放射式，如图9.5(a)所示。

放射式的优点是各个负荷独立受电，因而故障范围一般仅限于本回路。各分配电箱与总配电柜(箱)之间为独立的干线连接，各干线互不干扰，当某线路发生故障需要检修时，只切断本回路而不影响其他回路，同时回路中电动机启动引起的电压波动，对其他回路的影响也较小。缺点是所需开关和线路较多。

如图9.6所示是某车间低压放射式配线。由低压母线经开关设备引出若干回线路，直接供电给容量大或负荷重要的低压用电设备或配电箱。

放射式配电方式适用于设备容量大、要求集中控制的设备，要求供电可靠性高的重要设备配电回路，以及有腐蚀性介质和爆炸危险等场所的设备。

2. 树干式

树干式是从总配电柜(箱)引出一条干线，各分配电箱都从这条干线上直接接线，如图9.5(b)所示。

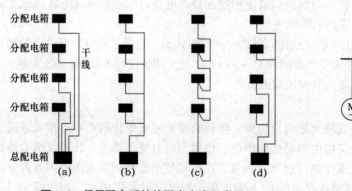

图 9.5　低压配电系统的配电方式示意图
(a)放射式；(b)树干式；(c)链式；(d)混合式

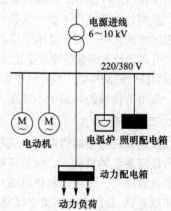

图 9.6　低压放射式接线示意图

树干式的优点是投资小、结构简单、施工方便、易于扩展；缺点是供电可靠性较差，一旦干线任何一处发生故障，都有可能影响到整条干线，故障影响的范围较大。这种配电方式常用于明敷设回路，设备容量较小，对供电可靠性要求不高的设备。

3. 链式

链式也是在一条供电干线上连接多个用电设备或分配电箱，与树干式不同的是其线路的分支点在用电设备上或分配电箱内，即后面设备的电源引自前面设备的端子，如图 9.5(c) 所示。

链式的优点是线路上无分支点，适合穿管敷设或电缆线路，节省有色金属；缺点是线路或设备检修或线路发生故障时，相连设备全部停电，供电的可靠性差。

这种配电方式适用于暗敷设线路，供电可靠性要求不高的小容量设备，一般串联的设备不宜超过 3~4 台，总容量不宜超过 10 kW。

4. 混合式

在实际工程中，照明配电系统不是单独采用某一种形式的低压配电方式，多数是综合形式，这种接线方式可根据负荷的重要程度、负荷的位置、负荷容量等因素综合考虑。在一般民用住宅中，所采用的配电形式多数为放射式与树干式或者链式的结合，如图 9.5(d) 所示。

在实际工程中，总配电箱向每个楼梯间配电方式一般采用放射式，不同楼层间的配电箱为树干式或链式配电。

对重要负荷，如消防电梯、消防泵房、消防控制室、计算机管理中心，应从配电室以放射式系统直接供电。根据照明及动力负荷的分布情况，宜分别设置独立的配电系统，消防及其他的防灾用电设施应自成配电系统。

9.2　常用高低压电气设备

9.2.1　常用高压电气设备

1. 变压器

变压器(文字符号为 T)是变电所中关键的一次设备，其主要功能是升高或降低电压，以利于电能的合理输送、分配和使用。

(1)工作原理。变压器是利用电磁感应的原理来改变交流电压的装置，主要构件是初级线圈、次级线圈和铁芯(磁芯)，如图 9.7 所示。

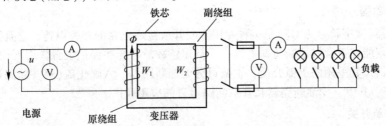

图 9.7　变压器的基本工作原理示意图

变压器原、副绕组的电压比等于原、副绕组的匝数比。因此，要使原、副绕组有不同的电压，只要改变它们的匝数即可。例如，当原绕组的匝数 W_1 为副绕组匝数 W_2 的 25 倍，即 $K = 25$ 时，则该变压器是 25 : 1 的降压变压器；反之，为升压变压器。

（2）变压器型号含义，如图9.8所示。

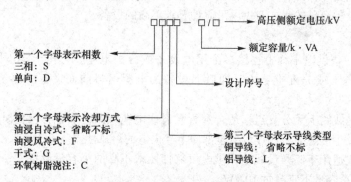

图9.8　变压器型号的含义

1）变压器的型号表示及含义：如S9-1 000/10表示三相铜绕组油浸自冷式变压器，设计序号为9，容量为1 000 kV·A，高压绕组额定电压为10 kV。

2）变压器的分类方法比较多。按功能，可分为升压变压器和降压变压器；按相数，可分为单相变压器和三相变压器；按绕组导体的材质，可分为铜绕组变压器和铝绕组变压器；按冷却方式和绕组绝缘，可分为油浸式变压器、干式变压器两大类，其中油浸式变压器又可分为油浸自冷式变压器、油浸风冷式变压器、油浸水冷式变压器和强迫油循环冷却式变压器等，而干式变压器又可分为绕注式变压器、开启式变压器、充气式（SF_6）变压器等；按用途，又可分为普通变压器和特种变压器；安装在总降压变电所的变压器通常称为主变压器，6～10 kV/0.4 kV的变压器常叫作配电变压器。

（3）电力变压器的结构如图9.9所示。

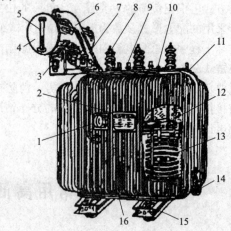

图9.9　三相油浸式电力变压器外部结构图

1—信号式温度计；2—铭牌；3—吸湿器；4—油枕；
5—油表；6—安全气道；7—瓦斯继电器；8—高压套管；
9—低压套管；10—分接开关；11—油箱；12—铁芯；
13—绕组及绝缘；14—放油阀门；15—小车；16—接地

2. 高压断路器

高压断路器（文字符号为QF）是一种专用于断开或接通电路的开关设备，它有完善的灭弧装置，因此，不仅能在正常时通断负荷电流，而且短路故障时能在保护装置作用下切断短路电流。

高压断路器按其采用的灭弧介质，主要可分为油断路器、六氟化硫（SF_6）断路器、真空断路器（图9.10）等。其中，少油断路器和真空断路器目前应用较广。

3. 高压隔离开关

高压隔离开关（文字符号为QS）的主要功能是隔离高压电源，以保证其他设备和线路的安全检修及人身安全。隔离开关断开后具有明显的可见断开间隙，绝缘可靠。高压隔离开关没有灭弧装置，不能带负荷拉、合闸，但可用来通断一定的小电流，如励磁电流不超过2 A的空载变压器、电容电流不超过5 A的空载线路以及电压互感器和避雷器电路等。高压隔离开关按安装地点分为户内式和户外式两大类。如图9.11所示为高压隔离开关。

图 9.10 ZN12-12 型户内高压真空断路器

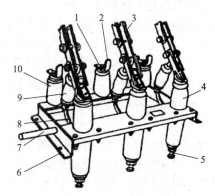

图 9.11 GN8-10 型高压隔离开关

1—上接线端子；2—静触点；3—闸刀；4—套管绝缘；
5—下接线端子；6—框架；7—转轴；8—拐臂；
9—升降绝缘子；10—支柱绝缘子

4. 高压负荷开关

高压负荷开关(文字符号为 QL)具有简单的灭弧装置和明显的断开点，可通断负荷电流和过负荷电流，有隔离开关的作用，但不能断开短路电流。

高压负荷开关常与熔断器一起使用，借助熔断器来切除故障电流，可广泛应用于城网和农村电网改造。

高压负荷开关主要有产气式、压气式、真空式和 SF₆ 等结构类型，按安装地点可分为户内式和户外式两类。高压负荷开关主要用于 10 kV 等级电网。

5. 高压熔断器

高压熔断器(文字符号为 FU)是当流过其熔体电流超过一定数值时，熔体自身产生的热量自动地将熔体熔断而断开电路的一种保护设备，其功能主要是对电路及其设备进行短路和过负荷保护。高压熔断器主要有户内限流熔断器(RN 系列)、户外跌落式熔断器(RW 系列)，如图 9.12 和图 9.13 所示。

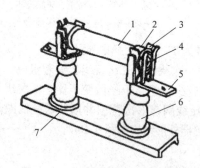

图 9.12 RN1 及 RN2 型熔断器

1—瓷熔管；2—金属管帽；3—弹性触座；
4—熔断指示器；5—接线端子；
6—瓷绝缘子；7—底座

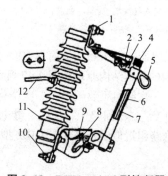

图 9.13 RW4-10(G)型熔断器

1—上接线端子；2—上静触点；3—上动触点；
4—管帽(带薄膜)；5—操作环；6—熔管；
7—铜熔丝；8—下动触点；9—下静触点；
10—下接线端子；11—绝缘瓷瓶；12—固定安装板

6. 互感器

互感器是电流互感器和电压互感器的合称。互感器实质上是一种特殊的变压器，其基本结构和工作原理与变压器相同。

互感器的主要功能：将高电压变换为低电压（100 V），大电流变换为小电流（5 A 或 1 A），供测量仪表及继电器的线圈使用；可使测量仪表、继电器等二次设备与一次主电路隔离，保证测量仪表、继电器和工作人员的安全。

（1）电流互感器。电流互感器简称 CT，是变换电流的设备。

电流互感器的基本结构原理如图 9.14 所示，它由一次绕组、铁芯、二次绕组组成。其结构特点是：一次绕组匝数少且粗，有的型号还没有一次绕组，利用穿过其铁芯的一次电路作为一次绕组（相当于 1 匝）；而二次绕组匝数很多且较细。电流互感器的一次绕组串接在一次电路中，二次绕组与仪表、继电器电流线圈串联，形成闭合回路，由于这些电流线圈阻抗很小，工作时电流互感器二次回路接近短路状态。

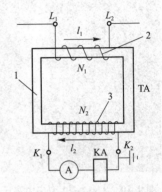

图 9.14　电流互感器结构原理

1—铁芯；2—原线圈；3—副线圈

如图 9.15 和图 9.16 所示分别为 LQZ-10 型和 LMZJ1-0.5 型电流互感器外形结构。

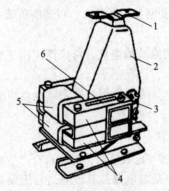

图 9.15　LQZ-10 型电流互感器外形结构

1—一次接线端子；2—一次绕组（树脂浇注）；

3—二次接线端子；4—铁芯；

5—二次绕组；6—警告牌

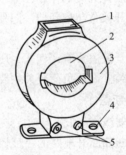

图 9.16　LMZJ1-0.5 型电流互感器外形结构

1—铭牌；2—一次母线穿孔；

3—铁芯，外绕二次绕组，树脂浇注；

4—安装板；5—二次接线端子

（2）电压互感器。电压互感器简称 PT，文字符号为 TV，是变换电压的设备。

电压互感器的基本结构原理如图 9.17 所示，它由一次绕组、二次绕组、铁芯组成。一次绕组并联在线路上，一次绕组匝数较多，二次绕组的匝数较少，相当于降低变压器。二次绕组的额定电压一般为 100 V。二次回路中，仪表、继电器的电压线圈与二次绕组并联，这些线圈的阻抗很大，工作时二次绕组近似于开路状态。JDZ 型电压互感器外形结构如图 9.18 所示。

7. 避雷器

避雷器文字符号为 F，用来防止架空线引进的雷电对变配电装置的破坏。

目前，国内使用的避雷器有保护间隙避雷器、管型避雷器、阀型避雷器（有普通阀型避雷器 FS、FZ 型避雷器和磁吹阀型避雷器）、氧化锌避雷器。阀型避雷器由火花间隙和可变电阻两部分组成，密封于一个瓷质套筒里面，上面出线与线路连接，下面出线与地连接。

氧化锌避雷器由于具有良好的非线性、动作迅速、残压低、通流容量大、无续流、结构简单、可靠性高、耐污能力强等优点，是传统碳化硅阀型避雷器的更新换代产品，在电站及变电所中得到了广泛的应用。保护间隙避雷器、管型避雷器在工厂变电所中使用较少。

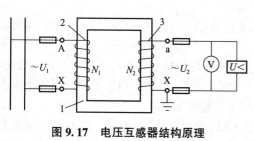

图9.17　电压互感器结构原理

1—铁芯；2—原线圈；3—副线圈

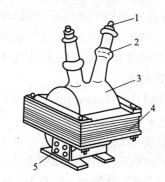

图9.18　JDZ-3、6、10型电压互感器外形结构

1——一次接线端子；2—高压绝缘套管；

3——二次绕组，环氧树脂浇注；

4—铁芯(壳式)；5—二次接线端子

8. 高压开关柜

高压开关柜是一种高压成套设备，它按一定的线路方案将有关一次设备和二次设备组装在柜内，从而节约空间、安装方便、供电可靠、美化环境。

(1)高压开关柜按结构形式，可分为固定式、移开式两大类型。固定式开关柜中，GG-1A型已基本淘汰，新产品有KGN、XGN系列箱型固定式金属封闭开关柜；移开式开关柜主要新产品有JYN系列、KYN系列。移开式开关柜中没有隔离开关，因为断路器在移开后能形成断开点，故不需要隔离开关。

(2)按功能作用分，主要有馈线柜、电压互感器柜、高压电容器柜(GR-1型)、电能计量柜(PJ系列)和高压环网柜(HXGN型)等。

主要高压开关柜型号及含义见表9.2。

表9.2　主要高压开关柜型号及含义

型号	型号含义
JYN2-10、35	J—"间"隔式金属封闭；Y—"移"开式；N—户"内"；2—设计序号；10、35—额定电压kV(下同)
GFC-7B(F)	G—"固"定式；F—"封"闭式；C—手车式；7B—设计序号；(F)—防误型
KYN□-10、35	K—金属"铠"装；Y—"移"开式；N—户"内"(下同)；□—(内填)设计序号
KGN-10	K—金属"铠"装；G—"固"定式；其他同上
XGN2-10	X—"箱"型开关柜；G—"固"定式；其他同上
HXGN□-12Z	H—"环"网柜；其他含义同上；12—最高工作电压为12kV；Z—带真空负荷开关；□—(内填)设计序号
GR-1	G—高压固定式开关柜；R—电"容"器；1—设计序号
PJ1	PJ—电能计量柜(全国统一设计)；1—(整体式)仪表安装方式

9.2.2　常用低压电气设备

低压电气设备是指工作电压在 1 000 V 或 1 200 V 及以下的设备，这些设备在供配电系统中一般安装在低压开关柜或配电箱内。低压电气设备的新旧更替比较快，主要向小型化、高性能、环保、美观方向发展。本节简要介绍低压开关柜及柜内主要设备（如熔断器、低压断路器等）。

1. 低压开关柜

低压开关柜是按一定的线路方案将有关低压设备组装在一起的成套配电装置。其结构形式主要有固定式和抽屉式两大类。

低压抽屉式开关柜适用于额定电压 380 V、交流 50 Hz 的低压配电系统中，作受电、馈电、照明、电动机控制及功率因数补偿之用。目前有 GCK1、GCL1、GCJ1、GCS 系列。低压抽屉式开关柜馈电回路多、体积小、占地少，但结构复杂、加工精度要求高。

目前国内广泛使用的低压固定式开关柜主要有 PGL1、PGL2、GGD 系列。GGD 型开关柜是 20 世纪 90 年代产品，柜体采用通用柜的形式，柜体上、下两端均有不同数量的散热槽孔，使密封的柜体自下而上形成自然通风道，达到散热的目的。

还有一些新产品，如引进国外先进技术生产的开关柜 OM1 NO 系列及 MNS 型等。

2. 刀开关

刀开关是一种简单的手动操作电器，用于非频繁接通和切断容量不大的低压供电线路，并兼作电源隔离开关。刀开关的型号一般以 H 字母打头，种类规格繁多，并有多种衍生产品。按工作原理和结构，刀开关可分为开启式刀开关、胶盖闸刀开关和铁壳开关等。

（1）开启式刀开关。它的最大特点是有一个刀形动触点，基本组成部分是闸刀（动触点）、刀座（静触点）和底板。低压刀开关按操作方式可分为单投刀开关和双投刀开关；按极数可分为单极刀开关、双极刀开关和三极刀开关；按灭弧结构可分为带灭弧罩刀开关和不带灭弧罩刀开关等。低压刀开关常用于不频繁地接通和切断交流和直流电路，低压刀开关装有灭弧罩时可以切断负荷电流，否则只能作隔离开关用。常用型号有 HD 和 HS 系列，如图 9.19 所示。

（2）开启式负荷开关。开启式负荷开关俗称胶盖闸刀开关，具有结构简单、价格低、使用维修方便等优点，主要用作照明电路的配电开关，也可用作 5.5 kW 以下电动机的非频繁启动控制开关。闸刀安装在瓷质底板上，每相附有熔丝、接线柱，用胶木罩壳盖住闸刀，以防止切断电源时电弧烧伤操作者。这种开关没有专门的灭弧装置，操作者应站在开关侧面，动作必须迅速果断。胶盖闸刀开关的结构如图 9.20 所示，由于开关内部装设了熔丝，所以当它控制的电路发生了短路故障时，可通过熔丝的熔断迅速切断故障电路。开启式负荷开关用于照明电路时，可选用额定电流等于或大于电路最大工作电流的二级开关；用于电动机的直接启动时，选用额定电流等于或大于 3 倍电动机额定电流的三级开关。该开关常用型号有 HK1 和 HK2 系列。

图 9.19　三极单投刀开关

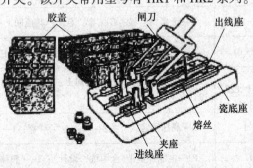

图 9.20　胶盖闸刀开关

（3）封闭式负荷开关。封闭式负荷开关俗称铁壳开关，具有通断性能好、操作方便、使用安全等优点。其适用于各种配电设备中，供不频繁手动接通和分断负载电路及短路保护之用。铁壳开关结构如图9.21所示，主要由刀开关、熔断器和铁制外壳组成。在刀闸断开处有灭弧罩，断开速度比胶盖闸刀快，灭弧能力强。其铁壳盖与操作手柄有机械联锁，只有操作手柄处于断开状态，才能打开铁壳盖；铁壳盖打开时，不能合闸，比较安全。开关的型号主要有HH3、HH4、HH12等系列。

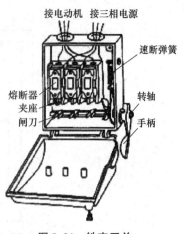

图9.21　铁壳开关

3. 低压熔断器

低压熔断器是常用的一种简单的保护电器。与高压熔断器一样，主要作为短路保护用，在一定条件下也可以起过负荷保护的作用。低压熔断器工作原理同高压熔断器一样，当线路中出现故障时，通过的电流大于规定值，熔体产生过量的热而自熔断，电路由此被分断。

低压熔断器常用的有瓷插式（RC1 A）、螺旋式（RL7）、无填料密闭管式（RM10）、有填料密闭管式（RTO）等多种类型。常用的低压熔断器结构如图9.22所示。

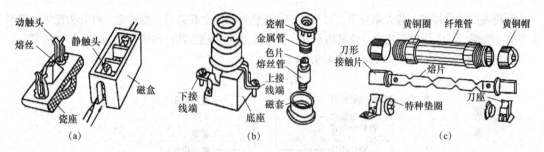

（a）　　　　　　　　　　　（b）　　　　　　　　　　　（c）

图9.22　常用低压熔断器结构

（a）瓷插式；（b）螺旋式；（c）无填料密闭管式

瓷插式低压熔断器灭弧能力差，只适用于故障电流较小的线路末端使用。其他几种类型的低压熔断器均有灭弧措施，分断电流能力比较强。无填料密闭管式低压熔断器结构简单，螺旋式低压熔断器更换熔管时比较安全，有填料密闭管式低压熔断器的断流能力更强。

4. 低压断路器

低压断路器（文字符号和图形符号与高压断路器相同）是一种能带负荷通断电路，又能在短路、过负荷、欠压或失压的情况下自动跳闸的开关设备。其原理示意图如图9.23所示，它由触点、灭弧装置、转动机构和脱扣器等部分组成。脱扣器完成各种保护功能，具体如下：

（1）热脱扣器。热脱扣器用于线路或设备长时间过载保护，当线路电流出现较长时间过载时，金属片受热变形，使断路器跳闸。

（2）过流脱扣器。过滤脱扣器用于短路、过负荷保护，当电流大于动作电流时自动断开断路器。分为瞬时短路脱扣器和过流脱扣器（又分长延时和短延时）两种。

（3）分励脱扣器。分励脱扣器用于远距离跳闸。远距离合闸操作可采用电磁铁或电动储能合闸。

（4）欠压或失压脱扣器。欠压或失压脱扣器用于欠压或失压（零压）保护，当电源电压低于定值时自动断开断路器。

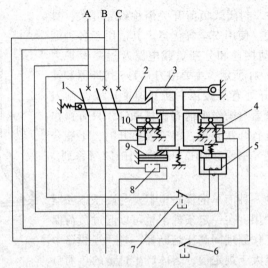

图 9.23 低压断路器原理示意图

1—主触点；2—跳钩；3—锁扣；4—分励脱扣器；5—失压脱扣器；6，7—脱扣按钮；
8—加热电阻丝；9—热脱扣器；10—过电流脱扣器

断路器的种类很多。按灭弧介质，可分为空气断路器和真空断路器；按用途，可分为配电、电动机保护、照明、漏电保护等几类；按结构形式，分为万能式(框架结构)和塑壳式(装置式)两大类。

低压断路器型号的表示和含义如图 9.24 所示。

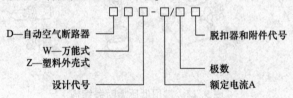

图 9.24 低压断路器型号的表示和含义

(1)塑壳式低压断路器。目前常用的塑壳式低压断路器主要有 DZ20、DZ15、DZX10 系列及引进国外技术生产的 H 系列、S060 系列、3VE 系列、TO 和 TG 系列。

塑壳式低压断路器所有机构及导电部分都装在塑料壳内，在塑料壳正面中央有操作手柄，手柄有三个位置，在壳面中央有分合位置指示。

1)合闸位置，手柄位于向上位置，断路器处于合闸状态。

2)自由脱扣位置，位于中间位置，只有断路器因故障跳闸后，手柄才会置于中间位置。

3)分闸和再扣位置，位于向下位置，当分闸操作时，手柄被扳到分闸位置，如果断路器因故障使手柄置于中间位置，需要将手柄扳到分闸位置(这时叫作再扣位置)时，断路器才能进行合闸操作。

(2)万能式低压断路器。万能式低压断路器主要有 DW15、DW18、DW40、CB12(DW48)、DW914 系列及引进国外技术生产的 ME 系列、AH 系列、AE 系列。其中 DW40、CB12 系列采用智能脱扣器，能实现微机保护。万能式低压断路器的内部结构主要有机械操作和脱扣系统、触点及灭弧系统、过电流保护装置三大部分。万能式低压断路器操作方式有手柄操作、电动机操作、电磁操作等。

(3)漏电断路器。漏电断路器是在断路器上加装漏电保护器件，当低压线路或电气设备发生人身触电、漏电和单相接地故障时，漏电断路器便快速自动切断电源，保护人身和电气设备的安全，避免事故扩大。按照动作原理，漏电断路器可分为电压型、电流型和脉冲型。按照结构，可分为电磁式和电子式。

漏电保护型的空气断路器在原有代号上再加上字母L，表示是漏电保护型的。如DZ15L-60系列漏电断路器。漏电保护型断路器的保护方式一般分为低压电网的总保护和低压电网的分级保护两种。

5. 交流接触器

接触器的工作原理是利用电磁吸力来使触点动作，它可以用于需要频繁通断操作的场合。接触器按电流类型不同可分为直流接触器和交流接触器。在建筑工程中常用的是交流接触器。目前常见的交流接触器型号有CJ12、CJ20、B、LCI-D等系列。

接触器的结构原理如图9.25所示。当线圈通电后，铁芯被磁化为电磁铁，产生吸力。当吸力大于弹簧反弹力时衔铁吸合，带动拉杆移动，将所有常开触点闭合、常闭触点打开。线圈失电后，衔铁随即释放并利用弹簧的拉力将拉杆和动触点恢复至初始状态。接触器的触点分两类：一类用于通断主电路，称为主触点，有灭弧罩，可以通过较大电流；另一类用于控制回路中，可以通过小电流，称为辅助触点。辅助触点主要有常开和常闭两类。

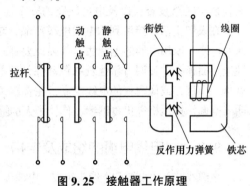

图9.25 接触器工作原理

（1）交流接触器的组成部分。

1）电磁机构：由线圈、动铁芯（称为衔铁）、静铁芯、反力弹簧组成。

2）触点系统：包括主触点和辅助触点。主触点用于通断大电流主电路，一般有3对或4对常开触点；辅助触点用于控制线路，起电气联锁或控制作用，通常有两对常开（2 NO）、两对常闭（2 NC）触点。

3）灭弧装置：容量在10 A以上的接触器都有灭弧装置。对于小容量的接触器，常采用双断口桥式触点，以利于熄灭电弧；对于大容量的接触器，低压接触器常采用纵缝灭弧罩及栅片灭弧结构，高压接触器多采用真空灭弧。

4）其他部件：包括反力弹簧、缓冲弹簧、触点反力弹簧、传动机构及外壳和支架等。

（2）交流接触器的主要技术参数和类型。

1）额定电压：有两种，一是指主触点的额定电压（线电压），交流有220 V、380 V和660 V，在特殊场合应用的额定电压高达1 240 V；二是指吸引线圈的额定电压，交流有36 V、127 V、220 V和380 V。

2）额定电流：指主触点的额定工作电流。它是在一定的条件（额定电压、使用类别和操作频率等）下规定的，目前常用的电流等级为9～800 A。

3）机械寿命和电气寿命：接触器是频繁操作电器，应有较高的机械和电气寿命。该指标是产品质量的重要指标之一。

4）额定操作频率：指每小时允许的操作次数，一般为300次/h、600次/h和1 200次/h。

5）动作值：指接触器的吸合电压和释放电压。规定接触器的吸合电压大于线圈额定电压的85%时应可靠吸合，释放电压不高于线圈额定电压的70%。

6）极数：一般指的是主触点极数，有单极、三极、四极、五极。

（3）接触器的选择。

1）根据负载性质选择接触器的结构形式及使用类别。

2）额定电压应大于或等于主电路工作电压。

3）额定电流应大于或等于被控电路的工作电流。对于异步电动机负载，还应根据其运行方式(有无反接制动)适当增大或减小通断电流。

4) 吸引线圈的额定电压与频率要与所在控制电路的使用电压和频率相一致。

5) 接触器触点数和种类应满足主电路和控制电路的要求。

9.3 常用电线电缆

电线和电缆是分配电能和传递信息的主要器件。其选择合理与否，直接影响到有色金属的消耗量与线路投资，以及电力线路的安全运行。

在人们生活中接触到的电线电缆产品，越来越强调安全性及绿色环保性。与人们休戚相关的照明电线、家用电器的电源线等都强调要通过 3 C 认证(中国电线电缆产品强制性认证)，并且在性能方面越来越强调可靠性及绿色环保性，即电线电缆万一遇火警条件下，或者其外护套着燃时低烟、少烟，或像耐火的电线产品，在着燃条件下仍可继续使用 3～4 h，从而使大楼中的电梯、照明、空调、排风机等仍可继续工作，为人的逃生赢得宝贵的时间。

9.3.1 电线电缆的组成及结构

电缆线路是由电缆和电缆头组成。电缆由导体、绝缘层和保护层三大部分组成，如图 9.26 所示。

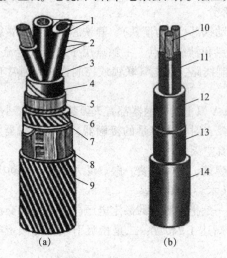

图 9.26 电力电缆
(a)油浸纸绝缘电力电缆；(b)交联聚乙烯电力电缆

1，10—铝芯(或铜芯)；2—油浸纸绝缘层；3—麻筋(填料)；4—油浸纸(统包绝缘)；5—铝包(或铅包)；
6—涂沥青的纸带(内护层)；7—浸沥青的麻包(内护层)；8—钢铠(外护层)；9—麻包(外护层)；
11—交联聚乙烯(绝缘层)；12—聚氯乙烯护套(内护层)；13—钢铠或铝铠；14—聚氯乙烯外壳

(1)导体一般由多股铜线或铝线绞合而成，便于弯曲。

(2)线芯采用扇形，可减小电缆外径。

(3)绝缘层用于使导体线芯之间或线芯与大地之间良好的绝缘。

(4)保护层是用来保护绝缘层，使其密封，并保持一定的机械强度，以承受电缆在运输和敷设时所承受的机械力，并且防止潮气进入。

电缆头包括电缆中间接头和电缆终端头。电缆线路的故障大部分情况下发生在电缆接头处，所以电缆头是电缆线路中的薄弱环节，对电缆头的安装质量尤其要重视，要求密封性好，有足够的机械强度，耐压强度不低于电缆本身的耐压强度。

建筑内采用的配电线路及从电杆上引进户内的线路多为绝缘导线。电线结构由导体和绝缘体组成。绝缘导线的线芯材料有铝芯和铜芯两种。绝缘导线外皮的绝缘材料有塑料绝缘材料和橡胶绝缘材料。塑料绝缘线的绝缘性能良好，价格低，可节约橡胶和棉纱，在室内敷设可取代橡胶绝缘线。塑料绝缘线不宜在户外使用，以免高温时软化，低温时变硬变脆。

9.3.2 常用电线、电缆

1. 油浸纸绝缘电力电缆

油浸纸绝缘电力电缆有铅、铝两种护套。铅护套质软，韧性好，易弯曲，化学性能稳定，熔点低，便于制造及施工；但价贵质重，且膨胀系数小于浸渍纸绝缘电缆，线芯发热时电缆内部产生的应力可能使铅包变形。铝护套质轻，成本低，但制造及施工困难。

油浸纸绝缘电力电缆的优点是耐热能力强，允许运行温度较高，介质损耗低，耐电压强度高，使用寿命长；缺点是不能在低温场所敷设，且电缆两端水平差不宜过大，民用建筑内配电不宜采用。

2. 0.6/1 kV 聚氯乙烯绝缘及护套电力电缆

本产品适用于交流额定电压 0.6/1 kV 的线路中，供输、配电能用，要求为：电缆导体长期允许工作温度不超过 70 ℃；短路时(最长持续时间不超过 5 s)，电缆导体的最高温度不超过 160 ℃；敷设电缆时的环境温度应不低于 0 ℃。

(1)电缆的型号、名称及适用场合见表 9.3。

表 9.3　电缆的型号、名称及适用场合

型号		名称	适用场合
铜	铝		
VV	VLV	聚氯乙烯绝缘聚氯乙烯护套电力电缆	敷设在室内、隧道内、管道中，电缆不能承受机械外力作用
VV22	VLV22	聚氯乙烯绝缘聚氯乙烯护套钢带铠装电力电缆	敷设在地下，电缆能承受机械外力作用，但不能承受大的拉力
VV32	VLV32	聚氯乙烯绝缘聚氯乙烯护套细钢丝铠装电力电缆	敷设在地下，电缆既能承受机械外力作用，也能承受大的拉力

(2)阻燃型。

1)普通阻燃型：在原型号前加"ZR"，如 ZR-VV。

2)低烟低卤阻燃型：在原型号前加"DDZ"，如 DDZ-VV；在原型号前加"ZR"，并将型号中字母"V"改写为"VD"，如 ZR-VDVD。

3)低烟无卤阻燃聚烯烃类：在原型号前加"ZR"并将型号中字母"V"改写为"E"，如 ZR-EE。

3. 交联聚乙烯绝缘聚氯乙烯护套电力电缆

(1)用途。本产品适用于 35 kV 及以下电力输、配电系统中，供输配电能用。其广泛用于电力、建筑、工矿、冶金、石油、化工、交通等领域，已完全替代了油浸纸绝缘电力电缆和部分替代聚氯乙烯绝缘电力电缆。

(2)使用特性及主要技术性能。

1)额定电压 U_0/U 分为 0.6/1 kV、1.8/3 kV、3.6/6 kV、6/6 kV、6/10 kV、8.7/15 kV、12/20 kV、

21/35 kV、26/35 kV。

2)导体长期允许的最高工作温度为 90 ℃，短路时(最长持续时间不超过 5 s)，电缆导体的最高温度不超过 250 ℃。

3)敷设时的环境温度不低于 0 ℃，低于 0 ℃时应先加热，最小弯曲半径不小于电缆外径的 15 倍。

4)电缆敷设不受落差限制。

(3)电缆的型号、名称及适用场合见表9.4。

表 9.4　电缆的型号、名称及适用场合

型号		名称	适用场合
铜	铝		
YJV	YJLV	交联聚乙烯绝缘聚氯乙烯护套电力电缆	敷设在室内、隧道、电缆沟及管道中，也可埋在松散的土壤中，电缆不能承受机械外力作用
YJV22	YJLV22	交联聚乙烯绝缘聚氯乙烯护套钢带铠装电力电缆	直埋敷设在地下，电缆承受一定机械外力作用，但不能承受大的拉力
VV23	VLV23	聚氯乙烯绝缘钢带铠装聚乙烯护套电力电缆	

4. 橡胶绝缘电力电缆

橡胶绝缘电力电缆的优点是弯曲性能好，耐寒能力强，特别适合用于水平高差大和垂直敷设的场合，橡胶绝缘橡胶护套软电缆还可用于直接移动式电气设备；缺点是允许运行温度低，耐油性能差，价格较高，一般室内配电使用不多。

5. 控制电缆

控制电缆适用于交流 50 Hz，额定电压 450/750 V、600/1 000 V 及以下的工矿企业、现代化高层建筑的远距离操作、控制、信号及保护测量回路。作为各类电气仪表及自动化仪表装置之间的连接线，起着传递各种电气信号、保障系统安全、可靠运行的作用。用 K 表示控制电缆类别。

6. 综合布线电缆

综合布线电缆是用于传输语言、数据、影像和其他信息的标准结构化布线系统，其主要目的是在网络技术不断升级的条件下，仍能实现高速率数据的传输要求。只要各种传输信号的速率符合综合布线电缆规定的范围，则各种通信业务都可以使用综合布线系统。综合布线系统使用的传输媒体有各种大对数铜缆和各类非屏蔽双绞线及屏蔽双绞线。大对数铜缆主要型号规格如下。

(1)三类大对数铜缆 UTPCAT3.025~100(25~100 对)。

(2)五类大对数铜缆 UTPCAT5.025~50(25~50 对)。

(3)超五类大对数铜缆 UTPCAT51.025~50(25~50 对)。

7. 塑料绝缘电线

该电线绝缘性能好，制造方便，价格低，可取代橡胶绝缘电线。缺点是对气候适应性能较差，低温时易变硬发脆，高温或日光下绝缘老化加快，因此，该电线不宜在室外敷设。

8. 橡胶绝缘电线

根据玻璃丝或棉纱的货源情况配置编织层材料，现已逐步被塑料绝缘电线取代，一般不宜采用。

9. 氯丁橡胶绝缘电线

氯丁橡胶绝缘电线有取代截面在 35 mm² 以下的普通橡胶绝缘电线的趋势。其优点是不易发霉，不延燃，耐油性能好，对气候适应性能好，老化过程缓慢，适合在室外架空敷设；缺点是绝缘层机械强度较差，不适合穿管敷设。

9.3.3 电线、电缆型号表示及含义

1. 配电线路常用电线型号、名称及主要应用范围

配电线路常用电线型号、名称及主要应用范围见表9.5。

表9.5 常用绝缘电线型号、名称及主要应用范围

型号	名称	主要应用范围
BV	铜芯聚氯乙烯塑料绝缘线	户内明敷或穿管敷设
BDV	铝芯聚氯乙烯塑料绝缘线	
BX	铜芯橡胶绝缘线	户内明敷或穿管敷设
BLX	铝芯橡胶绝缘线	
BVV	铜芯聚氯乙烯塑料绝缘护套线	户内明敷或穿管敷设
BLVV	铝芯聚氯乙烯塑料绝缘护套线	
BVR	铜芯聚氯乙烯塑料绝缘软线	用于要求柔软电线的地方，可明敷或穿管敷设
BLVR	铝芯聚氯乙烯塑料绝缘软线	
BVS	铜芯聚氯乙烯塑料绝缘绞型软线	用于移动式日用电器及灯头连接线
RVB	铜芯聚氯乙烯塑料绝缘平型软线	
BBX	铜芯橡胶绝缘玻璃纺织线	户内外明敷或穿管敷设
BBLX	铝芯橡胶绝缘玻璃纺织线	

2. 电力电缆型号

电力电缆型号、含义见表9.6。

例如，ZQ22-10(3×70)表示油浸纸介质绝缘内铅包护套外钢带铠装铜芯电缆，耐压等级10 kV，3 芯，导线标称截面面积为70 mm^2。

VV22-1.0(3×95+1×50)表示聚氯乙烯绝缘与护套钢带铠装铜芯电缆，耐压等级1 kV，4 芯，相线三芯标称截面面积为95 mm^2，中性线标称截面面积为50 mm^2。

表9.6 电力电缆型号、名称含义

类别	导体	内护套	特征	外护套
Z：油浸纸绝缘	L：铝芯	Q：铅包	P：滴干式	01：纤维外被
V：聚氯乙烯绝缘	T：铜芯	L：铝包	D：不滴流式	02：聚氯乙烯套
YJ：交联聚乙烯绝缘	（省略）	V：聚氯乙烯护套	F：分相铅包式	03：聚乙烯套
X：橡胶绝缘		Y：聚乙烯护套		20：裸钢带铠装
				22：钢带铠装聚氯乙烯套
				23：钢带铠装聚乙烯套
				30：裸细钢丝铠装
				32：细圆钢丝铠装聚氯乙烯套
				33：细圆钢丝铠装聚乙烯套
				41：粗圆钢丝铠装纤维外被

9.4 变电所主接线

变电所的主接线是供电系统中用来传输和分配电能的线路，所构成的电路称为一次电路，又称为主电路或主接线。它由各种主要电气设备(变压器、隔离开关、负荷开关、断路器、熔断器、互感器、电容器等设备)按一定顺序连接而成。主接线图只表示相对电气连接关系而不表示实际位置。通常用单线来表示三相系统。凡用来控制、指示、监测和保护一次设备运行的电路，叫作二次回路，也叫作二次接线。二次回路中所有电气设备都称为二次设备或二次元件，如仪表、继电器、操作电源等。

9.4.1 配电所主接线图

配电所的功能是接收电能和分配电能，所以其主接线比较简单，只有电源进线、母线和出线三大部分。

(1)电源进线。电源进线分为单进线和双进线。单进线一般适用于三级负荷，而对于少数二级负荷，应有自备电源或邻近单位的低压联络线。双进线可适用于一、二级负荷，对于一级负荷，一般要求双进线分别来自不同的电源(电网)。

(2)母线。母线又称汇流排，一般由铝排或铜排构成。它可分为单母线、单母线分段式和双母线。一般对单进线的变配电所采用单母线；对于对线的变配电所，采用单母线分段式或双母线式。因为采用单母线分段式时，双进线就分别接在两段母线上，当有一路进线出现故障或检修时，通过隔离开关的闭合，就可使另一段母线有电，以保证供电连续性。但当另一段母线也出现故障或检修时，与其相连接的配电支路就要停电，为了进一步提高供电可靠性(对于一级负荷而言)，就必须采用双母线。当然，采用双母线会使开关设备的用量增加一倍左右，投资增加很大。

(3)出线。出线起到分配电能的作用，并将母线的电能通过出线的高压开关柜和输电线送到车间变电所。

采用单母线分段式，在每段上都需要装备避雷器和三相五柱式电压互感器，以防止雷电波袭击，电压互感器可进行电压测量和绝缘监视。出线端安装有高压开关柜，每个高压开关柜上都有两个二次绕组的电流互感器。其中，一个绕组接测量仪表，另一个接继电保护装置。

9.4.2 变电所主接线图

变电所的功能是变换电压和分配电能，由电源进线、电力变压器、母线和出线四大部分组成。与配电所相比，它多了一个电力变压器。

(1)电源进线。电源进线起到接收电能的作用，根据上级变配电所到本所传输线路的长短，以及上级变配电所的出线端是否安装高压开关柜，来决定在本所进线处是否需要安装开关设备及其类型。一般而言，若上级变配电所安装有高压开关柜，对输电线路和主变压器进行保护，那么本所可以不装或只装简单的开关设备后与主变压器连接。

对于远距离的输电线路或上级变配电所没有将主变压器的各种保护考虑在内，那么本所一般需要装有高压开关柜。

(2)电力变压器。将进线的电压等级变换为另一个电压等级，如车间变电所将 $6\sim10$ kV 的电压变换为 0.38 kV 的负载设备额定电压。

(3)母线。与配电所一样，变电所的母线也分为单母线、双母线和单母线式分段。后两种适用于双主变压器的变电所。

（4）出线。出线起到分配电能的作用，它通过高压开关柜（高压变电所适用）或低压配电屏（低压变电所适用）将电能分配到各个干线上。

拿到一张图纸时，若看到有母线，就知道它是配电所的主电路图。然后，查看是否有电力变压器，若有电力变压器，则是变电所的主电路图；若无，则是配电所的主电路图。但是不管是变电所的一个电路图还是配电所的主电路图，它们的分析（看图）方法是一样的，都是从电源进线开始，按照电能流动的方向进行。

9.4.3　主接线实例

在绘制电气系统一次电路图时，为完善电路图的功能，即为进一步编制详细的技术文件提供依据和供安装、操作、维修时参考，在电气系统一次电路图上经常标注与电气系统有关的参数，如设备容量、计算容量等几个主要参数，首先搞清楚它们的含义。

（1）设备容量。设备容量是指某一电气系统或某一供电线路（干线）上安装的配电设备（注意包括暂时不用的设备，但不包括备用的设备）铭牌所写的额定容量之和，用符号 P 或 S 表示，单位为 kW 或 kV·A。

（2）计算容量。某一系统或某一干线上虽然安装了许多用电设备，但这些设备在同一时刻不一定都在工作，即使同时运行也不一定同时处于满载运行状态，因为一些设备（特别是容量较大的设备）一般是短时或是间断运行的，因此，不能完全根据设备容量的大小来确定线路导线和开关设备的规格。在工厂变配电设计过程中，要确定一个假定负载，以便满足按照此负载的发热条件来选择电气设备、负载的功率或负载电流，称为计算容量，用 P_{30}、Q_{30}、S_{30} 或 P_{js}、Q_{js}、S_{js} 表示。

（3）计算电流。其计算容量对应的电流称为计算电流，用符号 I_{30} 或 I_{js} 表示。

（4）需要系数。在确定计算容量的过程中，不考虑短时出现的尖峰电流，对持续 30 min 以上的最大负荷必须考虑。需要系数就是考虑了设备是否满负荷、是否同时运行以及设备工作效率等因素确定的一个综合系数，以 K 表示。

下面来识读某工程供电系统主电路图。

（1）系统构成。由图 9.27 所示可以看出，该电气系统有两个电源。1 号电源为 10 kV 架空线路外电源，架空线路电路进入系统时首先经过户外跌开式熔断器 FU 加到主变压器 T。2 号电源为本工程独立的柴油发电机组自备电源。母线分段，供电可靠性高。电源进线与配线采用 1～5 号五个配电屏。成套配电屏结构紧凑，便于安装、维护和管理。

（2）电能流向。母线上方为电源和进线，该系统采用两路电源进线方式，即外电源和自备电源。外电源是正常供电电源，10 kV 电压通过降压变压器 T 将电压变换成 0.4 kV，经 3 号配电屏送到低压 II 段母线，再经 2 号配电屏送到 I 段母线上。为了保证变压器不受大气过电压的侵害，在变压器的高压侧装有 FS-10 型避雷器。自备发电机可以产生 0.4 kV 电压，经 2 号配电屏送到母线上，在外电源因故障或检修中断供电时，可保证重要负荷不间断供电。

其功能特点如下：

（1）电源进线与开关设备 10 kV 高压电源经降压变压器降至 400 V 后，由铝排送到 3 号配电屏，然后送到母线上。3 号配电屏的型号是 BSL-11-01，通过查阅手册得知，其主要用作电源进线。两个刀开关，一个与变压器相连，一个与母线相连，起到隔离电源的作用。配电屏内装有三只电流互感器，主要供测量仪表用。

自备发电机经一个断路器和一个刀开关送到 2 号配电屏，然后引至母线。断路器采用一个额定电流为 250 A、整定动作电流为 330 A 的装置式 DZ 型自动空气断路器，主要用于控制发电机正常送电和对发电机进行保护。刀开关起到对带电母线的隔离作用。2 号配电屏的型号是 BSL-11-06（G），为受电或馈电兼联络用配电屏，有一路进线和一路馈线。进线是由自备发电机

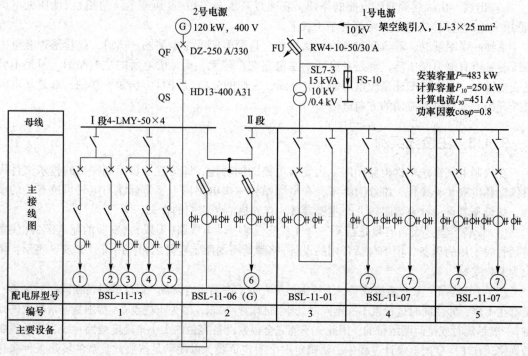

图 9.27　某工程供电系统主电路图

供电，经过三只电流互感器和一组刀熔开关，然后分为三路。其中，左边一路直接与Ⅰ段母线相连，右边一路经过隔离开关送到Ⅱ段母线，这里的隔离开关作为两段母线的联络开关使用，右边另一路接馈线电缆。

（2）母线。此系统采用的是单母线分段放射式接线方式，两段母线经上述隔离刀开关进行联络。外电源正常供电时，自备发电机不供电，联络开关闭合，母线Ⅰ段、Ⅱ段均由 10 kV 架空线路经变压器箱系统供电；外电源中断时，变压器出线开关断开，联络开关也断开，由自备发电机给Ⅰ段母线供电，此时Ⅱ段母线不供电，只供实验室、办公室、水泵房、宿舍等重要负荷。在一定的条件下，两段母线也可全部带电，但要注意根据实际情况断开某些负荷，以确保发电机不超载运行。

（3）馈电线路。在电气系统一次电路图上通过图像与文字描述馈电线路的参量，如线路的编号、线路的设备容量(或功率)、计算容量、计算电流、线路的长度、采用的导线或电缆的型号及截面面积、线路的敷设及安装方式、线路的电压损失、控制开关机动作整定值、电流互感器、线路供电负荷的地点名称等。本系统共有 10 条回路馈电线路，通过查阅技术资料可以获得其他信息。

要读懂以上电气系统图，除要了解系统的构成情况、电能流向和遵循"电源—进线—母线—馈线"的读图次序外，还要了解图形符号的含义、各种设备的型号规格含义、各类电气参数的含义。

9.5　变配电所平面图、剖面图

变配电所平面图、剖面图是根据《建筑制图标准》(GB/T 50104—2010)的要求绘制的，它是体现变配电所的总体布置和一次设备安装位置的图纸，也是设计单位提供给施工单位进行变配电设备安装所依据的主要技术图纸。

(1)变配电所的平面图主要以电气平面布置为依据。变配电所平面图，是将一次回路的主要设备，如电力输送线路、高压避雷器、进线开关、开关柜、低压配电柜、低压配出线路、二次回路控制屏及继电器屏等，进行合理、详细的平面位置(包括安装尺寸)布置的图纸，一般是基于电气设备的实际尺寸按一定比例绘制的。

对于大多数有条件的建筑物来说，应将变配电所设置在室内，这样可以有效地消除事故隐患，提高供电系统的可靠性。室内变配电所主要包括高压配电室、变压器室、低压配电室。另外，根据条件还可以建造电容器室(在有高压无功补偿要求时)、值班室及控制室等。无论采用何种布置方式的变配电所，电气设备的布置与尺寸位置都要考虑安全与维护方便，还应满足电气设备对通风防火的要求。

(2)在变配电所总体布置图中，为了更好地表示电气设备的空间位置、安装方式和相互关系，通常也利用三面视图原理，在电气平面图的基础上给出变配电站的立面、剖面、局部剖面以及各种构件的详图等。

立面图、剖面图与平面图的比例是一致的。立面图一般表示变配电所的外墙面的构造、装饰材料，一般为土建施工中用图。变配电所剖面图是对其平面图的一种补充，详细地表示出各种设备的安装位置、设备的安装尺寸、电缆沟的构造以及设备基础的配制方式等。通过阅读变配电所平面图、剖面图，可以对变配电所有一个完整的、立体的及总体空间概念。

在变配电所平面图、剖面图上，经常使用指引方式将各种设备进行统一编号；然后，在图纸左下角详细列出设备表，将设备名称、规格型号、数量等与设备一一对应起来。

如图9.28~图9.30所示的变配电室为两层框架式楼房建筑，局部三层，中间设电缆夹层。一层层高为4.1 m，内设供电局电缆分界小室、低压配电室及材料室、工具室。电缆夹层层高为2.1 m，三层净高为3.9 m，内设高压配电室、控制室及值班室。供电局电缆分界小室下设夹层，层高2.1 m。低压配电柜和变压器布置在首层，低压绝缘母线下的柜子为空柜，总共有16面柜，变压器为4台，相关型号见表9.7。结合平面图和剖面图可知，左面有30根、前面有20根直径为150 mm的钢管，作为电缆保护管，供电缆进出配电室。10 kV配电装置采用KYN28 A-12中置式高压开关柜，采用VS1-12型真空断路器，弹簧储贮能操作机构。其他相关规格、型号、数量可查表9.7~表9.9。

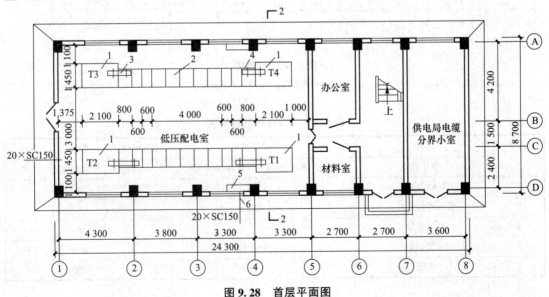

图9.28 首层平面图

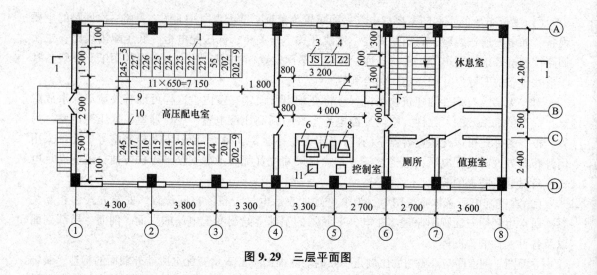

图9.29 三层平面图

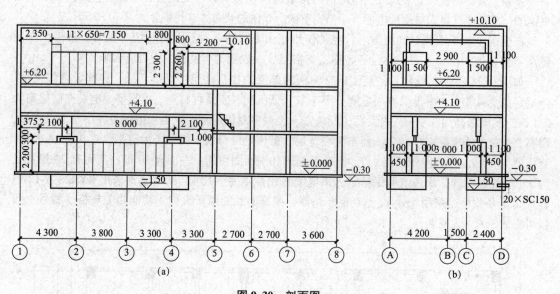

图9.30 剖面图

(a)1—1剖面图；(b)2—2剖面图

表9.7 首层设备及材料表

编号	名称	型号及规格	单位	数量	备注
1	变压器	SCB9-1 250 kV·A/10/0.4 kV	台	4	—
2	低压配电柜	GHK	面	16	—
3	低压绝缘母线	2 500 A	m	8	—
4	母线吊杆	—	个	8	—
5	金属线槽	1 200×200	m	8.6	—
6	钢管	SC150	m	250	—

表 9.8 二层设备及材料表

表 9.8 二层设备及材料表

编号	名称	型号及规格	单位	数量	备注
1	电缆支架	1 式	副	7	—
2	电缆支架	2 式	副	24	—
3	电缆线槽	镀锌 300×200	m	40	—

表 9.9 三层设备及材料表

编号	名称	型号及规格	单位	数量	备注
1	高压配电柜	KYN28 A-12	面	22	—
2	智能模拟屏	PK-1	面	5	—
3	交流所用电屏	PK-10	面	1	—
4	直流电源屏	100 Ah/220	面	2	—
5	计算机	—	台	1	—
6	打印机	—	台	1	—
7	计算机	Intel 系列、2 G 内存、500 G 硬盘	台	2	—
8	封闭母线	1 250 A	m	9	—
9	母线吊架	—	只	2	—
10	椅子	—	把	2	—

9.6 变配电所一次设备安装

变配电工程安装的内容主要是高压配电室、低压配电室、变压器室、控制室中所安装的全部电气设备，包括变压器、各种高压电气设备和低压电气设备。高压电气设备包括高压开关柜、高压断路器、高压隔离开关、高压负荷开关、高压熔断器、高压避雷器等；低压电气设备包括低压配电屏、继电器屏、直流屏、控制屏、硅整流柜等，另外还包括室内电缆、接地母线、高低压母线、室内照明等。

高压电气设备安装的基本要求如下：

(1)安装前，建筑工程屋顶、楼板应施工完毕，不得渗漏；室内地面基层施工完毕，并在墙上标出地面标高。

(2)在配电室内，设备底座及母线的构架安装完成后，做好抹光地面的工作。

(3)配电室的门窗安装完毕；预埋件及预留孔符合设计要求，预埋件牢固；进行装饰时有可能损坏已安装的设备或设备安装后不能再进行装饰的工作应全部结束。

(4)混凝土基础结构及构架达到允许安装的强度和刚度，设备支架焊接质量符合要求。

(5)模板、施工设施及杂物清除干净，并有足够的安装用地，施工道路通畅。

(6)高层构架的走道板、栏杆、平台及梯子等齐全、牢固，基坑已回填夯实。

9.6.1 变压器安装

1. 外观检查

除建筑条件应满足安装需要外，变压器安装前应重点检查变压器的混凝土基础以及轨距是否与变压器的轨距一致。要求场地平整、干净，道路通畅，为变压器搬运创造条件。

(1)检查变压器与图纸上的型号、规格是否相符；油箱及所有附件应齐全，无锈蚀及机械损伤，密封应良好。

(2)油箱箱盖或钟罩法兰及封板的连接螺栓应齐全，坚固良好，无渗漏。浸入油中运输的附件，其油箱应无渗漏。

(3)充油套管的油位应正常、无渗漏，瓷体无损伤。

(4)充气运输的变压器、电抗器，油箱内应为正压，其压力为 0.01～0.03 Pa。

(5)充氮运输的变压器器身内应为正压，压力不应低于 0.98×10⁴ Pa，装有冲击记录仪的设备应检查并记录设备在运输和装卸中的受冲击情况。

(6)检查滚轮轮距是否与基础铁轨轨距相吻合。

2. 器身检查

变压器到达现场后应进行器身检查，器身检查可以吊罩或吊器身，或者不吊罩直接进入油箱内进行。

3. 变压器干燥

安装变压器是否需要进行干燥，应根据施工及验收规范的要求进行综合分析、判断后确定，若绝缘油不符合要求，则需要干燥。

4. 变压器安装

(1)室外安装。变压器、电压互感器、电流互感器、避雷器、隔离开关、断路器一般安装在室外。只有测量系统及保护系统(开关柜、盘、屏等)安装在室内。安装有继电器的变压器安装，应使其顶盖沿着气体断路器气流方向以 1%～1.5%的升高坡度(制造厂规定不需要安装坡度除外)就位。设备就位后，应将滚珠用能拆卸的制动装置加以固定。

(2)柱上安装。变压器容量一般为 320 kV·A 以下，变压器台可根据容量大小选用杆型，有单杆台、双杆台和三杆台等。变压器安装在离地面高度为 2.5 m 以上的变压器台上，台架采用槽钢制作，变压器外壳、中性点和避雷器三者合用一组接地引下线接地装置。接地极根数和土壤的电阻率有关，每组一般为 2～3 根。要求变压器台及所有金属构件均作防腐处理。

(3)室内安装。室内变压器安装在混凝土的变压器基础上时，基础上的构件和预埋件由土建施工用扁钢与钢筋焊接，这种安装方式适合小容量变压器的安装。变压器安装在双层空心楼板上，这种结构使变压器室内空气流通，有助于变压器散热。变压器安装时要求变压器中性点、外壳及金属支架必须可靠接地。

9.6.2　高压开关柜安装

高压开关柜在地坪上安装。用螺栓连接固定时，槽钢与预埋底板焊接，再将扁钢焊接在槽钢上，然后在扁钢上钻孔，用螺栓连接固定。其优点是易于调换新柜，便于维修；用点焊焊接固定时，先将槽钢与预埋底板进行焊接，然后将高压开关柜点焊在槽钢上，如图 9.31 所示。此法易于施工，但更换新柜比较困难。

9.6.3　母线安装

母线分硬母线和软母线两种。硬母线又称汇流排，软母线包括组合软母线。

(1)按材质母线可分为铝母线、铜母线和钢母线 3 种。

(2)按形状母线可分为带形、槽形、管形和组合软母线 4 种。

(3)按安装方式，带形母线有每相 1 片、2 片、3 片和 4 片，组合软母线有 2 根、3 根、10 根、

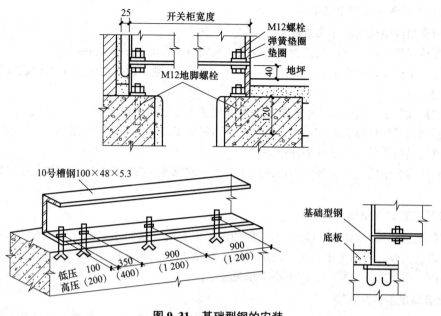

图 9.31　基础型钢的安装

14 根、18 根和 36 根等。

　　母线安装，其支持点的距离要求为：低压母线不得大于 900 mm，高压母线不得大于 700 mm。低压母线垂直安装，且支持点间距无法满足要求时，应加装母线绝缘夹板。母线的连接有焊接和螺栓连接两种。母线排列次序及涂漆的颜色应符合表 9.10 的要求。

表 9.10　母线排列次序及涂漆的颜色

相序	涂漆颜色	排列次序			相序	涂漆颜色	排列次序		
		垂直布置	水平布置	引下线			垂直布置	水平布置	引下线
A	黄	上	内	左	C	红	下	外	右
B	绿	中	中	中	N	黑	下	最外	最右

　　母线的安装不包括支持绝缘子的安装和母线伸缩接头的制作安装。封闭母线的搬运可用汽车起重机及桥式起重机，室内安装段使用链起重机，室外安装使用汽车式起重机，焊接采用氩弧焊。

　　凡是高压线穿墙敷设时，必须用穿墙套管。穿墙套管分室内和室外两种，或称户内和户外穿墙套管。安装时，先将穿墙套管的框架预先安装在土建施工预留的墙洞内。待土建工程完工后，再将穿墙套管(3 个为一组)穿入框架内的钢板孔内，用螺栓固定(每组用 6 套螺栓)。穿墙套管钢板在框架上的固定采用沿钢板四角周边焊接。

　　低压母线穿墙板时，先将角钢预埋在配合土建施工预留洞的四个角上，然后将角钢支架焊接在洞口的预埋件上，再将绝缘板(上、下两块)用螺栓固定在角钢支架上。

　　由于变压器低压套管引出的低压母线支架上的距离大多 1 m 以上，超过了规范规定的 900 mm 的距离，故应在母线中间加中间绝缘板。

9.6.4　低压配电柜的安装

1. 低压电电气设备安装的工艺流程

开箱→预留预埋→摆位→画线→钻孔→固定→配线→检查→测试→通电试验。

2. 低压电电气设备的安装要求

(1)用支架或垫板固定在墙或柱子上。

(2)落地安装的低压电电气设备，其底面一般应高出地面50~100 mm。

(3)操作手柄中心距离地面一般为1 200~1 500 mm，侧面操作的手柄距离建筑或其他设备不宜小于200 mm。

(4)成排或集中安装的低压电电气设备应排列整齐便于操作和维护。

(5)紧固的螺栓规格应选配适当，电气设备固定要牢固，不得采用焊接。

(6)电气设备内部不应受到额外应力。

(7)有防震要求的电气设备要加设减震装置，紧固螺栓应有防松措施，如加装锁紧螺母、锁钉等。

3. 成排布置的配电柜

成排的配电柜长度超过6 m时，柜后面的通道应有两个通向本室或其他房间的出口，并宜布置在通道的两端。当两个出口之间的距离超过15 m时，其间还应增加出口。成排布置的配电柜，其柜前、柜后的通道宽度，应不小于相关规定。

4. 设备满足条件及连接

选择低压配电装置时，除应满足所在网络的标称电压、频率及所在回路的计算电流外，还应满足短路条件下的动、热稳定。对于要求断开短路电流的通、断保护电气设备，应能满足短路条件下的通断能力。

低压断路器和变压器低压侧与主母线之间应经过隔离开关或插头组连接。同一配电室内的两段母线，如任一段母线有一级负荷，则母线分段处应设有防火隔断措施。供给一级负荷的两路电源线路应不敷设在同一电缆沟内。当无法分开时，该两路电源线路应采用绝缘和护套都是非延燃性材料的电缆，并且应分别设置于电缆沟两侧的支架上。

5. 配电装置的布置

应考虑设备的操作、搬动、检修和试验的方便。屋内配电装置裸露带电部分的上面应设有明敷的照明或动力线路跨越（顶部具有符合 IP4X 防护等级外壳的配电装置可例外）。

6. 裸带电体距地面高度

低压配电室通道上方裸带电体距地面高度应不低于下列数值。

(1)柜前通道内为2.5 m，加护网后其高度可降低，但护网最低高度为2.2 m。

(2)柜后通道内为2.3 m，否则应加遮护，遮护后的高度应不低于1.9 m。

总结回顾

1. 电力系统和建筑供配电系统的基本概念，高低电压的划分。

2. 建筑供电负荷的分级，电力负荷按对供电可靠性的要求分为一级负荷、二级负荷、三级负荷三类，其供电要求也各不相同。

3. 建筑低压配电系统的配电方式包括放射式、树干式、混合式、链式，以及各种配电方式的优缺点。

4. 常用的高压电气设备包括变压器、高压断路器、高压隔离开关、高压负荷开关、高压熔断器、电流互感器、电压互感器、避雷器、高压开关柜等。常用的低压电气设备包括低压配电柜、刀开关、低压熔断器、低压断路器、交流接触器。各种设备的表示符号及作用。

5. 常用电线电缆的组成、结构、用途、特点、型号表示及含义。

6. 变配电所主接线图的组成及识图。

7. 变配电所平面、剖面图的识图。

8. 变配电所一次设备安装包括各种高低压设备安装，如变压器、高压开关柜、母线、低压配电柜的安装等。

➤ 课后评价

一、选择题

1. 对于允许中断时间为毫秒级，(　　)为常用的应急电源。

    A. 柴油发电机组 B. 专门馈电线路 　　C. 干电池 　　　　　　D. EPS

2. 对于一个大型公共建筑来说，电源的引入方式适合采用(　　)。

    A. 220 V 　　　　　　B. 380 V 　　　　　　C. 220 kV 　　　　　　D. 10 kV 或 35 kV

3. BVVB 表示(　　)。

    A. 铜芯塑料绝缘导线 　　　　　　　　B. 铜芯塑料绝缘扁平护套线

    C. 铝芯塑料绝缘导线 　　　　　　　　D. 铝芯塑料绝缘圆形护套线

4. 在实际建筑工程中，一般优先选用的电缆应为(　　)。

    A. 不滴油纸绝缘电缆 　　　　　　　　B. 普通油浸纸绝缘电缆

    C. PVC 铠装绝缘电缆 　　　　　　　　D. 交联聚乙烯绝缘电缆

5. 施工现场需要配置混凝土，经常启动混凝土搅拌机，应该采用以(　　)进行频繁控制。

    A. 断路器 　　　　B. 刀开关 　　　　C. 接触器 　　　　D. 熔断器

6. 用于工厂车间防尘的刀开关是(　　)。

    A. 开启式刀开关 B. 胶盖闸刀开关 　　C. 铁壳开关 　　　　D. 转换开关

7. 主要用于在间接触及相线时确保人身安全，也可用于防止电气设备漏电可能引起灾害的器件是(　　)。

    A. 断路器 　　　　　　　　　　　　　B. 剩余电流动作保护器

    C. 熔断器 　　　　　　　　　　　　　D. 隔离器

8. 接触器的主要控制对象是(　　)。

    A. 电动机 　　　　B. 电焊机 　　　　C. 电容器 　　　　D. 照明设备

9. 硬母线的油漆颜色应按 A、B、C 分别涂(　　)色。

    A. 黄、绿、红 B. 绿、黄、红 　　C. 红、黄、绿 　　　　D. 红、绿、黄

10. 柱上安装的变压器应安装在离地面高度(　　)m 以上的变压器台上。

    A. 2. 0 　　　　　　B. 2. 2 　　　　　　C. 2. 5 　　　　　　D. 3. 0

二、判断题

1. 建筑供电一级负荷中的特别重要负荷供电要求为两个独立电源之外增设应急电源。

    　　　　　　　　　　　　　　　　　　　　　　　　　　　　　　　(　　)

2. 快速自动启动的柴油发电机组仅适用于允许中断供电时间为 15 ms 以上的供电。(　　)

3. 正常情况下用电设备容量大于 250 kW 或需用变压器容量大于 160 kV·A 时，应采用高压方式供电。　　　　　　　　　　　　　　　　　　　　　　　　　　　(　　)

4. 民用建筑的高压方式供电，一般采用的电压是 10 kV。　　　　　　　　　(　　)

5. 在建筑电气中，一般 1 kV 以下的配电线路称为低压线路。　　　　　　　(　　)

6. 凡是低压电一定是安全电压。　　　　　　　　　　　　　　　　　　　　(　　)

7. 低压断路器又称低压自动空气开关。它既能带负荷通断正常的工作电路，又能在短路、

过载及电路失压时自动跳闸，因此被广泛应用于低压配电系统中。 （　　）

8. 空气开关既是控制电器也是保护电器，它的特性是自动跳闸、自动合闸。 （　　）

9. 闸刀开关是一种接通或断开电路的低压电器，断开后有明显空气间隙。 （　　）

10. 漏电断路器是在断路器的基础上增加了漏电保护功能。 （　　）

三、简答题

1. 电力系统由哪几部分组成？各部分的作用是什么？

2. 低压配电系统的配电方式有哪些？各有什么特点？

3. 常用高压电气设备有哪些？

4. 常用低压电气设备有哪些？各有何作用？

5. YJV-1.0(3×35+1×10)表示什么含义？

四、试识读某企业 10 kV 独立变电所主接线图

如图 9.32 所示，该变电所一路电缆线路进线，装两台 S9-800 kV·A 10/0.4/0.23 kV 变压器，选用 5 面 KGN-10 型固定式开关柜，其中进线柜、计量柜和电压互感器、避雷器柜各 1 面，馈线柜 2 面。图中标明了开关柜的编号、回路方案号及柜内设备型号规格。

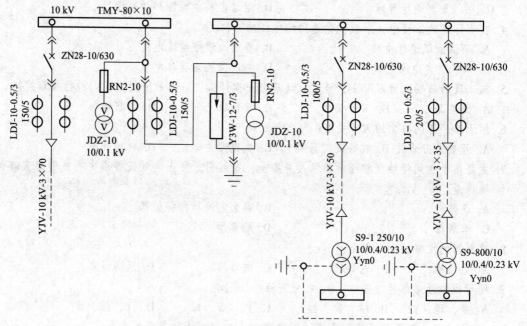

图 9.32　某企业 10 kV 独立变电所主接线图

请回答：

1. 高压进线电缆的型号是什么？说明高压母线的型号和规格。

2. 电压互感器和电流互感器的作用是什么？说明其型号和规格。

3. 高压出线采用什么开关？说明其型号和规格。高压出线电缆的型号是什么？

4. 该变电所有几台变压器？容量分别为多少？

任务10 建筑照明与动力系统

工作任务	建筑照明与动力系统
教学模式	任务驱动
任务介绍	建筑照明系统由照明装置及其电气部分组成。照明装置主要指灯具及其附件，照明系统的电气部分指照明配电箱、照明线路及其照明开关等。 　　动力系统由以电动机为动力的成套定型的电气设备，小型的或单个分散安装的控制设备、保护设备、测量仪表、母线架设、配管、配线、接地装置等组成
学有所获	1. 了解照明系统的基本物理量；照明电光源的主要性能指标；照明电光源及特性。 　　2. 掌握室内配电线路的表示方法。 　　3. 掌握室内电气照明工程的组成。 　　4. 掌握照明与动力工程施工图的识读

任务导入

　　照明是人们生活和工作不可缺少的条件，良好的照明有利于人们的身心健康，保护视力，提高劳动生产率及保证生产安全。照明又能对建筑进行装饰，发挥和表现建筑环境的美感，因此照明已经成为现代建筑的重要组成部分。

　　除照明系统外，还有一种向电动机配电以及对电动机进行控制的动力配置系统。例如，水泵房泵房机组、排水排污处理系统、暖通空调、洁净排烟消防风机系统、电梯系统等，它们的输送功率较大，称为动力系统。

任务分解

　　本任务主要介绍建筑照明基本知识、照明工程施工图识读、室内电气照明工程安装、动力工程施工图识图等内容。

任务实施

10.1　照明的基本知识

10.1.1　照明系统的基本物理量

1. 光

光是电磁波，可见光是人眼所能感觉到的那部分电磁辐射能，光在空间以电磁波的形式传播，波长范围约为 380～780 nm。

可见光在电磁波中仅是很小的一部分，波长小于 380 nm 的叫作紫外线；波长大于 780 nm 的叫作红外线。

在可见光区域内不同波长的光呈现不同的颜色，波长从 780 nm 向 380 nm 变化时，光会出现红、橙、黄、绿、青、蓝、紫七种不同的颜色。

2. 光通量

光源在单位时间内，向周围空间辐射出使人眼产生光感觉的能量称为光通量，以字母 ϕ 表示，单位是流明(lm)。

3. 发光强度

光源在给定方向上、单位立体角内辐射的光通量，称为在该方向上的发光强度，以字母 I 表示，单位是坎德拉(cd)。发光强度是表示光源(物体)发光强弱程度的物理量。

4. 照度

被照物体表面单位面积上接收到的光通量称为照度，以字母 E 表示，单位是勒克斯(lx)。照度只表示被照物体上光的强弱，并不表示被照物体的明暗程度。

合理的照度有利于保护人的视力，提高劳动生产率。《建筑照明设计标准》(GB 50034—2013)规定了常见民用建筑的照度标准。

5. 亮度

一个单元表面在某一方向上的光强密度称为亮度。亮度表示测量到的光的明亮程度，它是一个有方向的量。当一个物体表面被光源(如一个灯泡)照亮时，在物体表面上所能看到的就是光的亮度。在视野内由于亮度分布不均或在空间、时间上存在极端的亮度对比，引起人的视力不舒服或视力下降的现象称为眩光。

10.1.2 照明电光源的主要性能指标

照明电光源的主要性能指标包括显色指数、发光效率、平均寿命、频闪效应、启燃时间和再启燃时间等，这些是选择和使用光源的依据。

(1)显色指数：衡量光源显现被照物体真实颜色的能力的参数，以标准光源为准，将其显色指数定为 100，其余光源的显色指数均低于 100。显色指数(0~100)越高的光源对颜色的再现越接近自然原色。显色指数用 Ra 表示。

(2)发光效率(光效)：光源将电能转化为可见光的效率，即光源消耗每一瓦电能所发出的光，数值越高表示光源的效率越高。从经济方面考虑，发光效率是一个重要的参数，用符号 η 表示，单位为流明/瓦(lm/W)。

(3)平均寿命：指一批灯点燃发光，当其中有 50% 的灯损坏不亮时点燃的时间。单位为小时(h)。

(4)频闪效应：电感式荧光灯随着电压、电流周期性变化，光通量也周期性地产生强弱变化，使人眼观察转动物体时产生不转动的错觉，称为频闪效应。频闪效应还会使人产生不舒服的感觉，降低劳动生产率。电子式荧光灯不会产生频闪效应，是"绿色照明工程"产品。

(5)启燃时间：指光源接通电源到光源达到额定光通量输出所需的时间。

(6)再启燃时间：指正常工作着的光源熄灭后立刻再点燃所需要的时间。

10.1.3 电气照明的基本要求

电气照明的基本要求包括适宜的照度水平、照度均匀、照度的稳定性、合适的亮度分布、消除频闪、限制眩光、减弱阴影、光源的显色性要好。

10.1.4 照明种类

按照明的用途分类，照明的种类包括以下几种。

（1）正常照明。正常工作时使用的照明。它一般可单独作用，也可与事故照明、值班照明同时使用，但控制线路必须分开。

（2）应急照明。因正常照明的电源失效而启用的照明，它包括备用照明、安全照明和疏散照明三种。

1）备用照明是指正常照明因故障熄灭后，需确保正常工作或活动继续进行而设置的照明。

2）安全照明是指正常照明因故障熄灭后，需确保处于潜在危险中的人员安全而设置的照明。

3）疏散照明是指正常照明因故障熄灭后，需确保疏散通道被有效地辨认和使用而设置的照明。

应急照明必须采用能瞬时点亮的可靠光源，一般采用白炽灯或卤钨灯。

（3）值班照明。在非工作时间内，供值班人员使用的照明叫作值班照明。值班照明可利用正常照明中能单独控制的一部分，或利用应急照明的一部分或全部作为值班照明。值班照明应该有独立的控制开关。

（4）警卫照明。根据警卫区域范围的要求设置的照明，如监狱的探照灯等。

（5）景观照明。城市中的标志性建筑、大型商业建筑、具有重要的政治文化意义的构筑物上设置的照明。

（6）障碍照明。在可能危及航行安全的建筑物或构筑物上安装的标志灯。

10.1.5 常用电光源及特性

凡可以将其他形式的能量转换成光能，从而提供光通量的设备、器具统称为光源，其中可以将电能转换为光能，从而提供光通量的设备、器具则称为电光源。

常用的电光源有热辐射发光电光源（如白炽灯、卤钨灯等），气体放电发光电光源（如荧光灯、汞灯、钠灯、金属卤化物灯等）、固体发光电光源（如 LED 等）。

气体放电发光电光源按放电的形式可分为弧光放电灯和辉光放电（如霓虹灯）。气体放电发光电光源一般比热辐射发光电光源发光效率高、寿命长，能制成各种不同光色，在电气照明中应用日益广泛。气体放电发光电光源一般应与相应的附件配套才能接入电源使用。热辐射发光电光源结构简单，使用方便，显色性好，故在一般场所仍被普遍采用。常用照明电光源的主要特性比较见表 10.1。

表 10.1　常用照明电光源的主要特性

光源名称	普通白炽灯	卤钨灯	荧光灯	高压汞灯	管形氙灯	高压钠灯	卤化物灯
额定功率范围/W	10～1 000	500～2 000	6～125	50～1 000	1 500～100 000	250～400	400～3 500
发光效率/(lm·W⁻¹)	6.5～19	19.5～33	25～67	30～50	20～37	90～100	60～80
平均寿命/h	1 000	1 500	2 000～3 000	2 500～5 000	500～1 000	3 000	2 000
一般显色指数(Ra)	95～99	95～99	70～80	30～40	90～94	20～25	65～85
启燃稳定时间	瞬时	瞬时	1～3 s	4～8 min	1～2 s	4～8 min	4～8 min
再启燃时间	瞬时	瞬时	瞬时	5～15 min	瞬时	10～20 min	10～15 min
功率因数	1	1	0.33～0.7	0.44～0.67	0.4～0.9	0.44	0.4～0.61
频闪效应	不明显	不明显	明显	明显	明显	明显	明显

光源名称	普通白炽灯	卤钨灯	荧光灯	高压汞灯	管形氙灯	高压钠灯	卤化物灯
表面亮度	大	大	小	较大	大	较大	大
色温/K	2 800~2 900	3 000~3 200	2 900~6 500	5 500	5 500~6 000	2 000~2 400	5 000
感觉	暖	暖	中间	冷	冷	暖	冷

常见电光源如下：

(1)白炽灯。白炽灯是靠钨丝白炽体的高温热辐射发光，它结构简单，使用方便，显色性好。尽管白炽灯的功率因数接近1，但因热辐射中只有2%~3%为可见光，故发光效率低，一般为7~19 lm/W，平均寿命约为1 000 h，且不能振动。

(2)荧光灯。荧光灯是由镇流器、灯管、启动(启辉)器和灯座等组成。灯内抽真空后封入汞粒，并充入少量氩、氮、氖等气体。所以，日光灯也是一种低压的汞蒸气弧光放电灯。在最佳辐射条件下，能将2%的输入功率转换为可见光，60%以上转换为紫外辐射，紫外线再激发灯管内壁荧光粉而发光。

目前常见的荧光灯有如下几种：

1)直管形荧光灯：这种荧光灯属双端荧光灯。常见标称功率为4~125 W。灯头用G5、G13。管径较多采用T5和T8。为了方便安装、降低成本和安全起见，许多直管形荧光灯的镇流器都安装在支架内，构成自镇流型荧光灯。

2)彩色直管形荧光灯：常见标称功率为20 W、30 W、40 W。管径用T4、T5、T8。灯头用G5、G13。彩色直管形荧光灯的光通量较低，适用于商店橱窗、广告或类似场所的装饰和色彩显示。

3)环形荧光灯：除形状外，环形荧光灯与直管形荧光灯没有多大差别，常见标称功率为22 W、32 W、40 W，灯头用G10q。主要提供给吸顶灯、吊灯等作配套光源，供家庭、商场等照明用。

4)单端紧凑型节能荧光灯：这种荧光灯的灯管、镇流器和灯头紧密地连成一体(镇流器放在灯头内)，故称为"紧凑型"荧光灯。整个灯通过E27等灯头直接与供电网连接，可方便地直接取代白炽灯。这种荧光灯大都使用稀土元素三基色荧光粉，具有节能功能。

(3)卤钨灯。卤钨灯是一种热辐射光源，在被抽成真空的玻璃壳内除充入惰性气体外，还充入少量的卤族元素(如氟、氯、溴、碘)。在卤钨灯点燃时，从灯丝蒸发出来的钨在管壁区与卤元素反应形成挥发性的卤钨化合物。为了使管壁处生成的卤化物处于气态，其管壁温度很高，必须使用耐高温的石英玻璃和小尺寸泡壳。由于泡壳尺寸小、强度高，其工作气压比普通白炽灯高很多，这样使卤钨灯中钨的蒸发受到更有力的抑制。由于上述两个原因，卤钨灯工作温度和发光效率大为提高，寿命也增长。

目前广泛采用的是溴、碘两种卤素，分别叫作溴钨灯和碘钨灯。碘蒸气呈现紫红色，吸收5%的可见光，发光效率比溴钨灯低4%~5%，但寿命比溴钨灯长。碘钨灯管内充入惰性气体使发光效率提高。其寿命比白炽灯高一倍多。使用中灯管要平放，倾角不超过4°；注意勿溅上雨水，因为灯管温度高达250 ℃。

(4)高压水银灯。高压水银灯又称"高压汞灯"，是利用高压水银蒸气放电发光的一种气体放电灯。高压水银灯按构造的不同分为两种。

1)外镇流式高压水银灯。外泡及内管中均充入惰性气体(氮和氩)，内管中还装有少量水银，外泡内壁中还涂有荧光粉。工作时内管中水银蒸气压力很高，通常为101.325~1 014.25 kPa，所以称为高压水银灯。

镇流器的作用有两种：一种是产生高压脉冲以点燃高压水银灯；另一种是稳定工作电流。

补偿器的作用是改善功率因数。

高压水银灯的优点是省电、耐震、寿命长、发光强；缺点是启动慢，需 4～8 min；当电压突然下降 5%时会熄灯，再启燃时间约 5～10 min；显色性差，功率因数低。

2）自镇流高压汞灯。自镇流高压汞灯省去了镇流器，代之自镇流灯丝，没有任何附件，旋入灯座即可点燃。

自镇流高压汞灯的优点是发光效率高、省电、附件少，功率因数接近 1；缺点是寿命短，只有大约 1 000 h。由于自镇流高压汞灯的光色好、显色性好、经济实用，故用于施工现场照明或工业厂房整体照明。

（5）高压钠灯。高压钠灯使用时发出金白色光。其具有以下特点：

1）发光效率高、耗电少、寿命长、透雾能力强和不诱虫，广泛应用于道路、高速公路、机场、码头、车站、广场、街道交汇处、工矿企业、公园、庭院照明及植物栽培。

2）高显色高压钠灯主要应用于体育馆、展览厅、娱乐场、百货商店和宾馆等场所照明。

3）结构简单，坚固耐用，平均寿命长。

4）钠灯显色性差，但紫外线少，不诱飞虫。

5）电压变化对高压钠灯的光输出影响较为显著，若电压突然下降 5%以上，则可能自灭，再启燃需要 10～15 min。

6）钠灯黄色光谱透雾性能好，最适于交通照明。

7）耐震性能好。

8）受环境温度变化影响小，适用于室外。

9）功率因数低。

（6）金属卤化物灯。金属卤化物灯是气体放电灯中的一种，其结构和高压汞灯相似，是在高压汞灯的基础上发展起来的，所不同的是在石英内管中除了充有汞、氩之外，还有能发光的金属卤化物（以碘化物为主）。

金属卤化物灯的应用有钠-铊-铟灯（JZG 或 NTY）、管形镝灯（DDG）等，主要用在要求高照度的场所、繁华街道及要求显色性好的大面积照明的地方。

金属卤化物灯的特点如下：

1）发光效率高，平均可达 70～100 lm/W，光色接近自然光。

2）显色性好，即能让人真实地看到被照物体的本色。

3）紫外线向外辐射少，但无外壳的金属卤化物灯紫外线辐射较强，应增加玻璃外罩，或悬挂高度不低于 5 m。

4）平均寿命比高压汞灯短。

5）电压变化影响发光效率和光色的变化，电压突降会自灭，所以电压变化不宜超过额定值的±5%。

6）在应用中除了要配专用变压器外，功率为 1 kW 的钠-铊-铟灯还应配专用的触发器才能点燃。

（7）氙灯。采用高压氙气放电产生很强白光的光源，与太阳光相似，故显色性很好，发光效率高，功率大，有"小太阳"的美称，它适用于广场、公园、体育场、大型建筑工地、露天煤矿、机场等地方的大面积照明。

氙灯可分为长弧氙灯和短弧氙灯两种。在建筑施工现场使用的是长弧氙灯，功率甚高，用触发器启动。大功率长弧氙灯能瞬时点燃，工作稳定，耐低温也耐高温，耐震。氙灯的缺点是平均寿命短，约 500～1 000 h，价格较高。由于氙灯工作温度高，其灯座和灯具的引入线应耐高温。氙灯是在高频高压下点燃，所以高压端配线对地要有良好的绝缘性能，绝缘强度不小于 30 kV。氙灯在工作中辐射的紫外线较多，人不宜靠得太近。

(8)低压钠灯。低压钠灯是利用低压钠蒸气放电发光的电光源，在它的玻璃外壳内涂有红外线反射膜，低压钠灯的发光效率可达 200 lm/W，是电光源中发光效率最高的一种光源，寿命也最长，还具有不眩目的特点。

钠灯光谱在人眼中不产生色差，分辨率高，对比度好，特别适用于高速公路、交通道路、市政道路、公园、庭院照明。低压钠灯也是替代高压汞灯节约用电的一种高效灯种，应用场所也在不断扩大。

(9)发光二极管(LED)。发光二极管是电致发光的固体半导体高亮度电光源，可辐射各种色光和白光，0~100%光输出(电子调光)。其具有寿命长、耐冲击和防振动、无紫外和红外辐射、低电压下工作安全等特点。但单个 LED 功率低，为了获得大功率，需要多个并联使用，并且单个大功率 LED 价格很高，显色指数低，在 LED 照射下显示的颜色没有白炽灯真实。

室内电气照明工程，一般是由进户装置、配电箱、线路、插座、开关和灯具等组成。

10.2　建筑照明工程施工图识读

10.2.1　室内配电线路的表示方法

1. 电气照明线路在平面图中的表示

电气照明线路在平面图中采用线条和文字标注相结合的方法，表示出线路的走向、用途、编号、导线的型号、根数、规格及线路的敷设方式和敷设部位。

2. 线路配线方式及代号

线路的配线方式分为明敷和暗敷两大类。配线方式的文字符号标注见表 10.2。

表 10.2　线路配线方式及代号

中文名称	英文名称	旧符号	新符号	备注
暗敷	Concealed	A	C	
明敷	Exposed	M	E	
铝皮线卡配线	Aluminum clip	QD	AL	
电缆桥架配线	Cable tray	—	CT	
金属软管配线	Flexible metallic conduit	—	F	
水煤气管配线	Gas tube(pipe)	G	G	
瓷夹配线	Porcelain insulator(knob)	CP	K	
钢索配线	Supported by messenger wire	S	M	
金属线槽配线	Metallic raceway	GC	MP	
电线管配线	Electrical metallic tubing	DG	T	
塑料管配线	Plastic conduit	SG	P	
塑料夹配线	Plastic clip	—	PL	含尼龙夹
塑料线槽配线	Plastic raceway	XC	PR	
钢管配线	Steel conduit	GG	S	
槽板配线	—	CB	—	

3. 线路敷设部位及代号

线路敷设部位及代号见表10.3。

表10.3　线路敷设部位及代号

中文名称	英文名称	旧符号	新符号	中文名称	英文名称	旧符号	新符号
梁	Beam	L	B	构架	Rack	—	R
顶棚	Ceiling	P	C	吊顶	Suspended ceiling	P	SC
柱	Column	Z	CL	墙	Wall	Q	W
地面（板）	Floor	D	F				

4. 导线的类型及代号

导线的类型及代号见表10.4。

表10.4　常用绝缘导线型号、名称及主要应用范围

型号	名称	主要应用范围
BV	铜芯聚氯乙烯塑料绝缘线	户内明敷或穿管敷设。B(L)V-105用于温度较高的场合
BLV	铝芯聚氯乙烯塑料绝缘线	
B(L)V-105	耐热105℃铜（铝）芯聚氯乙烯绝缘线	
BX	铜芯橡胶绝缘线	户内明敷或穿管敷设
BLX	铝芯橡胶绝缘线	
BVV	铜芯聚氯乙烯塑料绝缘与护套线	户内明敷或穿管敷设
BLVV	铝芯聚氯乙烯塑料绝缘与护套线	
BVR	铜芯聚氯乙烯塑料绝缘软线	用于要求柔软电线的地方，可明敷或穿管敷设
BLVR	铝芯聚氯乙烯塑料绝缘软线	
BVS	铜芯聚氯乙烯塑料绝缘绞型软线	用于移动式日用电器及灯头连接线
RVB	铜芯聚氯乙烯塑料绝缘平型软线	
BB(L)X	铜（铝）芯橡胶绝缘玻璃纺织线	户内外明敷或穿管敷设
B(L)XF	铜（铝）芯氯丁橡皮绝缘线	固定明、暗敷设，尤其适用于户外

5. 导线根数的表示方法

只要走向相同，无论导线的根数多少，都可以用一根图线表示一束导线，同时在图线上打上短斜线表示根数；也可以画一根短斜线，在旁边标注数字表示根数，所标注的数字不小于3。对于2根导线，可用一条图线表示，不必标注根数。

6. 导线的标注格式

导线的标注格式为 a-b-c×d-e-f。

其中，a表示线路编号；b表示导线型号；c表示导线根数；d表示导线截面；e表示敷设管径；f表示敷设部位。

例如，N1-BV-2×2.5+PE2.5-S20-WC，其中，N1 表示导线的回路编号；BV 表示导线为聚氯乙烯绝缘铜芯线；2 表示导线的根数为 2；2.5 表示导线的截面面积为 2.5 mm²；PE2.5 表示 1 根接零保护线，截面面积为 2.5 mm²；S20 表示穿管为直径为 20 mm 的钢管；WC 表示线路沿墙敷设、暗埋。

10.2.2 照明电器的表示方法

照明电器由光源和灯具组成。

灯具在平面图中采用图形符号表示。在图形符号旁标注文字，说明灯具的名称和功能。

1. 光源的类型及代号

光源的类型及代号见表 10.5。

表 10.5　光源的类型及代号

光源的类型	(新标准)英文	光源的类型	(新标准)英文
白炽灯	IN	氙灯	Xe
荧光灯	FL	氖灯	Ne
碘钨灯	I	电弧灯(弧光灯)	ARC
汞灯	Hg	红外线灯	IR
钠灯	Na	紫外线灯	UV

2. 灯具的类型及代号

灯具的类型及代号见表 10.6。

表 10.6　灯具的类型及代号

灯具类型	代号(拼音)	灯具类型	代号(拼音)
普通吊灯	P	投光灯	T
壁灯	B	工厂灯(隔爆灯)	G
花灯	H	荧光灯	Y
吸顶灯	D	防水、防尘灯	F
柱灯	Z	陶瓷伞罩灯	S
卤钨探照灯	L		

3. 照明电器安装方式及代号

照明电器安装方式及代号见表 10.7。

表 10.7　照明电器的安装方式及代号

安装方式	拼音代号	英文代号	安装方式	拼音代号	英文代号
线吊式	X	CP	嵌入式(不可进入)	R	R
链吊式	L	CH	吸顶嵌入式(可进入)	DR	CR
管吊式	G	P	墙壁嵌入式	BR	WR

安装方式	拼音代号	英文代号	安装方式	拼音代号	英文代号
壁装式	B	W	柱上安装式	Z	CL
吸顶式	D	C			

10.2.3 电力及照明设备的表示方法

电力及照明设备在平面图中采用图形符号表示，并在图形符号旁标注文字，说明设备的名称、规格、数量、安装方式、离开高度等，见表10.8。

表 10.8 电力及照明设备的表示方法

序号	类别	标注方法
1	用电设备 a——设备编号 b——额定功率(kW) c——线路首端熔断片或自动释放器的电流(A) d——标高(m)	$\dfrac{a}{b}$ 或 $\dfrac{a}{b}+\dfrac{c}{d}$
2	电力和照明设备 (1)一般标注方法 (2)当需要标注引入线的规格时 a——设备编号 b——额定功率(kW) c——线路首端熔断片或自动释放器的电流(A) d——标高(m) e——导线根数 f——导线截面面积(mm²) g——导线敷设方式及部位	(1)$a\dfrac{b}{c}$ 或 a-b-c (2)$a\dfrac{b-c}{d(e×f)-g}$
3	开关和熔断器 (1)一般标注方法 (2)当需要标注引入线的规格时 a——设备编号 b——设备型号 c——额定电流(A) i——整定电流(A) d——导线型号 e——导线根数 f——导线截面面积(mm²) g——导线敷设方式及部位	(1)$a\dfrac{b}{c/i}$ 或 a-b-c/i (2)$a\dfrac{b-c/i}{d(e×f)-g}$
4	照明灯具(灯具吸顶安装) a——灯数 b——型号或编号 c——每盏照明灯具的灯泡数 d——灯泡容量(W) e——灯泡安装高度(m) f——安装方式 L——光源种类	$a-b\dfrac{c×d×L}{e}f$

序号	类别	标注方法
5	照明变压器 a——一次电压（V） b——二次电压（V） c——额定容量（VA）	a/b-c
6	照明照度 最低照度（示出 15 lx）	⑮

10.2.4 照明基本线路

（1）一个开关控制一盏灯或多盏灯。这是一种最常用、最基本的照明控制线路，其原理图如图 10.1 所示。到开关和到灯具的线路都是 2 根线（2 根线不需要标准），相线（L）经开关控制后到灯具，以保证断电后灯头无电，零线（N）直接到灯具，一只开关控制多盏灯时，几盏灯均应并联接线。

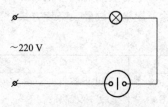

图 10.1　单联开关接线图

（2）多个开关控制多盏灯。当一个空间有多盏灯需要多个开关单独控制时，可以适当将控制开关集中安装，相线可以公用接到各个开关，卡箍控制后分别连接到各个灯具，零线直接到各个灯具。

（3）两个或三个开关控制一盏灯。用两个双控开关在两处控制一盏灯，或者两只双联开关和一只三联开关在三个地方控制一盏灯，通常用于楼上楼下分别控制楼梯灯，或走廊两端分别控制走廊灯。其原理图如图 10.2 和图 10.3 所示。在灯处于关闭状态时，无论扳动哪个开关，灯都会亮。

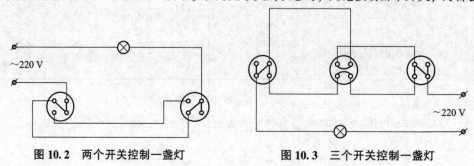

图 10.2　两个开关控制一盏灯　　　　图 10.3　三个开关控制一盏灯

10.2.5 电气照明工程识图举例

1. 电气系统图

电气系统图由配电干线图、电表箱系统图和用户配电箱系统图等组成。

（1）配电干线图。配电干线图表明了该系统电能的接收和分配情况，同时也反映出了该系统内电表箱、配电箱的数量关系，如图 10.4 所示。

安装在底层的电表箱的文字符号为 AL，它也是该系统的总配电箱，底层还设有两个用户配电箱 AM1-1、AM1-2；2～4 层每层均有 1 台用户配电箱，它们的文字符号分别为 AM2、AM3、AM4。

（2）照明配电系统图。如图 10.5 所示，由该照明配电系统图可了解到该照明配电箱引出 8 回路支线，其中 6 回路照明支线，回路编号分别为 N1～N6，均为 2 根 2.5 mm² 聚氯乙烯绝缘铜芯线穿钢管 SC15 保护；1 回路普通插座支线，回路编号 N7，为 3 根 4 mm² 聚氯乙烯绝缘铜芯线穿钢管 SC20 保护；1 回路空调插座支线 N8，为 3 根 4 mm² 聚氯乙烯绝缘铜芯线穿钢管 SC20 保护。

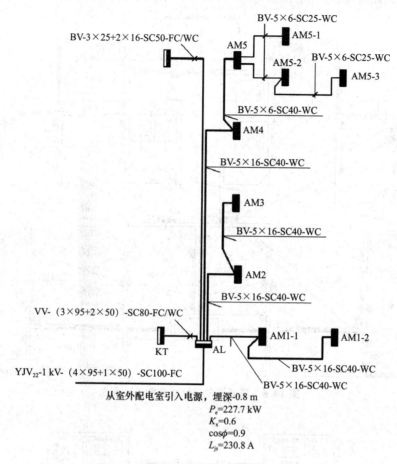

图 10.4　干线系统图

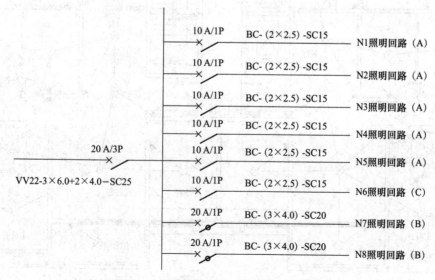

图 10.5　某商场楼层配电箱照明配电系统图

2. 电气平面图

电气平面图以某高层公寓标准层为例，如图 10.6 和图 10.7 所示。

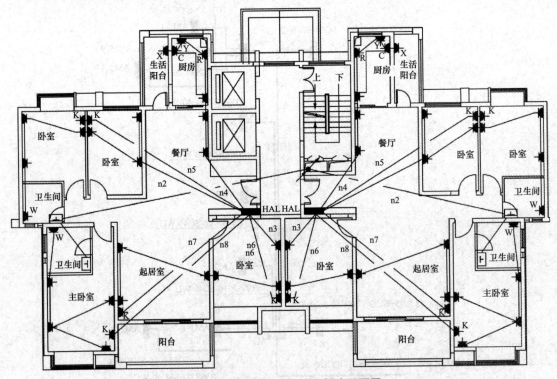

图 10.6　某高层公寓标准层插座平面图

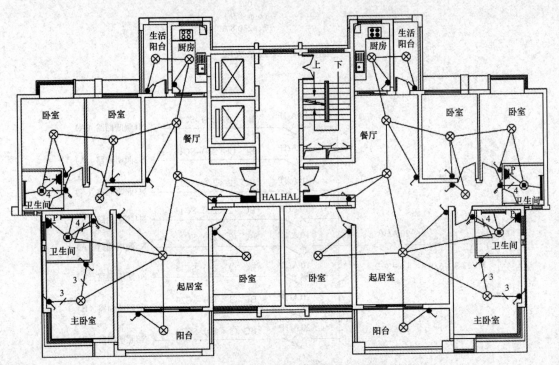

图 10.7　某高层公寓标准层照明平面图

10.3 室内电气照明工程安装

室内电气照明工程一般是由进户装置、配电箱、线路、插座、开关和灯具等组成，如图10.8所示。

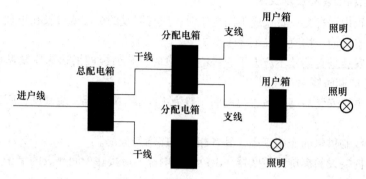

图10.8 照明线路的组成

10.3.1 进户装置安装

室内电源是从室外低压供电线路上接入户的，室外引入电源有单相二线制、三相三线制和三相四线制。进户装置包括横挡(钢制或木制)、瓷瓶、引下线(从室外电线杆引至横挡的电线)和进户线(从横挡通过进户管引至配电箱的电线)、进户管(保护过墙进户线的管子)。

低压引入线从支持绝缘子起至地面的距离不小于2.5 m；建筑物本身低于2.5 m的情况，应将引入线横挡加高。引入线应采用"倒人字"做法。多股导线禁止采用吊挂式接头做法。在接保护中性线系统中，引入线的中性线在进户处应做好重复接地。其接地电阻应大于10 Ω。

架空导线进入建筑物，如图10.9所示，需注意以下几点。

(1)凡引入线直接与电度表接线者，由防水弯头"倒人字"起至配电盘间的一段导线，均用500 V铜芯橡胶绝缘电线；如有电流互感器，二次线应用铜线。

(2)角钢支架燕尾螺栓一律随砌墙埋入。

(3)引入线进口点的安装高度，距地面不应低于2.5 m。

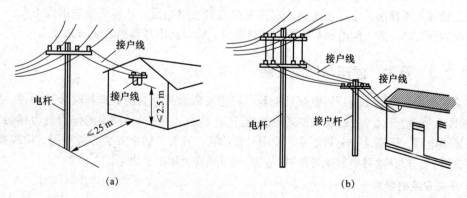

图10.9 低压架空线路电源引入线

(a)直接接户型；(b)加杆接户型

10.3.2 照明配电箱安装

在配电箱内有各种控制开关和保护电器。进户后设置的配电箱为总配电箱，控制分支电源的配电箱为分配电箱。配电箱按用途可分为动力配电箱和照明配电箱。

照明配电箱有标准和非标准型两种。照明配电箱的安装方式有明装和嵌入式暗装两种。

1. 照明配电箱安装的技术要求

(1)在配电箱内，有交、直流或不同电压时，应有明显的标志或分设在单独的板面上。

(2)导线引出板面，均应套设绝缘管。

(3)配电箱安装垂直偏差不应大于 3 mm。暗设时，其面板四周边缘应紧贴墙面，箱体与建筑物接触的部分应刷防腐漆。

(4)照明配电箱安装高度，底边距地面一般为 1.5 m；配电板安装高度，底边距地面不应小于 1.8 m。

(5)三相四线制供电的照明工程，其各相负荷应均匀分配。

(6)配电箱内装设的螺旋式熔断器(RL1)，其电源线应接在中间触点的端子上，负荷线接在螺纹的端子上。

(7)配电箱上应标明用电回路名称。

2. 悬挂式配电箱的安装

可安装在墙上或柱子上。直接安装在墙上时，应先埋设固定螺栓，固定螺栓的规格和间距应根据配电箱的型号和重量以及安装尺寸决定。

施工时，先量好配电箱安装孔尺寸，在墙上画好孔位，然后打洞，埋设螺栓(或用金属膨胀螺栓)。待填充的混凝土牢固后，即可安装配电箱。安装配电箱时，要用水平尺校正其水平度，同时要校正其安装的垂直度。

3. 嵌入式暗装配电箱的安装

通常是按设计指定的位置，在土建砌墙时先将与配电箱尺寸和厚度相等的木框架嵌在墙内，使墙上留出配电箱安装的孔洞，待土建结束，配线管预埋工作结束，敲去木框架将配电箱嵌入墙内，进行垂直和水平校正，垫好垫片将配电箱固定好，并做好线管与箱体的连接固定，然后在箱体四周填入水泥砂浆。

4. 配电箱的落地式安装

在安装前先要预制一个高出地面一定高度的混凝土空心台，这样可使进出线方便，不易进水，保证运行安全。进入配电箱的钢管应排列整齐，管口高出基础面 50 mm 以上。

10.3.3 开关、插座与风扇安装

开关的作用是接通或断开照明灯具电源。根据安装形式分为明装式和暗装式两种。明装式有拉线开关、扳把开关等；暗装式多采用扳把开关(跷板式开关)。插座的作用是为移动式电器和设备提供电源。插座是长期带电的，使用时要注意。开关、插座安装必须牢固，接线要正确，容量要合适。它们在电路中起重要作用，直接关系到安全用电和供电。

1. 开关安装的要求

(1)同一场所开关的切断位置应一致，操作应灵活可靠，接点应接触良好。

(2)开关安装位置应便于操作，安装高度应符合下列要求：拉线开关距地面一般为 2～3 m，距门框为 0.15～0.2 m；其他各种开关距地面一般为 1.3～1.5 m，距门框为 0.15～0.2 m。

（3）成排安装的开关高度应一致，高低差不大于 2 mm；拉线开关相邻间距一般不小于 20 mm。

（4）电器、灯具的相线应经开关控制，民用住宅禁止装设床头开关。

（5）跷板开关的盖板应端正严密，紧贴墙面。

（6）在多尘、潮湿场所和户外应用防水拉线开关或加装保护箱。

（7）在易燃、易爆场所，开关一般应装在其他场所控制，或采用防爆型开关。

（8）明装开关应安装在符合规格的圆木或方木上。

2. 插座安装要求

（1）交、直流或不同电压的插座应分别采用不同的形式，并有明显标志，且其插头与插座均不能互相插入。

（2）单相电源一般应用单相三极三孔插座，三相电源应用三相四极四孔插座，在室内不导电地面可用两孔或三孔插座，禁止使用等边的圆孔插座。

（3）插座的安装高度应符合要求：明装插座，安装标高距离地面 1.8 m；暗装插座，安装标高距离地面 0.3 m 或 1.8 m。住宅内应采用安全型插座。同一室内安装的插座高低差不应大于 5 mm，成排安装的不应大于 2 mm。

（4）单相二孔插座接线时，面对插座左孔接工作零线，右孔接相线；单相三孔插座接线时，面对插座左孔接工作零线，右孔接相线，上孔接保护零线或接地线，严禁将上孔与左孔用导线连接；三相四孔插座接线时，面对插座左、下、右三孔分别接 A、B、C 相线，上孔接保护零线或接地线。

（5）舞台上的落地插座应有保护盖板。

（6）在特别潮湿或有易燃、易爆气体和粉尘较多的场所，不应装设插座。

（7）明装插座应安装在符合规格的圆木或方木上。

（8）插座的额定容量应与用电负荷相适应。

（9）明装插座的相线上容量较大时，一般应串接熔断器。

（10）暗装的插座应有专用盒，盖板应端正，紧贴墙面。

3. 开关和插座的安装

明装时，应先在定位处预埋木榫或膨胀螺栓以固定木台（方木或圆木），然后在木台上安装开关或插座。暗装时，应设有专用接线盒，一般是先行预埋，再用水泥砂浆填充抹平，接线盒口应与墙面粉刷层平齐，等穿线完毕后再安装开关或插座，其盖板或面板应端正，紧贴墙面。

开关、插座应对各支路绝缘进行测试，合格后进行通电试验，应符合如下要求。

（1）开关应反复试验，通断灵活、接触可靠。

（2）插座应全部用插座三相检测仪检测接线是否正确及漏电开关动作情况，并用漏电检测仪检测插座的所有漏电开关动作时间，不合格的必须更换。

4. 风扇安装规定

（1）吊扇开关应控制有序不错位，吊扇安装高度不得低于 2.5 m。

（2）吊扇挂钩应安装牢固，挂钩的直径不应小于吊扇悬挂销钉的直径，且不得小于 8 mm。

（3）吊扇安装时，吊杆上的悬挂销钉必须装设防震橡皮垫及防松装置。扇叶距地面高度不应低于 2.5 m。

（4）壁扇安装高度，下侧边缘距地面不小于 1.8 m，且接地、接零牢固。

（5）壁扇底座采用尼龙塞或膨胀螺栓固定，数量不得少于 2 个，且直径不应小于 8 mm。壁扇防护罩扣紧，固定可靠。

（6）风扇安装完毕后，应对各支路绝缘进行测试，合格后进行通电试验。通电运转时，吊扇扇叶无明显颤动和异常声响；壁扇扇叶和防护罩无明显颤动和异常声响。如图10.10所示为开关、插座和吊扇进线穿钢管暗敷设。

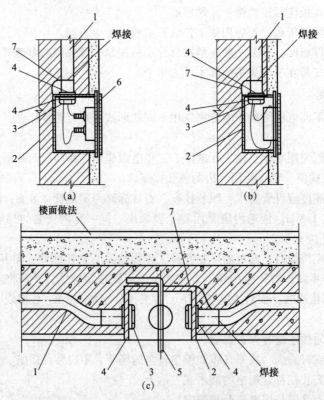

图10.10　开关、插座和吊扇进线穿钢管暗敷设图
（a）开关；（b）插座；（c）吊扇
1—钢管；2—接线盒；3—护圈帽；4—锁母；5—吊钩；6—调整板；7—接地线

10.3.4　照明灯具安装

1. 安装要求

（1）安装的灯具应配件齐全，灯罩无损坏。

（2）螺口灯头接线必须将相线接在中心端子上，零线接在螺纹的端子上；灯头外壳不能有破损和漏电。

（3）照明灯具使用的导线最小线芯截面面积应符合有关的规定。

（4）灯具安装高度：室内一般不低于2.5 m，室外不低于3 m。

（5）地下建筑内的照明装置应有防潮措施，灯具低于2.0 m时，灯具应安装在人不易碰到的地方，否则应采用36 V及以下的安全电压。

（6）嵌入顶棚内的装饰灯具应固定在专设的框架上，电源线不应贴近灯具外壳，灯线应留有余量，固定灯罩的框架边缘应紧贴在顶棚上，嵌入式日光灯管组合的开启式灯具、灯管应排列整齐，金属间隔片不应有弯曲、扭斜等缺陷。

（7）配电盘及母线的正上方不得安装灯具。

（8）事故照明灯具应有特殊标志。

2. 吊灯安装

安装吊灯需要吊线盒和木台两种配件。木台规格根据吊线盒或灯具法兰大小选择，否则影响美观。

木台固定好后，在木台上装设吊线盒，从吊线盒的接线螺栓上引出软线。软线的另一端接到灯座上。

软线吊灯质量限于 1 kg 以下，灯具质量超过 1 kg 时，应采用吊链或钢管吊灯具。

3. 吸顶灯安装

一般可直接将木台固定在顶棚的预埋木砖上或用预埋的螺栓固定，然后将吸顶灯固定在木台上。若灯泡和木台距离太近（如半扁灯罩），应在灯泡与木台间放置隔热层（石棉板或石棉布等）。

4. 壁灯安装

壁灯可以安装在墙上或柱子上，如图 10.11 所示。当安装在墙上时，一般在砌墙时预埋木砖，禁止用木楔代替木砖；当安装在柱子上时，一般应在柱子上预埋金属构件或用抱箍将金属构件固定在柱子上，然后固定灯具。

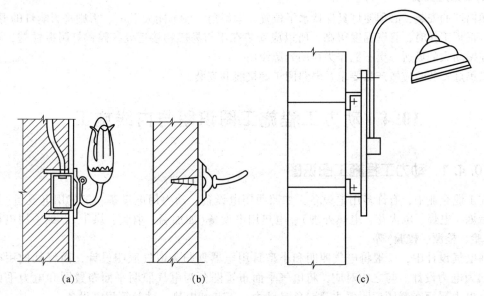

（a）　　　　　　　　（b）　　　　　　　　（c）

图 10.11　壁灯安装

（a）在砖墙上安装壁灯；（b）在木砖上安装壁灯；（c）在柱子上安装壁灯

5. 荧光灯安装

荧光灯（日光灯）的安装方式有吸顶、吊链和吊管三种。安装时应按电路图正确接线。开关应装在镇流器一侧，镇流器安装在相线，可提高启动电压，有利于启动；镇流器、启辉器、电容器要相互匹配，灯具要固定牢固。

6. 高压汞灯安装

高压汞灯安装要按产品要求进行，要注意分清带镇流器还是不带镇流器。不带镇流器的高压汞灯，一定要使镇流器与灯泡相匹配，否则，会烧坏灯泡。安装方式一般为垂直安装。高压汞灯接线如图 10.12 所示。

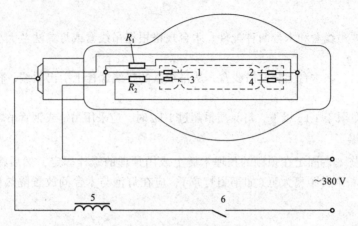

图 10.12　高压汞灯接线图

1—主电极 E1；2—主电极 E2；3—辅助电极 E3；4—辅助电极 E4；5—镇流器；6—开关

7. 碘钨灯安装

碘钨灯的安装，必须使灯具保持水平位置，倾斜角一般不能大于 4°，否则将影响灯的寿命。碘钨灯正常工作时，管壁温度很高，所以应安装在不与易燃物接近处。碘钨灯耐振性差，不能安装在振动大的场所，更不能作为移动光源使用。

碘钨灯安装时应按产品要求及电路图正确接线和安装。

10.4　动力工程施工图识图与内线施工

10.4.1　动力工程施工图识图

在工业企业中，有许多用电设备，如照明用电设备、动力用电设备、工艺用电设备（如电解、冶炼、电焊、电火花、电热处理）、电热用电设备（如加温、取暖、烘干）、试验用电设备（如试验、检测、校验）等。

在电气设计中，一般将电气照明和小型日用电器划归为电气照明设计，而将其他用电设备划归为电力设计。与之相对应，将电气平面布置图分为电气照明平面布置图和电力平面布置图。电力平面布置图说明的主要对象是动力、工艺、电热、试验等用电设备。

由于工厂中的各种工作机械绝大部分都是以电动机为原动力的，因此，电力平面布置图主要表示工厂中各种电动机及其供电线路和其他附属设备的平面布置。

常用电动机是三相交流异步电动机，主要类型是鼠笼式异步电动机和绕线式异步电动机，其基本型号为 Y 和 YR。Y 系列电动机是按国际上通用的 IEC 标准制造的新型节能异步电动机，应用十分广泛。

1. 电力平面布置图表示的主要内容

电力平面布置图是用图形符号和文字符号表示某一建筑物内各种电力设备平面布置的，主要内容包括：电力设备的安装位置、安装标高、型号、规格；电力设备电源供电线路的敷设路径、敷设方法、导线根数、导线规格、穿线管类型及规格；电力配电箱安装位置、配电箱类型、配电箱电气主接线等。

2. 电力平面布置图与电力系统图的配合

电力系统图有两种类型：一种是电气系统图，它只概略表示整幢建筑物供电系统的基本组成、各分配电箱的相互关系及其主要特征；另一种是配电电气系统图，它主要表示某一分配电箱的配电情况。这种系统图通常采用表图的形式。表图的表头按供电系统分别列出电源进线、电源开关、配电线路、控制开关、用电设备等内容。

电力平面布置图通常应与电力系统图相互配合，才能清楚地表示某一建筑物内电力设备及其线路的配置情况。因此，阅读电力平面布置图必须与电力系统图相配合。

3. 电力平面布置图与电气照明平面布置图的比较

对于一般的建筑工程，电力工程与照明工程相比，具有以下区别：

(1)电力工程工程量、技术复杂程度要高，电力设备一般比照明灯具要少。

(2)电力设备一般布置在地面或楼面上，而照明灯具等需要采用立体布置。

(3)电力线路一般采用三相三线供电，电压为 380 V，而照明线路的导线根数一般很多。

(4)电力线路采用穿管配线的方式多，而照明线路配线方式多种多样。

另外，电力设备的传动控制比照明设备的控制复杂，电力传动控制图具有一定的特点，已不属于平面图的范畴。

如图 10.13 所示为某机械加工车间(局部)的动力电气平面布置图。

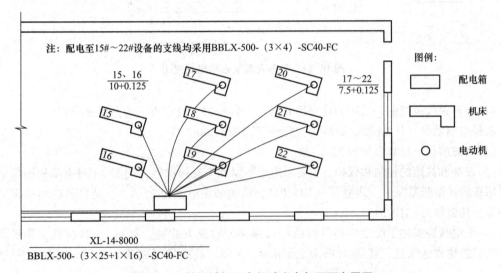

图 10.13　某机械加工车间动力电气平面布置图

动力配电箱的规格为 XL-14，引入线的型号规格和敷设方式为 BBLX-500-(3×25+1×16)-SC40-FC，表示采用三根 25 mm²(作相线)、一根 16 mm²(作中性线)的铝芯绝缘线穿内径为 40 mm² 的钢管沿地板暗敷。

4. 某电力配电系统图的识读实例

为了详细说明图中内容，通常采用表图的说明方式。如图 10.14 所示，它采用图形与表格相结合的方法表示，这种图层次分明，是电力系统图最常见的一种形式。

图中，按电能输送关系，画出四个主要部分：电源进线及母线、配电线路、启动控制设备、受电设备。对线路，标注了导线的型号规格、敷设方式及穿线管的规格。对开关、熔断器等控制保护设备，标注了设备的型号规格、开关和热元件的整定电流、熔断器中熔体的额定电流。对受电设备，标注了设备的型号、功率、名称及其编号。上述内容与相应的电力系统图是一一对应的。除此之外，在系统图上，还标注了整个系统的计算容量等，有时还标注线路的电压损失。

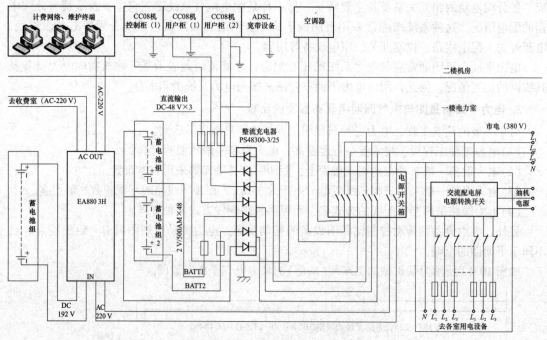

图 10.14 某车间配电箱供电系统图

(1)电源进线及控制。采用的导线是 BLX-3×70+1×35，敷设方式为瓷瓶敷设 CP。
电源控制采用刀开关(带熔断器)，其型号是 HDR-100 A/31。

(2)计算容量。计算容量为 32.1 kW。

(3)设备和线路的控制和保护。主要采用熔断器和交流接触器。例如，1 号电动机的供电线路采用螺旋式熔断器保护，其型号为 RL-30 A，熔丝额定电流为 25 A，电动机的控制采用交流接触器，其型号为 CJ10-20。

(4)配电线路描述了配电线路导线的型号规格、敷设方式等。例如，1 号线路，导线采用 BLX 型铝芯橡皮绝缘线，截面面积为 2.5 mm²，3 根。线路采用钢管埋地敷设，钢管管径为 15 mm。

10.4.2 室内配线工程安装

室内配线也称为内线工程，主要包括室内照明配线和室内动力配线，另外还有火灾自动报警、电缆电视、程控电话、综合布线等弱电系统配线工程。按线路敷设方式可分为明配和暗配两种。凡是管线沿建筑结构表面敷设的为明敷，如管线沿墙壁、天花板、桁架等表面敷设的为明配线(明敷设)，在可进人的吊顶内配管也属于明敷。凡是管线在建筑结构内部敷设的为暗敷，如管线埋设在顶棚内、墙体内、梁内、柱内、地坪内等均为暗配线(暗敷设)，在不可进人的吊顶内配管也属于暗敷。随着高层建筑日益增多和人们对室内装修标准的提高，暗配管配线工程比例增加，施工难度加大，所以将着重介绍室内暗配管配线工程的基本安装方法，及其一般施工技术要求。

室内配线工程包括塑料管与钢管配线、塑料线槽与金属线槽配线、电缆桥架配线、封闭式母线槽配线、预制分支电缆配线、钢索配线、瓷(塑)夹板配线、瓷瓶配线、瓷柱配线、槽板配线、卡钉护套线配线等，限于篇幅，仅介绍其中一部分。

1. 配管配线

将绝缘导线穿入管内敷设，称为配管配线。这种配线方式比较安全可靠，可避免腐蚀气体的侵蚀和遭受机械损伤，更换电线方便，使用最为广泛。

配管配线常使用的管子有水煤气钢管(又称焊接钢管，分镀锌和不镀锌两种，其管径以内径计算)、电线管(管壁较薄、管径以外径计算)、硬塑料管、半硬塑料管、塑料波纹管、软塑料管和软金属管(俗称蛇皮管)等。

(1)配管的一般要求。

1)敷设于多尘和潮湿场所的电线管路、管口、管子连接处均应作密封处理。

2)暗配管宜沿最近的路线敷设并应减少弯曲，埋入墙或混凝土内的管子离墙表面的净距不得小于 15 mm。

3)进入落地式配电箱的管路排列应整齐，管口高出基础面不应小于 50 mm。

4)埋于地下的管路不宜穿过设备基础。穿过建筑物时，应加保护管保护。

5)明配钢管不允许焊接，只可用管箍丝接。在防火区域属防爆等级配管、管箍、接线盒的连接处必须焊接过桥。

6)钢管(镀锌钢管除外)内、外壁均应刷防腐漆，但埋于混凝土的管路外壁不刷，埋入土层内的钢管应刷两道沥青。

7)穿电线的管子不允许焊接。如需要焊接(用于暗配)，可采用套管连接，套管长度为连接管外径的 1.5～3 倍，连接管的对口应在套管的中心，焊接牢固、严密。

8)钢管与设备的连接，应将钢管敷设到设备内部。如不能直接进入时，应采取如下措施：

①在干燥房屋内，可从管口起，加保护软管引入设备内。

②在潮湿处，可在管口处增设防水弯头，由防水弯头引出的导线应套绝缘保护软管，弯成防水弧度后引入设备。

③金属软管引入设备时，软管与钢管或设备应用软管接头连接，不得利用金属软管作为接地导线。

(2)管子的选择。

1)电线管：管壁较薄，适用于干燥场所的明、暗配。

2)焊接钢管：管壁较厚，适用于潮湿、有机械外力、有轻微腐蚀气体场所的明、暗配。

3)硬塑料管：耐腐蚀性较好，易变形老化，机械强度次于钢管，适用于腐蚀性较大的场所的明、暗配。

4)半硬塑料管：刚柔结合、易于施工，劳动强度较低，质轻，运输较为方便，已被广泛应用于民用建筑明、暗配管。

(3)管子的加工。

1)管子在使用前应去毛刺、除锈、刷防腐漆。

2)管子的切割有钢锯切割、切管机切割、砂轮机切割。砂轮机切割是目前先进、有效的方法，切割速度快、功效高、质量好。切割后应打磨管口，使之光滑。禁止使用气焊切割。

3)管子套螺纹的方法与管工套螺纹相同。

4)管子煨弯，其方法有冷煨弯和热煨弯两种。冷煨弯用弯管器(只适用于 $DN25$ 即公称直径 25 mm 以下的钢管)。用电动弯管机煨弯，一般可弯制 $\phi70$ mm 以下的管子，$\phi70$ mm 以上的管子采用热煨。热煨管煨弯角度不应小于 90°。弯曲半径：明设管允许小到管径的 4 倍；暗配管不应小于管子外径的 6 倍；埋设于地下混凝土楼板内时不应小于外径的 10 倍。穿电缆管的弯曲半径应满足电缆弯曲半径的要求(电缆弯曲半径为电缆外径的 8 倍、10 倍、15 倍等)。所有的管子经弯曲后不得有裂纹、裂缝，其突出度和椭圆度均不应超过管径的 ±10%。

5)管子的内、外壁应进行防腐处理。埋入混凝土墙内的管子，外表可以不防腐。

（4）管子的连接。

1）管与管的连接采用螺纹连接，禁止采用电焊或气焊对焊连接。用螺纹连接时，要加焊跨接地线。

2）管子与配电箱、盘、开关盒、灯头盒、插座盒等的连接应套螺纹、加锁母。

3）管子与电动机一般用蛇皮管连接，管口距地面高为200 mm。

（5）管子的安装。

1）明、配管的安装。主要内容是测位、画线、打眼、埋螺栓、锯管、套螺纹、煨弯、配管、接地、刷漆。安装时管子的排列应整齐，间距要相等，转弯部分应按同心圆弧的形式进行排列。管子不允许焊接在支架或设备上。成排管并列时，接地、接零线和跨接线应使用圆钢或扁钢进行焊接，不允许在管缝间隙直接焊接。电气管一般应敷设在热水管或蒸汽管下面。

明、配管的敷设分一般钢管和防爆钢管配管。一般是将管子用管卡卡住，再将管卡用螺栓固定在角钢支架上或固定在预埋于墙内的木桩上。目前采用冲击电钻打眼、膨胀螺栓固定，或用射钉枪埋螺栓。卡子的形式有螺栓管卡、单边螺栓管卡、马鞍形管卡、单边管卡、环形管卡、2～4 mm厚薄钢板卡板。

单根管敷设宜用马鞍形管卡卡于墙上或角钢架上，用木螺栓或螺栓固定。先将角钢预埋在墙内，然后用单边螺栓管卡将管子卡于角钢支架上。或用木砖预埋在墙内，用马鞍形管卡卡住，再用木螺栓将卡子固定于木砖上。

2）暗、配管的安装。主要内容为测位、画线、锯管、套螺纹、煨弯、配管、接地、刷漆。在混凝土内暗设管时，管子不得穿越基础和伸缩缝。如必须穿过时，应改为明配，并用金属软管做补偿。配合土建施工做好预埋的工作，埋入混凝土地面内的管子应尽量不入深土层中，出地管口高度（设计有规定者除外）不宜低于200 mm。金属软管适用于电气设备与管路之间的连接，或温差较大的塔区平台管与管之间的连接，并且必须是明配管的连接，不得穿墙或穿过楼板，更不得用于暗配。

电线管路平行敷设超过下列长度时，中间应加接线盒：管子长度每超过40 m，无弯曲时；管子长度超过30 m，有1个弯时；管子长度超过20 m，有2个弯时；管子长度超过10 m，有3个弯时。

在垂直敷设管路时，装设接线盒或拉线盒的距离应符合要求：导线截面面积为50 mm² 及以下时，为30 m；导线截面面积为70～95 mm² 时，为20 m；导线截面面积为120～240 mm² 时，为18 m。

（6）穿管配线。

1）穿线前应用破布或空气压缩机将管内的杂物、水分清除干净。

2）电线接头必须放在接线盒内，不允许在管内有接头和纽结，并有足够的余留长度。

3）管内穿线应在土建施工喷浆粉刷之后进行。

4）穿在管内的绝缘导线的额定电压不应低于500 V。

5）不同回路、不同电压和交流与直流的导线，不得穿入同一管子内，但下列几种情况除外：电压为65 V以下的回路；同一设备的电机回路和无抗干扰要求的控制回路；照明花灯的所有回路；同类照明的几个回路，管内导线不得超过8根；同一交流回路的导线必须穿于同一管内；管内导线的截面面积总和不应超过管子截面面积的40%；导线穿入钢管后，在管子出口处应装护线套保护导线，在不进入盒内的垂直管口，穿入导线后，应将管子做密封处理。

2. 线槽配线

塑料线槽和金属线槽配线适用于：预制墙板无法安装暗配线、需要便于维修和更换线路等场所，线槽规格不宜大于 200 mm×100 mm。同一配电回路所有相导体和中性线导体应敷设在同一线槽内。线槽内电线和电缆的总截面面积（包括外护层）不应超过线槽内截面面积的20%，载流导体不宜超过 30 根。控制和信号线路不应超过线槽内截面面积的50%，根数不限。强电与弱电线路在一起，可用屏蔽电缆或用金属隔板隔离。线槽内的导线和电缆不应有接头，接头应在分线盒内或出线口进行。线槽支架安装如图 10.15 所示。

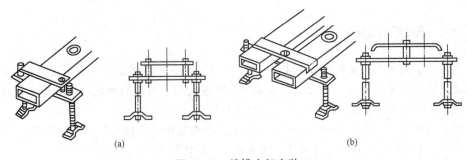

图 10.15　线槽支架安装

(a)单线槽支架；(b)双线槽支架

3. 电缆桥架配线

电缆敷设在电缆桥架内，电缆桥架装置是由支架、盖板、托臂和线槽等组成。如图 10.16 所示为电缆桥架安装图。电缆桥架的采用，克服了电缆沟敷设电缆时存在的积水、积灰、易损坏电缆等多种弊病，改善了运行条件，且具有占用空间少、投资小、建设周期短、便于采用全塑电缆和工厂系列化生产等优点，因此在国外已被广泛应用，近年来国内也正在推广采用。

图 10.16　电缆桥架安装图

4. 导线的连接

导线连接的方法很多，有铰接、焊接、压接和螺栓连接等。各种连接方法适用于不同导线及不同的工作地点。导线连接是一道非常重要的工序，安装线路能否安全、可靠地运行，在很大程度上取决于导线质量。对导线连接的基本要求如下。

（1）连接可靠，接头电阻小，稳定性好，接头电阻不应大于相同长度导线的电阻。

（2）接头的机械强度不应小于导线机械强度的80%。

(3)耐腐蚀。对于铝和铝的连接，如采用熔焊法，主要防止残余熔剂或熔渣的化学腐蚀；对于铝和铜的连接，主要防止电气腐蚀。在连接前后，应采取措施避免这类腐蚀的存在(如使用铜、铝过渡接头或接头端线芯镀锡等措施)，否则在长期运行中，接头有发生故障的可能。

(4)绝缘性能好，接头的绝缘强度应与导线的绝缘强度一样。除此之外，还应按导线连接规范中的技术要求进行连接。

总结回顾

1. 照明系统的基本物理量包括光通量、发光强度、照度和亮度。应注意照度和亮度的区别。

2. 电气照明的基本要求：适宜的照度水平、照度均匀、照度的稳定性、合适的亮度分布、消除频闪、限制眩光、减弱阴影、光源的显色性要好。

3. 根据照明用途，照明的种类包括正常照明、应急照明、值班照明、警卫照明、景观照明和障碍照明。应急照明又包括备用照明、安全照明、疏散照明。

4. 熟悉常用电光源的主要特性。照明电光源的主要性能指标主要有显色指数、发光效率、频闪效应、启燃时间等，这些是选择和使用光源的依据。

5. 室内电气照明工程一般是由进户装置、配电箱、线路、插座、开关和灯具等组成。

6. 室内配电线路的表示方法、照明电器的表示方法、电力与照明设备的表示方法。熟悉常用电气图形符号和文字符号，掌握照明的基本线路，培养空间立体感，这是照明工程图识图的基础。

7. 室内电气照明工程安装包括进户装置、配电箱、线路、插座、开关、灯具和风扇的安装，熟悉相应的安装要求和安装方法。

8. 一般将电气照明和小型日用电器划归为电气照明设计，而将其他用电设备划归为电力设计。与之相对应，将电气平面布置图分为电气照明平面布置图和电力平面布置图。因此，电力平面布置图说明的主要对象是动力、工艺、电热、试验等用电设备。电力平面布置图通常应与电力系统图相互配合，才能清楚地表示某一建筑物内电力设备及其线路的配置情况。

9. 室内配线也称为内线工程，主要包括室内照明配线和室内动力配线，另外还有火灾自动报警、电缆电视、程控电话、综合布线等弱电系统配线工程。按线路敷设方式可分为明配和暗配两种。室内配线工程包括塑料管与钢管配线、塑料线槽与金属线槽配线、电缆桥架配线、封闭式母线槽配线、预制分支电缆配线、钢索配线、瓷(塑)夹板配线、瓷瓶、瓷柱配线、槽板配线、卡钉护套线配线等。熟悉室内配线的方法、种类及要求，掌握配管及管内穿线的施工工艺。了解其他配线方法的工艺过程，了解绝缘导线的连接方法及工艺。

课后评价

一、选择题

1. 380/220 V低压架空电力线路接户线，在进线处与地面距离不应小于(　　)m。

    A. 1. 5　　　　　　B. 2. 0　　　　　　　　C. 2. 5　　　　　　　　D. 3. 0

2. 在照明线路中，为防止断开后灯头带电，开关必须接在(　　)上。

    A. 火线　　　　　　B. 零线　　　　　　　C. 地线　　　　　　　D. 导线

3. 在配管配线工程中，PR表示(　　)。

    A. 塑料管敷设　　B. 塑料线槽敷设　　C. 钢管敷设　　　　D. 金属线槽敷设

4. 线管布线时应考虑配管的截面面积。一般要求管内导线的总面积(包括绝缘层)不超过线管内径内截面面积的( )。

    A. 20%   B. 30%   C. 40%   D. 50%

5. 40 W 的荧光灯比 40 W 的白炽灯显得亮，是因为( )。

    A. 荧光灯的显色性好   B. 荧光灯的发光效率高

    C. 荧光灯的价格高   D. 荧光灯是气体放电光源

二、判断题

1. 为了用电安全，应在三相四线制电路的中性线上安装熔断器。   ( )

2. 单相三孔插座与三相四孔插座最上孔接火线。   ( )

3. 应急照明包括备用照明、疏散照明和安全照明。   ( )

4. LED 寿命长，无红外线和紫外线辐射，属于环保节能灯具。   ( )

5. 开关的安装高度一般为 0.3 m。   ( )

三、试识读某锅炉房动力配电系统图

ANX1 和 ANX2 内部安装有操作按钮，称为按钮箱。B9、B25 为接触器，T25 为热继电器，如图 10.17 所示。

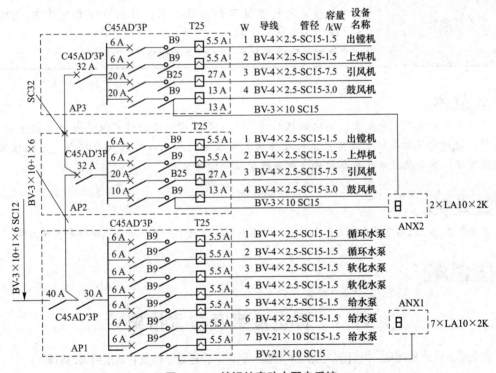

图 10.17 某锅炉房动力配电系统

1. 该锅炉房电源是如何引进的？进线采用电缆还是导线？

2. 锅炉房内有几台配电箱？配电箱之间的连接采用什么方式？配电箱内总控开关属于几级开关？额定电流分别为多少？

3. 接触器前为什么要安装空气开关？接触器与空气开关有什么区别？

4. 热继电器有什么作用？按钮有什么作用？各配电箱到各动力设备线路是如何敷设的？

任务 11　建筑防雷接地系统

工作任务	建筑防雷接地系统
教学模式	任务驱动
任务介绍	防雷包括电力系统的防雷和建筑物、构筑物的防雷两部分。电力系统的防雷主要包括发电机、变配电装置的防雷和电力线路的防雷。 建筑电气中所谓的"地"，是指电位等于零的地方。一般认为，电气设备任何部位与大地做良好连接就是接地；建筑防雷装置由接闪器、引下线和接地装置组成
学有所获	1. 了解雷电的形成及危害。 2. 理解建筑物防雷装置的安装工艺；接地的种类及作用，TN-C、TN-S、TN-C-S 系统的区别。 3. 掌握建筑防雷和接地装置的分类组成

任务导入

雷电是一种大气放电现象。雷电的破坏作用主要是当雷电流通过建筑物或电气设备对大地放电时，会对建筑物或电气设备产生破坏作用，或威胁到相关人员的人身安全。为保证安全，通常情况下，建筑物及电气设备的外壳都经过了接地处理。

任务分解

本任务主要介绍雷电的危害与防雷措施、防雷与接地装置的安装、等电位联结安装等内容。

任务实施

11.1　雷电危害及防雷措施

雷电是一种自然现象，但目前人们尚未掌握和利用它，还处于防范它造成危害的阶段。

11.1.1　雷电的形成及其危害

1. 雷电的形成

雷电的形成过程可以分为气流上升、电荷分离和放电 3 个阶段。在雷雨季节，地面上的水分受热变成蒸汽上升，与冷空气相遇之后凝成水滴，形成积云。云中水滴受强气流摩擦产生电荷，小水滴容易被气流带走，形成带负电的云，较大水滴形成带正电的云。由于静电感应，大地表面与云层之间、云层与云层之间会感应产生异性电荷，当电场强度达到一定的值时，即发生雷云与大地或雷云与雷云之间的放电。

由于放电时温度高达 20 000 ℃，致使空气受热急剧膨胀而发出震耳轰鸣，这就是闪电和雷鸣。由此可见，闪电和雷鸣是雷云急剧放电过程中的物理现象。一方面是发光的效应，同时也伴随着发声的效应，也是人们平常所说的闪电和打雷。闪电的光，有时呈曲折的条形、带形，有时呈珠串形、球形等。因为声音的速度是 330 m/s，而光的速度是 3×10^8 m/s，所以在雷电发生时，人们总是先看到闪电的光芒，然后才听到雷声。

2. 雷电的危害

在雷云很低，周围又没有带异性电荷的雷云时，就会在地面凸出物上感应出异性电荷，造成与地面凸出物之间的放电。这种放电就是通常所说的雷击，这种对地面凸出物的直接雷击叫作直击雷。

除直击雷外，还有雷电感应（或称感应雷），雷电感应分为静电感应和电磁感应两种。静电感应是由于雷云放电前在地面凸出物的顶部感应的大量异性电荷所致；电磁感应是由于雷击后，巨大的雷电流在周围空间产生迅速变化的强大电磁场所致，这种电磁场能在附近的金属导体上感应出很高的电压。

(1)直击雷的破坏作用。

1)雷电流的热效应。雷电流的数值是很大的，巨大的雷电流通过导体时，会在极短的时间内，转换成大量的热能，可能造成金属熔化、飞溅而引起火灾或爆炸。如果雷击在可燃物上，更容易引起巨大的火灾。

2)雷电流的机械效应。雷电流的机械破坏力是很大的，它可以分为电动力和非电动机械力两种。

①电动力。电动力是由于雷电流的电磁作用所产生的冲击性机械力。在导线的弯曲部分的电动力特别大。

②非电动机械力。有些雷击现象，如树木被劈裂、烟囱和墙壁被劈倒等，属于非电动机械力的破坏作用。非电动机械力的破坏作用包括两种情况：一种是当雷电直接击中树木、烟囱或建筑物时，由于流过强大的雷电流，在瞬时释放出相当多的能量，内部水分受热汽化，或者分解成氢气、氧气，产生巨大的爆破能力；另一种是当雷电不是直接击中对象，而是在它们邻近的地方产生时，它们就会遭受由于雷电通道所形成的"冲击波"的破坏。

3)防雷装置上的高电位对建筑物设备的反击。根据运用防雷装置的经验，凡是设计正确并合理地安装了防雷装置的建筑物，都很少发生雷击事故。但是那些不合理的防雷装置，不但不能保护建筑物，有时甚至使建筑物更容易招致雷害事故。

防雷装置接受雷击时，在接闪器、引下线和接地体上都产生很高的电位。如果防雷装置与建筑物外的电气设备、电线或其他金属管线的绝缘距离不够，它们之间就会发生放电现象，称为反击。反击的发生可能引起电气设备的绝缘被破坏、金属管道被烧穿，甚至火灾、爆炸及人身事故。

4)跨步电压与接触电压的危害。跨步电压和接触电压是容易造成人畜伤亡的两种雷害因素。

①跨步电压的危害。当雷电流经地面雷击点或接地体流散入周围土壤时，在它的周围形成了电压降落，构成了一定的电位分布。这时，如果有人站在接地体附近，由于两脚所处的电位不同，跨接一定的电位差，因而就有电流流过人体，通常称距离为 0.8 m 时的地面电位差为跨步电压。影响跨步电压的因素很多，如接地体附近的土壤结构、土壤电阻率、电流波形和大小等。在土壤电阻率大的地方，电位分布曲线的陡度比较大，因而跨步电压的数值也比较大。但不管哪一种情况，跨步电压对人都是有危险的。如果防雷接地体不得不埋设在人员活动频繁的地点，就应当着重考虑防止跨步电压的问题。

②接触电压的危害。当雷电流经引下线和接地装置时，由于引下线本身和接地装置都有电阻和电抗，因而会产生较高的电压降，这种电压降有时高达几万伏，甚至几十万伏。这时如果有人或牲畜接触引下线或接地装置，就会发生触电事故，称这一电压为接触电压。必须注意，不仅仅是在引下线和接地装置上才发生接触电压，当某些金属导体和防雷装置连通，或者这些金属导体与防雷装置的绝缘距离不够而受到反击时，也会产生接触电压的危害。

（2）雷电的二次破坏作用。雷电的二次破坏作用是由于雷电流的强大电场和磁场变化产生的静电感应和电磁感应造成的。雷电的二次破坏作用能引起火花放电，因此，对易燃和易爆炸的环境特别危险。

（3）引入高电位的危害。近代电气化的发展，各类现代化设备已被广泛地应用。这些设备与外界联系的架空线路和天线，是雷击时引入高电位的媒介，因此应注意引入高电位所产生的危害。架空线路上产生高电位的原因如下：

1）遭受直接雷击。架空线路遭受直接雷击的机会是很多的，因为它分布极广，一处遭受雷击，电压波就可沿线路传入用户。沿线路传入室内的电压极高，这种高电压进入建筑物后，将会引起电气设备的绝缘破坏，发生爆炸和火灾，也可能会伤人。收音机和电视机用的天线，由于常安装在较高的位置，遭受雷击也是经常发生的，而且往往引起人身伤亡事故。

2）由于雷击导线的附近所产生的感应电压较直击雷更为频繁，感应电压的数值虽较直击雷低，但对低压配电线路和人身安全具有同样的危害性。

11.1.2　建筑物的防雷等级及防雷措施

建筑物和构筑物的防雷分工业与民用两大类，工业与民用又各按其危险程度、设施的重要性分别分成几个类型，不同类型的建筑物和构筑物对防雷的要求稍有出入。

1. 建筑物的防雷等级

根据其重要性、使用性质、发生雷电事故的可能性和后果，将建筑物的防雷等级分为3类。防雷要求：第一类防雷建筑物>第二类防雷建筑物>第三类防雷建筑物。民用建筑主要为第二类、第三类防雷建筑物。

2. 建筑物防雷措施

对于第一类、第二类民用建筑，应有防直接雷击和防雷电波侵入的措施；对于第三类民用建筑，应有防止雷电波沿低压架空线路侵入的措施，至于是否需要防止直接雷击，应根据建筑物所处的环境特性、建筑物的高度及面积来判断。

避雷针、避雷线、避雷网、避雷带、避雷器都是为防止雷击而采用的防雷装置。一个完整的防雷装置包括接闪器、引下线和接地装置。上述避雷针、避雷线、避雷网、避雷带都是接闪器，而避雷器是一种专门的防雷设备。

（1）防直击雷的措施。民用建筑的防雷措施，原则上是以防直击雷为主要目的，防止直击雷的装置一般由接闪器、引下线和接地装置3部分组成。

由接闪器、引下线和接地装置组成的防雷装置，能有效防止直击雷的危害。其作用原理是：接闪器接受雷电流后通过引下线进行传输，最后经接地装置使雷电流流入大地，从而保护建筑物免遭雷击。由于防雷装置避免了雷电对建筑物的危害，所以把各种防雷装置和设备称为盛雷装置和避雷设备，如避雷针、避雷带、避雷器等。应该指出，就其本质而言，避雷针并不是"避雷"，而是"引雷"。利用其高耸空中的有利地位，将雷电引向自身来承受雷击，并把雷电流引入大地，从而保护其他设备不受雷击。单个避雷针保护范围的立体空间，可以近似地看成一个尖顶帐篷所围成的空间，可利用"流球法"进行确定。

（2）防雷电波入侵的措施。凡进入建筑物的各种线路及金属管道采用全线埋地引入的方式，并在入户处将其有关部分与接地装置连接。当低压线全线埋地有困难时，可采用一段长度不小于50 m的铠装电缆直接埋地引入，并在入户端将电缆的金属外皮与接地装置相连接。当低压线采用架空线直接入户时，应在入户处装设阀型避雷器，该避雷器的接地引下线应与进户线的绝缘子铁脚、电气设备的接地装置连在一起。避雷器有阀型避雷器、管型避雷器和保护间隙避雷器，主要用来保护电力设备，也用作防止高电压侵入室内的安全措施。避雷器装设在被保护物的引入端，其上端接在线路上，下端接地。正常时，避雷器的间隙保持绝缘状态，不影响系统的运行；当因雷击，有高压冲击波沿线路袭来时，避雷器间隙击穿而接地，从而强行切断冲击波；当雷电流通过以后，避雷器间隙又恢复绝缘状态，以便系统正常运行。

（3）防雷电反击的措施。防止雷电流流经引下线产生的高电位对附近金属物体的反击。防止雷电反击的措施有两种：

1）将建筑物的金属物体（含钢筋）与防雷装置的接闪器、引下线分隔开，并且保持一定的距离。

2）在施工中如果防雷装置与建筑物内的钢筋、金属管道分隔开有一定的难度，可将建筑物内的金属管道系统的主干管道与靠近的防雷装置相连接，有条件时宜将建筑物内每层的钢筋与所有的防雷引下线连接。

11.2　防雷与接地装置的安装

11.2.1　接闪器的安装

接闪器就是专门用来接收雷云放电的金属物体。接闪器的类型主要有避雷针、避雷线、避雷带、避雷网。所有接闪器都必须经过引下线与接地装置相连。接闪器利用其金属特性，当雷云先导接近时，它与雷云之间的电场强度最大，因而可将雷云"诱导"到接闪器本身，并经引下线和接地装置将雷电流安全地泄放到大地中去，从而保护物体免受雷击。

1. 避雷针

避雷针通常采用镀锌圆钢（针长 1～2 m，直径不小于 16 mm）、镀锌钢管（长 1～2 m，内径不小于 25 mm）或不锈钢钢管制成，可以安装在建筑物、构架或电杆上，下端经引下线与接地装置焊接连接，将其顶端磨尖，以利于尖端放电。避雷针如图 11.1 所示。避雷针的保护范围以它应对直击雷所保护的空间来表示，可利用"滚球法"进行确定。

2. 避雷线

架空避雷线宜采用截面面积不小于 35 mm² 的镀锌钢绞线，架设在架空线路上方，用来保护架空线路避免遭受雷击。

图 11.1　避雷针

3. 避雷带和避雷网

避雷带用小截面圆钢或扁钢装于建筑物易遭受雷击的部位，如屋脊、屋檐、屋角、女儿墙和山墙等的条形长带。

避雷带、避雷网示意图如图 11.2 所示。

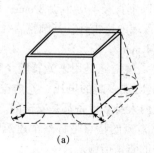
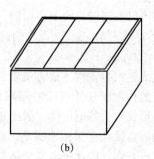

(a)　　　　　　　　　　(b)

图 11.2　避雷带、避雷网示意图

（a）避雷带；（b）避雷网

避雷网是纵横交错的避雷带叠加在一起，形成多个网孔，它既是接闪器，又是防感应雷的装置，因此是接近全部保护的方法，一般用于重要的建筑物。

（1）明装避雷带（网）安装。

1）避雷带适宜安装在建筑物的屋脊、屋檐（坡屋顶）或屋顶边缘及女儿墙（平屋顶）上，对建筑物易受雷击部位进行重点保护。建筑物易遭受雷击的部位如图11.3所示。

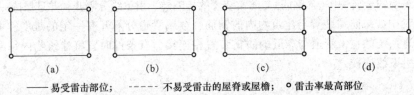

—— 易受雷击部位；　----- 不易受雷击的屋脊或屋檐；　○雷击率最高部位

图11.3　建筑物易遭受雷击的部位

（a）平屋顶；（b）坡度不大于0.1的屋顶；（c）坡度为0.1～0.5的屋顶；（d）坡度不小于0.5的屋顶

2）避雷网适用于较重要建筑的防雷保护。明装避雷网是在屋顶上部以较疏的明装金属网格作为接闪器，沿外墙布置引下线，接到接地装置上。

明装避雷带（网）的安装应遵循以下原则和要求：

1）建筑物顶部的避雷带（网）等必须与顶部外露的其他金属物体焊成一个整体的电气通路，形成等电位，以防止静电危害。避雷带（网）要与避雷引下线连接可靠。

2）避雷带（网）应平正顺直，固定点支持件间距均匀、固定可靠，每个支持件应能承受大于49 N的垂直拉力，不因受外力作用而发生脱落现象。

3）避雷带在转弯处的做法应符合设计要求。

4）避雷带（网）之间及与引下线的焊接应采用搭接焊接，搭接长度应符合接地装置安装中相关内容的规定。

（2）暗装避雷带（网）安装。

1）利用建筑物内的钢筋作为避雷网，这是暗装避雷网的特点。无论是屋面板内的钢筋形成的避雷网还是女儿墙内的钢筋形成的避雷网，都必须与引下线焊接。

2）采用明装避雷带与暗装避雷网相结合是最好的防雷措施，即在女儿墙上部安装避雷带，再与暗装避雷网连接在一起。

3）建筑物屋面上部往往有很多金属凸出物，如金属旗杆、透气管、金属天沟、铁栏杆等，这些金属导体都必须与暗装避雷网焊接成一体，作为接闪装置。

4）对高层建筑，一定要注意预防侧向雷击和采取等电位措施。应注意检查均压环。其应与防雷装置的所有引下线连接。建筑物高度在30 m以上的外墙上的栏杆、金属门窗等较大金属物，应与防雷装置连接。

避雷带、避雷网可以采用镀锌圆钢或扁钢，圆钢直径不应小于8 mm；扁钢截面面积不应小于48 mm^2，其厚度不得小于4 mm；装设在烟囱顶端的避雷环，其圆钢直径不应小于12 mm；扁钢截面面积不得小于100 mm^2，其厚度不得小于4 mm。

避雷网也可以做成笼式避雷网，简称避雷笼。避雷笼是用来笼罩整个建筑物的金属笼，对雷电起到均压和屏蔽的作用，任凭接闪时笼网上出现多高的电压，笼内空间的电场强度为零，笼内各处电位相等，形成一个等电位体，因此笼内人身和设备都是安全的。

我国高层建筑的防雷设计多采用避雷笼。避雷笼的特点是将整个建筑物的梁、柱、板、基础等主要结构钢筋连成一体，因此是最安全可靠的防雷措施。

11.2.2　防雷引下线的安装

引下线可将接闪器接收的雷电流引到接地装置，有明敷设和暗敷设两种。暗敷设引下线分为在建筑物抹灰层内敷设、沿墙或混凝土构造柱暗敷设和利用建筑物钢筋作为引下线等。变配电室接地干线是供室内的电气设备接地使用的。

镀锌圆钢和扁钢进场要进行验收，按批查验合格证或镀锌厂出具的镀锌质量证明书，检查其外观。镀锌层应覆盖完整、表面无锈斑；对镀锌质量有异议时，应按批抽样送往有资质的试验室检测。

引下线安装的工序交接确认内容如下：

(1)利用建筑物柱内主筋作为引下线，在柱内主筋绑扎后，按设计要求施工，经检查确认后才能支模。

(2)直接从基础接地体或人工接地体暗敷埋入粉刷层内的引下线，经检查确认不外露，才能贴面砖或制涂料等。

(3)对直接从基础接地体或人工接地体引出明敷的引下线，先埋设或安装支架，经检查确认后才能敷设引下线。

1)安装要求。引下线所采用的圆钢或扁钢的最小规格：圆钢直径为 8 mm 或 12 mm 时，扁钢截面面积为 48 mm^2 或 100 mm^2；扁钢厚度为 4 mm。引下线应镀锌，焊接处应涂防腐漆，但利用混凝土中的钢筋作为引下线的情况除外。在腐蚀性较强的场所，还应增大截面面积或采取其他防腐措施。一级(二级、三级)防雷建筑物专设引下线时，其根数不应小于两根，间距不应大于 18 m(20 m、25 m)。

引下线路径应尽可能短而直。当引下线通过屋面挑檐板等处，不能直线引下而拐弯时，不应构成锐角转折，应做成曲径较大的慢弯，弯曲部分线段的总长度应小于拐弯开口处距离的10 倍，如图 11.4 所示。

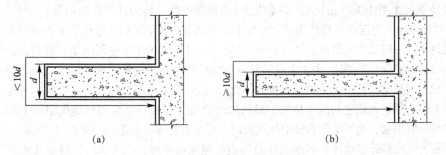

(a)　　　　　　　　　　　　(b)

图 11.4　引下线拐弯的长度要求

(a)符合要求；(b)不符合要求

2)引下线支持卡子预埋。当引下线位置确定后，明装引下线应随着建筑物主体施工预埋支持卡子，然后将圆钢或扁钢固定在支持卡子上，作为引下线。一般在距室外护坡 2 m 高处预埋第一个支持卡子，随着主体的施工，在距第一个支持卡子正上方 1.5~2 m 处，用线坠吊第一个支持卡子的中心点，埋设第二个支持卡子，依次向上逐个埋设，其间距应均匀相等。支持卡子应凸出建筑外墙装饰面 15 mm 以上，露出的长度应一致。

11.2.3　接地装置的安装

1. 接地的概念

接地就是将电力系统或建筑物中电气装置、设施的某些导电部分，经接地线连接至接地极。

埋入土壤或特定的导电介质中，与大地有电接触的可导电部分称为接地极（也称接地体）。连接设备接地部位与接地极的金属导体以及接地极之间的连接线，称为接地线。由若干接地体在大地中相互用接地线连接起来的一个整体，称为接地网。

接地装置是接地极和接地线的合称，它的作用是将引下线引下的雷电流迅速流散到大地土壤中去。

（1）接地极。兼作接地极用的直接与大地接触的各种金属构件（如建筑物的钢结构、行车钢轨）、金属井管、钢筋混凝土建（构）筑物的基础、金属管道（可燃液体和可燃气体管道除外）和设备等称为自然接地极。人工接地极即直接打入地下专作接地用的经加工的各种型钢或钢管等。按其敷设方式可分为垂直接地极和水平接地极。埋入土壤中的人工垂直接地极宜采用角钢、钢管或圆钢。埋入土壤中的人工水平接地极宜采用扁钢或圆钢。圆钢直径不应小于 10 mm；扁钢截面面积不应小于 100 mm^2，其厚度不应小于 4 mm；角钢厚度不应小于 4 mm；钢管壁厚不应小于 3.5 mm。人工垂直接地极的长度宜为 2.5 m。人工垂直接地极间的距离及人工水平接地极间的距离宜为 5 m，当受地方限制可适当减小。人工接地极在土壤中的埋设深度不应小于 0.5 m。

（2）接地线。接地线是从引下线断接卡或测试点至接地体的连接导体，或从接地端子等电位连接带至接地体的连接导体。

不仅仅是防雷装置的接闪器需要接地，电气工程中的很多电气设备为了正常工作和安全运行，其中性点或金属构架、外壳都必须接地，即必须配备相应的接地装置，这种接地装置的组成与防雷装置一样。

（3）接地电流、流散电阻和接地电阻。凡从带电体流入地下的电流即属于接地电流。接地电流流入地下以后，通过接地体向大地做半球形散开，这一接地电流就叫作流散电流。流散电流在土壤中遇到的全部电阻叫作流散电阻。接地电阻是接地体的流散电阻与接地线电阻之和。接地线电阻一般很小，可以忽略不计。因此可以认为流散电阻就是接地电阻。

按通过接地体流入土壤中的工频电流求得的电阻，称为工频接地电阻，简称接地电阻；按通过接地体流入土壤中的冲击电流（如雷电流）求得的电阻，称为冲击接地电阻。

（4）对地电压。电流通过接地体向大地做半球形流散，在距接地体越远的地方球面越大，所以流散电阻越小。一般认为在距离接地体 20 m 以上，电流就不再产生电压降了。或者说，至距离接地体 20 m 处，电压已降为零。电工上通常所说的"地"就是这里的地。通常所说的对地电压，即带电体同大地之间的电位差，也是相对离接地体 20 m 以外的大地而言的。简单来说，对地电压就是带电体与电位为零的大地之间的电位差。显然对地电压等于接地电流与接地电阻的乘积。如果接地体由多根钢管组成，则当电流自接地体流散时，至电位为零处的距离可能超过 20 m。

（5）接触电压和跨步电压。接触电压是指设备绝缘损坏时，在身体可同时触及的两部分之间出现的电位差。如人在发生接地故障的设备旁边，手触及设备的金属外壳，则人手与脚之间所呈现的电位差，即为接触电压，接触电压通常按人体离开设备 0.8 m 考虑。

跨步电压是指地面上水平距离为 0.8 m（人的跨距）的两点之间的电位差，是指人站立在流过电流的大地上，两脚接触该两点，加于人的两脚之间的电压。人的跨步一般按 0.8 m 考虑。紧靠接地体位置，承受的跨步电压最大；离开了接地体，承受的跨步电压小一些。对于垂直埋设的单一接地体，离开接地体 20 m 以外，跨步电压接近零。考虑人脚底下的流散电阻，实际跨步电压应降低一些。

（6）中性点、零点和中性线、零线。发电机、变压器、电动机等电器的绕组中以及串联电源回路中有一点，它与外部各接线端间的电压绝对值相等，这一点就称为中性点或中点。

当中性点接地时，该点则称为零点。由中性点引出的导线，称为中性线；由零点引出的导线，则称为零线。

(7)接地线。接地线一般包括中性线(N 线)、保护线(PE 线)或保护中性线(PEN 线)。

①中性线(N 线)的功能:一是用来连接用额定电压为相电压的单相用电设备;二是用来传导三相系统中的不平衡电流和单相电流;三是用来减小负荷中性点的电位偏移。

②保护线(PE 线)的功能:保障人身安全,防止发生触电事故。系统中所有设备的外露可导电部分通过保护线(PE 线)接地,可在设备发生接地故障时减小触电危险。

③保护中性线(PEN 线)兼有中性线(N 线)和保护线(PE 线)功能,通称为"零线",俗称"地线"。

2. 接地的种类及作用

接地的目的是使设备正常、安全地运行,以及为建筑物和人身、设备的安全提供保障。常用的接地方式按作用或功能划分,可以分为以下几种。

(1)工作接地(又称系统接地)。在三相交流电力系统中,将变压器低压中性点与大地进行适当的连接,如图 11.5 所示。采取工作接地可以降低高压窜入低压的危险,降低低压某一相接地时的触电危险。

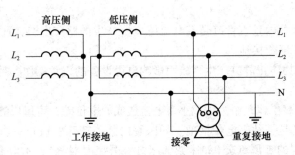

图 11.5 工作接地、重复接地和接零

(2)保护接地。各种电气设备的金属外壳、线路的金属管、电缆的金属保护层、安装电气设备的金属支架等,由于导体的绝缘损坏后可能带电,为了防止产生过大的对地电压危及人身安全而设置的接地,即为保护接地。如图 11.6 所示。

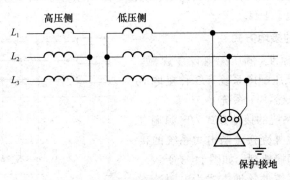

图 11.6 保护接地

保护接地是中性点不接地低压系统的主要安全措施,在一般低压系统中,保护接地电阻应小于 4 Ω。

(3)重复接地。三相四线制的零线(或中性点)一处或多处经接地装置与大地再次可靠连接,称为重复接地。

在 TN 系统中,为确保公共 PE 线或 PEN 线安全、可靠,除在中性点进行工作接地外,还应在 PE 线或 PEN 线的下列地方进行重复接地:在架空线路终端及沿线每 1 km 处;电缆和架空线引入车间或大型建筑物处。如不重复接地,则在 PE 线或 PEN 线断线且有设备发生单相接地故障时，接在断线后面的所有设备外露可导电部分，都将呈现接近相电压的对地电压，这是很危险的。如进行了重复接地，危险程度大大降低。

（4）保护接零。将电气设备在正常情况下不带电的金属部分与电网的零线紧密地连接起来称为保护接零，如图11.7所示。

（5）防雷接地。为了防止电气设备和建筑物因遭受雷击而受损，将避雷针、避雷线、避雷器等防雷设备进行接地。

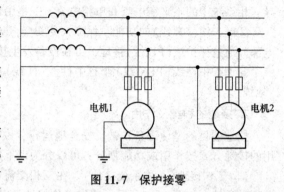

图11.7 保护接零

（6）屏蔽接地。一方面为了防止外来电磁波的干扰和侵入，造成电子设备的错误动作或通信质量的下降；另一方面为了防止电子设备产生的高频能量向外部泄放，而将线路的滤波器、变压器的静电屏蔽层、电缆的金属屏蔽等进行的接地。

为减小高层建筑竖井内垂直管道受雷电流感应所产生的感应电势，而将竖井混凝土壁内的钢筋予以接地，也属于屏蔽接地。

（7）防静电接地。为防止静电产生事故而影响电子设备的正常工作，需要将静电荷向大地泄放的接地。

（8）等电位接地。高层建筑中为了减小雷电流造成的电位差，将每层的钢筋网及大型金属物体连接在一起并接地，是一种等电位接地。如医院的某些特殊的检查室、治疗室、手术室和病房中，病人所能接触到的金属部分（如床架、床灯、医疗电器等），不应有危险的电位差存在，因此要将这些金属部分相互连接起来成为等电位体并予以接地，也是一种等电位接地。

现代建筑物是综合体功能，如住宅、办公、商场等，强弱电工程包含多行业多系统的设备、设施、线路。电气系统（供配电、照明、动力、特种设备）、电子系统（楼宇自动化、电信、有线电视、宽带网络、集控BA等）、防雷接地系统设计必须综合考虑，一般采用联合共用接地系统，要求接地电阻不大于1Ω。

3. 低压配电系统的接地方式

根据现行的国家标准《低压配电设计规范》（GB 50054—2011），低压配电系统有3种接地形式，即TT系统、TN系统、IT系统。

（1）TT系统。TT系统的接地方式为电源端直接接地，电气设备金属外壳接至与电力系统的接地点无关的接地体，即接地制，如图11.8所示。

（2）IT系统。IT系统的接地方式为电源端不接地或接入阻抗接地，电气设备金属外壳直接与接地体相连接，其又称为不接地系统或阻抗接地系统，如图11.9所示。

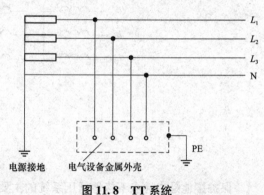

图11.8 TT系统

（3）TN系统。TN系统节省材料、工时，得到广泛应用。TN系统即电源中性点直接接地、设备外露可导电部分与电源中性点直接电气连接的系统。

TN系统主要是将单相碰壳故障变成单相短路故障，并通过短路保护切断电源来实施电击防护的。从电击防护的角度来说，单相短路电流大或过电流保护器动作电流值小，对电击防护都是有利的。

TN 方式供电系统中，根据其保护零线是否与工作零线分开，而划分为 TN-C 系统、TN-S 系统、TN-C-S 系统 3 种形式。

1)TN-C 系统。如图 11.10 所示，TN-C 系统将 PE 线和 N 线的功能综合起来，由一根称为 PEN 线的导体同时承担两者的功能。在用电设备处，PEN 线既连接到负荷中性点上，又连接到设备外露的可导电部分。由于它所固有的技术的种种弊端，现在已很少采用，尤其是在民用配电中不允许采用 TN-C 系统。

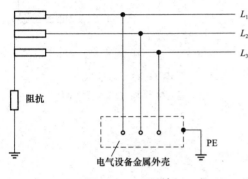

图 11.9　IT 系统

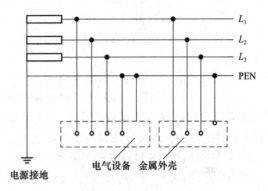

图 11.10　TN-C 系统

2)TN-S 系统。如图 11.11 所示，TN-S 系统中性线 N 与 TT 系统相同。与 TT 系统不同的是，用电设备外露可导电部分通过 PE 线连接到电源中性点，与系统中性点共用接地体，而不是连接到自己专用的接地体，中性线(N 线)和保护线(PE 线)是分开的。TN-S 系统的最大特征是 N 线与 PE 线在系统中性点分开后，不能再有任何电气连接，这一条件一旦破坏，TN-S 系统便不再成立。

TN-S 供电系统的特点如下。

①系统正常运行时，专用保护线上无电流，只是工作零线上有不平衡电流。PE 线对地没有电压，所以电气设备金属外壳接零保护是接在专用的保护线 PE 上，安全可靠。

②工作零线只用作单相照明负载回路。

③专用保护线 PE 不许断线，也不许进入漏电开关。

④干线上使用漏电保护器，工作零线不得有重复接地，而 PE 线有重复接地，但是不经过漏电保护器，所以 TN-S 系统供电干线上也可以安装漏电保护器。

⑤TN-S 方式供电系统安全、可靠，适用于工业与民用建筑等低压供电系统。

3)TN-C-S 系统。如图 11.12 所示，TN-C-S 系统是 TN-C 系统和 TN-S 系统的结合形式，在 TN-C-S 系统中，从电源出来的那一段采用 TN-C 系统，因为在这一段中无用电设备，只起电能

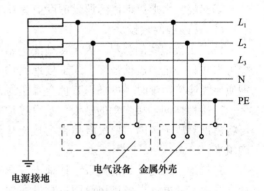

图 11.11　TN-S 系统

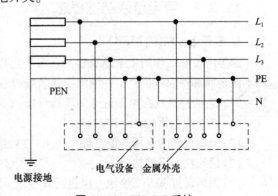

图 11.12　TN-C-S 系统

的传输作用，到用电负荷附近某一点处，将 PEN 线分开形成单独的 N 线和 PE 线。从这一点开始，系统相当于 TN-S 系统。

4. 接地装置的安装

（1）接地体安装。安装人工接地体时，应按设计施工图进行。接地体的材料均应采用镀锌钢材，并应充分考虑材料的机械强度和耐腐蚀性能。

1）垂直接地体如图 11.13（a）所示。

①布置形式：其每根接地极的水平间距应大于或等于 5 m。

②接地体制作：采用镀锌角钢或圆钢。

③安装：要先挖地沟，再采用打桩法将接地体打入地沟以下，接地体的有效深度不应小于 2 m；按要求打桩完毕后，连接引线和回填土接地体。

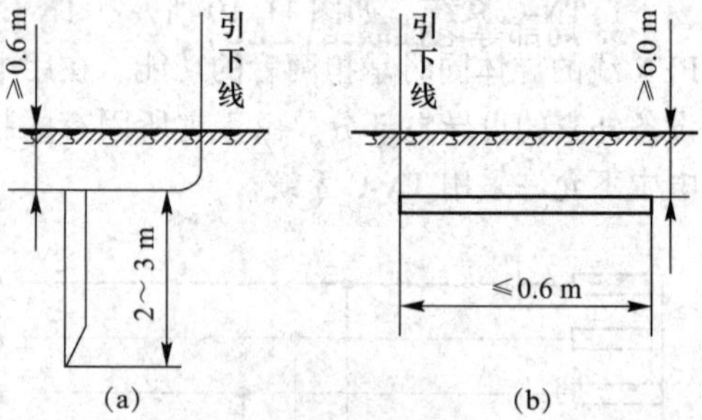

2）水平接地体如图 11.13（b）所示。

①布置形式：分为带形、环形、放射形 3 种。

②接地体制作：采用镀锌圆钢或扁钢。

③安装：水平接地体的埋设深度应为 0.7～1 m。

（2）接地线的敷设。

图 11.13 接地体
（a）垂直接地体；（b）水平接地体

1）人工接地线的材料。人工接地线包括接地引线、接地干线和接地支线等。为了使接地连接可靠并有一定的机械强度，人工接地线均采用镀锌扁钢或镀锌圆钢制作。移动式电气设备或钢质导线连接困难时，可采用有色金属作为人工接地线，但严禁使用裸铝导线作为接地线。

2）接地体间连接扁钢的敷设。垂直接地体间多采用扁钢连接。当接地体打入土壤中后，即可将扁钢侧放于沟内，依次将扁钢与接地体用焊接的方法连接，经过检查，确认符合要求后将沟填平。

3）接地干线与支线的敷设。接地干线与支线的敷设分为室外和室内两种。室外的接地干线和支线供室外电气设备接地使用，敷设在沟内；室内的接地干线和支线供室内的电气设备接地使用，采用明敷，敷设在墙上、母线架上、电缆桥架上。

11.3 等电位联结安装

11.3.1 等电位联结的概念

1. 总等电位联结（MEB）

总等电位联结作用于全建筑物，它在一定程度上可降低建筑物内间接接触电击的接触电压和不同金属部件间电位差，并消除自建筑物外经电气线路和各种金属管道引入的危险故障电压的危害。它通过进线配电箱近旁的接地母排（总等电位联结端子板）将下列可导电部分互相连通。

（1）进线配电箱的 PE（PEN）母排。

（2）公用设施的金属管道，如上下水、热力、燃气等管道。

（3）建筑物金属结构。

（4）如果设置有人工接地，也包括其接地极引线。

各个总等电位联结的接地母排应互相连通。

2. 辅助等电位联结(SEB)

在导电部分间，用导线直接连通，使其电位相等或接近。

3. 局部等电位联结(LEB)

在一局部场所范围内将各可导电部分连通，称为局部等电位联结。它可通过局部等电位联结端子板将下列部分互相连通。

(1)PE 母线或 PE 干线。

(2)公用设施的金属管。

(3)建筑物金属结构。

下列情况下需做局部等电位联结。

(1)电源网络阻抗过大，使自动切断电源时间过长，不能满足防电击要求时。

(2)TN 系统内自同一配电箱供电给固定式和移动式两种电气设备，而固定式设备保护电器切断电源时间不能满足移动式设备防电击要求时。

(3)为满足浴室、游泳池、医院手术室、农牧业等场所对防电击的特殊要求时。

(4)为满足防雷和信息系统抗干扰的要求时。

11.3.2 联结线和辅助等电位连接端子板的选用

1. 端子板的选用

联结线和辅助等电位连接端子板宜采用铜质材料，等电位连接端子板应满足机械强度要求。

2. 联结线

一般等电位联结线的截面面积：总等电位联结线最小值为 6 mm² 铜线，局部和辅助等电位联结线最小值为 2.5 mm² 铜线或 4 mm² 铜线(无机械保护时)。如采用铝线或钢线，则应加大截面面积。

11.3.3 等电位联结的安装要求

(1)给水系统的水表需加跨接线，保证水管的等电位联结和接地的有效。

(2)装有金属外壳排风机、空调器的金属门、窗框，或靠近电源插座的金属门、窗框以及距外露可导电部分伸臂范围内的金属栏杆、吊顶龙骨等金属体需做等电位联结。

(3)等电位联结内的各联结导体间的连接可采用焊接和压接。在腐蚀性场所应采取防腐措施，如热镀锌或加大导线截面面积等。

(4)等电位联结端子板应采取螺栓连接，以便拆卸，进行定期检测。

(5)等电位联结线应有黄绿相间的色标，在等电位联结端子板上应刷黄色底漆并标以黑色的符号，其符号为▽。

(6)对每个电源进线的处理：每个电源进线都需做各自的总等电位联结，所有总等电位联结系统之间应就近互相连通，使整个建筑物电气装置处于同一电位水平上。

(7)关于浴室的局部等电位联结：如果浴室内无 PE 线，浴室内的局部等电位联结不得与浴室外的 PE 线相连，原因是 PE 线有可能别处的故障而带电位；如果浴室内有 PE 线，浴室内的局部等电位联结必须与该 PE 线相连。

(8)对于暗敷的等电位联结线及连接处，电气施工人员应做隐检记录及检测报告。对于隐蔽部分的等电位联结线及连接处，应在竣工图上注明其实际走向和部位。

(9)为保证等电位联结的顺利施工和安全运行，电气、土建、水、暖等施工和管理人员需密切配合。管道检修时，应在断开管道前预先接通跨接线，以保证等电位联结的始终导通。

1. 雷电的形成及危害。雷电是由于雷云与大地或雷云与雷云之间的放电产生的。雷电的危害表现在直击雷的破坏作用、雷电的二次破坏作用和引入高电位的危害。

2. 建筑物的防雷等级及防雷措施。防雷等级分为三类，第一类防雷要求最高，民用建筑主要是第二类、第三类防雷等级。对于第一类、第二类民用建筑，应有防直接雷击和防雷电波侵入的措施；对于第三类民用建筑，应有防止雷电波沿低压架空线路侵入的措施，至于是否需要防止直接雷击，应根据实际情况来判断。

避雷针、避雷线、避雷网、避雷带、避雷器都是为防止雷击而采用的防雷装置。一个完整的防雷装置包括接闪器、引下线和接地装置。

3. 防雷与接地装置的安装。包括接闪器的安装、防雷引下线的安装、接地装置的安装。

4. 接地的种类及作用。特别要注意保护接地与保护接零的区别。

5. 低压配电系统的接地形式。包括 IT 系统、TT 系统、TN 系统，常用的 TN 系统又包括 TN-C 系统、TN-S 系统、TN-C-S 系统，在建筑内部广泛采用 TN-S 系统。

6. 等电位联结。包括总等电位联结、辅助等电位联结、局部等电位联结。注意等电位联结与接地的区别。

课后评价

一、选择题

1. 大型施工现场临时用电应采用(　　　)。
   A. TN-S 系统　　　B. TN-C 系统　　　C. IT 系统　　　D. TT 系统

2. 在正常或事故情况下，为保证电气设备可靠运行，而对电力系统中性点进行的接地，称为(　　　)。
   A. 保护接地　　　B. 工作接地　　　C. 重复接地　　　D. 防雷接地

3. 防雷装置不包括(　　　)。
   A. 绝缘装置　　　B. 接闪器　　　C. 引下线　　　D. 接地装置

二、判断题

1. 重复接地的电阻为 30 Ω。　　　　　　　　　　　　　　　　　　　　　(　　　)

2. TN-S 系统中中性线与保护线有一部分是共同的，有一部分是分开的。　(　　　)

3. 避雷针、避雷线、避雷带和避雷网都是接闪器。　　　　　　　　　　　(　　　)

4. PE 线和 PEN 线上不允许设开关或熔断器。　　　　　　　　　　　　　(　　　)

5. 等电位联结需要接地。　　　　　　　　　　　　　　　　　　　　　　(　　　)

三、简答题

1. 简述防雷装置的组成及作用。

2. 何谓人工接地体和自然接地体？

3. 接地的种类有哪些？为什么家用电器不采用保护接地？

任务 12　建筑弱电系统

工作任务	建筑弱电系统
教学模式	任务驱动
任务介绍	建筑中的弱电主要有两类：一类是国家规定的安全电压等级及控制电压等低电压电能，有交流与直流之分，交流36 V以下，直流24 V以下，如24 V直流控制电源，或应急照明灯备用电源；另一类是载有语音、图像、数据等信息的信息源，如电话、电视、计算机的信息。 　　人们习惯把弱电方面的技术称为弱电技术。其主要包括：综合布线工程，主要用于计算机网络；通信工程(如电话)、电视信号工程(如电视、监控系统、有线电视)；智能工程，如楼宇自动控制系统、智能消防系统、安全防范系统
学有所获	1. 熟悉有线电视系统的组成和主要设备的安装要求。 2. 熟悉电话通信系统的组成、室外电话电缆和室内线路的敷设要求。 3. 熟悉火灾自动报警系统的主要功能、工作方式及安装要点。 4. 了解保安系统、有线广播音响系统及综合布线系统的安装要点。 5. 掌握建筑弱电施工图的识读方法，能够识读建筑弱电施工图

任务导入

随着计算机技术的飞速发展，软硬件功能的迅速强大，各种弱电系统工程和计算机技术的完美结合，使以往弱电系统的各种分类不再那么清晰。各类工程的相互融合，逐步形成一套完善的系统。弱电工程在整个电气工程中所占比例逐步攀升，而且要求越来越高。

任务分解

本任务主要介绍建筑弱电工程施工图识图、有线电视系统安装、电话通信系统安装、火灾自动报警系统安装等内容。

任务实施

12.1　建筑弱电工程识图

12.1.1　建筑弱电系统概述

建筑弱电系统包括电话、有线电视、计算机网络、有线广播、电控门和保安系统等。建筑弱电系统涉及的知识范围较为广泛，掌握各部分弱电系统的基础知识对弱电系统识图非常重要。因此，应了解弱电系统中所涉及的各种设备的基本功能和特点、工作方式、技术参数，这些对了解整个系统极为重要。例如，消防系统中各种探测器的特点、应用场所、适用范围、信号的传递方式、系统联动控制执行过程等，都涉及相关的技术知识，只有对弱电系统有较好的理解，才能对施工图有较为深入的了解和掌握。

12.1.2　建筑弱电施工图的识读方法

由于建筑弱电工程的专业性较强，它的安装、调试和验收一般由专业施工队伍或厂家的专业人员来做，而土建施工部门只需按施工图样预埋线管、箱、盒等设施，按指定位置预留洞口和预埋件。能够读懂建筑弱电施工图，完成弱电系统的前期施工和准备工作，对实现建筑物和小区的整体功能是非常重要的。建筑弱电施工图的识读方法如下：

(1)按系统图认真阅读设计说明，了解工程概况和要求，同时注意弱电设施、强电设施与建筑结构的关系。

(2)建筑弱电施工图的识读顺序一般为：通信电缆的总进线—室内总接线箱(盒)—干线—分接线箱(盒)—支线—室内插座。

识读建筑弱电施工图时，应熟悉施工要求，预埋箱、盒、管的型号和位置要准确无误，预留洞的尺寸和位置要正确，并注意各种弱电线路和照明线路的相互关系。

12.1.3　火灾自动报警及联动控制系统图的识读

1. 火灾自动报警及联动控制系统图的识读要点

火灾自动报警及联动控制系统图主要反映系统的组成、设备和元件之间的相互关系，阅读时应主要阅读火灾自动报警及联动控制平面图和消防平面图。

(1)火灾自动报警及联动控制平面图。火灾自动报警及联动控制平面图主要反映设备器件的安装位置，管线的走向及敷设部位、敷设方式，管线的型号、规格及根数。

(2)消防平面图。通过阅读消防平面图，可进一步了解火灾探测器、手动报警按钮、电话插口等设备的安装位置，以及消防线路的敷设部位、敷设方法和管线的型号、规格、管径大小等情况。

阅读消防平面图时，先从消防中心开始，到各楼层的接线端子箱，再到各分支线路的走向、配线方式及与设备的连接情况等。消防系统中常用的图形符号见表12.1。

表 12.1　消防系统中常用的图形符号

名称	图形符号	名称	图形符号	名称	图形符号
火灾报警装置	⊟	报警电话插口	⊓	区域显示器	Fi
感温探测器	⏚	手动报警装置	Y	广播扬声器	◺
感烟探测器	⚡	消火栓报警按钮	⊗	消防接线箱	JX

2. 火灾自动报警及联动控制系统图的识读实例

火灾自动报警及联动控制系统图如图12.1所示。

(1)火灾报警控制器是一种可现场编程的二总线制通用报警控制器，既可用作区域报警控制器，又可用作集中报警控制器。该控制器最多有 8 对输入总线，每对输入总线可带探测器和节点型信号127个；最多有两对输出总线，每对输出总线可带32台火灾显示盘。火灾报警控制器通过串行通信方式将报警信号送入联动控制器，以实现对建筑物内消防设备的自动、手动控制。其通过另一串行通信接口与计算机联结，实现对建筑的平面图、着火部位等的彩色图形显示。每层设置一台火灾显示盘，可作为区域报警控制器。火灾显示盘可进行自检，内装有 4 个输出中间继电器，每个继电器有输出触点 4 对，可控制消防联动设备。

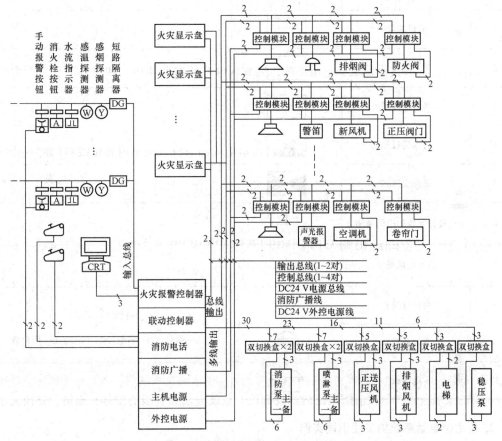

图 12.1　火灾自动报警及联动控制系统图

（2）联动控制器中一对（最多有 4 对）输出控制总线（三总线控制）可控制 32 台火灾显示盘（或远程控制器）内的继电器，以达到对每层消防联动设备的控制。输出控制总线可接 256 个信号模块，设有 128 个手动开关，用于手动控制火灾显示盘（或远程控制箱）内的继电器。

（3）消防电话连接二线直线电话，二线直线电话一般设置于手动报警按钮旁，只需将手提式电话机的插头插入电话插孔，即可和总机（消防中心）通话。消防电话的分机可向总机报警，总机也可呼叫分机进行通话。

（4）消防广播装置由联动控制器实现着火层及其上、下层的紧急广播的联动控制。当有背景音乐（与火灾事故广播兼用）的场所发生火警时，由联动控制器通过其执行件（控制模块或继电器盒）实现强制切换到火灾事故广播的状态。

12.1.4　电话系统施工图识读

1. 电话系统施工图识读要点

电话系统施工图主要表示系统的配线方式，交接箱、分线箱、电话出口线缆的型号及规格等。电话系统平面图表示设备的安装位置、线路的走向及敷设方式等。

电话系统施工图中的图形符号见表 12.2。

表 12.2　电话系统施工图中的图形符号

序号	名称	图形符号	备注
1	总配线架	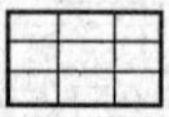	
2	中间配线架	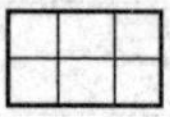	
3	架空交接箱		
4	落地交接箱		
5	壁龛交接箱		
6	在地面安装的电话插座	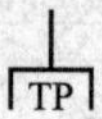 TP	
7	直通电话插座	 PS	
8	室内分线盒		可加注 $\dfrac{A-B}{C}D$
9	室外分线盒		A—编号；B—容量；C—线号；D—用户数
10	电话机		

2. 住宅楼电话系统施工图识读实例

某住宅楼电话系统施工图如图 12.2 所示。

从图 12.2 中可以看到，进户使用 HYA-50(2×0.5) 型电话电缆，电缆为 50 对线，每根线芯的直径为 0.5 mm，穿管直径为 50 mm 的焊接钢管埋地敷设。电话组线箱 TP-1-1 为一个 50 对线电话组线箱，型号为 STO-50。箱体尺寸为 400 mm×650 mm×160 mm，安装高度距离地面 0.5 m。进线电缆在箱内与本单元分户线和分户电缆及到下一单元的干线电缆连接。下一单元的干线电缆为 HYV-30(2×0.5) 型电话电缆，电缆为 30 对线，每根线芯的直径为 0.5 mm，穿管直径为 40 mm 的焊接钢管埋地敷设。

一、二层用户线从电话组线箱 TP-1-1 引出，各用户线使用 RVS 型双绞线，每条的直径为 0.5 mm，穿管直径为 15 mm 的焊接钢管埋地沿墙暗敷设(SC15-FC-WC)。从 TP-1-1 到三层电话组线箱用一根 10 对线电缆，电缆线型号为 HYV-10(2×0.5)，穿管直径为 25 mm 的焊接钢管沿墙暗敷设。在三层和五层各设一个电话组线箱，型号为 STO-10，箱体尺寸为 200 mm×280 mm×120 mm，均为 10 对线电话组线箱，安装高度距离地面 0.5 m。三层到五层也使用一根 10 对线电缆。三层和五层电话组线箱分别连接上下层四户的用户电话出线口，均使用 RVS 型双绞线，每条直径均为 0.5 mm。每户内有两个电话出线口。

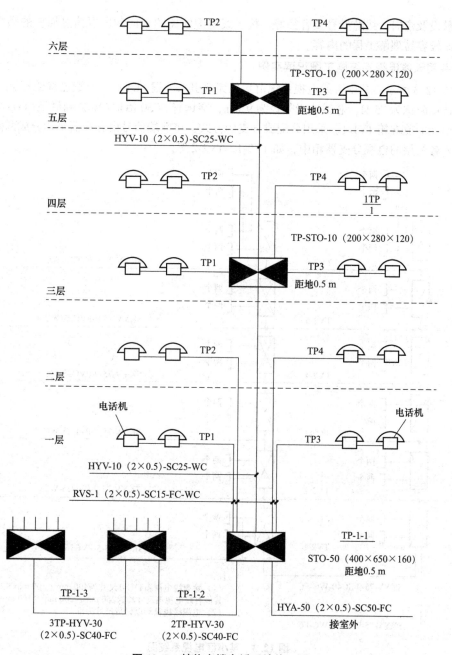

图 12.2 某住宅楼电话系统施工图

12.1.5 共用天线电视系统施工图识读

1. 共用天线电视系统施工图识读要点

共用天线电视系统施工图主要有系统图、平面图和设备安装详图等。共用天线电视系统图主要反映系统的组成，主干电缆、分支电缆的型号规格，电视接线箱规格等。其设计时根据相关部门的规定，可以选择设备，确定参数；也可以只设计管线、箱体、电视信息插座，具体设备型号、规格由有线电视管理部门确定。有线电视平面图主要反映各种设备的安装位置、干线电缆的敷设及走向、线缆型号及管径等。按干线电缆线路的走向到电视信息插座的顺序阅读系统图，比较容易理解工程的内容。

2. 共用天线电视系统施工图识读实例

如图 12.3 所示，共用天线电视系统由室外穿墙引来一根 SKYV-75-9 聚乙烯绝缘耦芯同轴电缆，其特性阻抗为 75 Ω，芯线绝缘外径为 9 mm，穿钢管 SC50 沿墙（WC）和沿地（FC）暗敷设到一楼一单元的前端箱 TV1-1。采用分配或分支的方式，将前端信号由分配器平均分成两路，每路分别引入各楼层的电视分支器箱中，如 TV2-1、TV2-2 等。

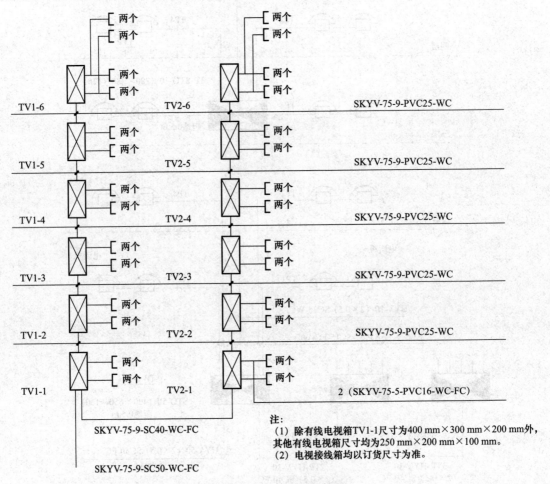

注：
(1) 除有线电视箱 TV1-1 尺寸为 400 mm×300 mm×200 mm 外，其他有线电视箱尺寸均为 250 mm×200 mm×100 mm。
(2) 电视接线箱均以订货尺寸为准。

图 12.3　某小区电视系统图

楼层电视分支箱中串接一个四分支器，将电视信号分配给 4 个输出端[电视插座（TV）]，分支电缆线选用 SKYV-75-5 型耦芯同轴电缆，穿管直径为 16 mm 的阻燃塑料管（PVC16）沿地和沿墙暗敷设。

分配器和分支器的型号规格由有关部门确定。楼层电视接线箱规格：前端箱 TV1-1 尺寸为 400 mm×300 mm×200 mm，其他楼层电视箱尺寸均为 250 mm×200 mm×100 mm。

12.2 有线电视系统安装

12.2.1 有线电视系统的组成

有线电视(Community Antenna Television，CATV)系统是通信网络系统的一个子系统，它由共用天线电视系统演变而来，是住宅建筑和大多数公用建筑必须设置的系统。CATV 系统一般采用同轴电缆和光缆来传输信号。CATV 系统由前端系统、信号传输分配网络和用户终端 3 部分组成。

1. 前端系统

前端系统主要包括电视接收天线、频道放大器、频率变换器、自播节目设备、卫星电视接收设备、导频信号发生器、调制器、混合器及连接线缆等部件。

2. 信号传输分配网络

信号传输分配网络分无源和有源两类。无源信号传输分配网络只有分配器、分支器和传输电缆等无源器件，其可连接的用户较少。有源信号传输分配网络增加了线路放大器，因此其连接的用户数量可以增多。线路放大器多采用全频道放大器，以补偿用户数量增多、线路增长后的信号损失。

3. 用户终端

有线电视系统的用户终端是供给电视机电视信号的接线器，又称为用户接线盒，分为暗盒与明盒两种。

12.2.2 有线电视系统主要设备的安装

有线电视系统主要设备的安装主要包括天线安装、前端设备安装、线路敷设、系统调试、防雷接地和系统供电等。

1. 天线安装

天线应安装在水平坚实的地表上。天线的方向是背北朝南，天线的正前方 100 m 内不应有高大的建筑物或茂密的树木遮挡，附近要采取避雷措施。

固定天线的方法有两种：一种是通过在固定面上打孔，使用膨胀螺栓将天线固定；另一种是使用沉重的方形石块或方形铸铁将天线的底座牢牢压住，将天线平行于地面安装。

2. 前端设备安装

前端设备俗称前端箱。前端箱一般分为箱式前端箱、台式前端箱和柜式前端箱 3 种。

(1)箱式前端箱明装于前置间内时，箱底距地 1.2 m；暗装时，箱底距地面 1.2～1.5 m。

(2)台式前端箱安装在前置间内的操作台桌面上，高度不宜小于 0.8 m，且应牢固。

(3)柜式前端箱宜落地安装在混凝土基础上面。

3. 线路敷设

(1)干线传输部分安装。干线传输电缆常用同轴电缆，有 SYV 型、SYFV 型、SDV 型、SYWV 型、SYKV 型、SYDY 型等，其特性阻抗均为 75 Ω。同轴电缆的种类有实心同轴电缆、耦芯同轴电缆、物理高发泡同轴电缆，其结构如图 12.4 所示。

在地下穿管或直埋电缆线路中安装干线放大器时，应保证干线放大器不被水浸泡，可将干线放大器设置在金属箱内并采取防水措施，也可将干线放大器安装在地面上。干线放大器所接输入、输出电缆均应留有余量，以防电缆收缩时插头脱落；连接处应采取防水措施。

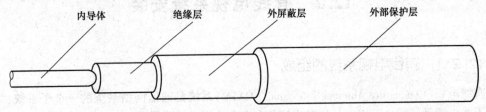

内导体　　绝缘层　　外屏蔽层　　外部保护层

图 12.4　同轴电缆的结构

（2）分支传输网络安装。进入户内的电缆可在墙上明敷，也可穿管暗敷。分配器和分支器应按施工图设计的标高、位置进行安装。

（3）用户终端盒安装。明装用户终端盒可直接用塑料胀管和木螺钉固定在墙上，如图 12.5（a）所示；暗装用户终端盒应配合土建施工将盒及电缆保护管埋入墙内，盒口应和墙面保持平齐，面板可略高出墙面，如图 12.5（b）所示。

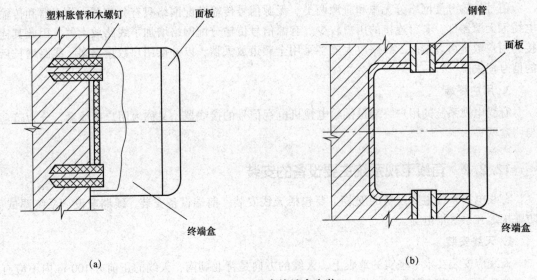

塑料胀管和木螺钉　　面板　　　　　　　　　　钢管　　面板

终端盒　　　　　　　　　　　　　　　　　　　终端盒

　　　　（a）　　　　　　　　　　　　　　　（b）

图 12.5　用户终端盒安装

（a）明装；（b）暗装

4. 系统调试

系统安装完毕后先要对天线、前端、干线和分配网络依次进行调试，检查各点信号的电平值是否符合设计和规范的要求，并做好调试记录，然后进行系统的统调。

5. 防雷接地

电视天线防雷与建筑物防雷采用同一组接地装置，接地装置应做成环状，接地引下线不少于两根。在建筑物屋顶面上不得明敷天线馈线或电缆，且不能利用建筑物的避雷带做支架进行敷设。

6. 系统供电

共用天线电视系统采用 50 Hz、220 V 电源作为系统工作电源。前端箱与配电箱的距离一般不小于 1.5 m。

12.3 电话通信系统安装

12.3.1 电话通信系统的组成

电话通信系统是通信系统的主要内容之一。电话通信系统由三部分组成，即用户终端设备、电话传输系统和电话交换设备。

1. 用户终端设备

用户终端设备主要将用户的声音信号转换成电信号或者将电信号还原成声音信号。用户终端设备有多种，常见的有电话机、电话传真机和用户电报等。

2. 电话传输系统

电话传输系统负责各交换点之间的信息传递。在电话网中，传输系统分为用户线和中继线两种。

3. 电话交换设备

电话交换设备是电话通信系统的核心。电话通信最初是在两点之间通过原始的受话器和导线的连接由点的传导来进行，若仅需要在两部电话机之间进行通话，只要用一对导线将两部电话机连接起来就可以实现。但如果有成千上万部电话机需要互相通话，那么需要有电话交换设备。

12.3.2 室外电话电缆敷设

1. 架空电缆敷设

架空电缆敷设宜在 100 对及以下。冰冻严重地区不宜采用架空电缆敷设。电话电缆用钢丝应架空吊挂敷设。架空电话电缆不宜与电力线路同杆架设，若同杆架设，则应采用铅包电缆（外皮接地），且与低压 380 V 线路相距 1.5 m 以上。架空电话电缆与广播线同杆架设时，其间距不应小于 0.6 m。架空电缆的杆距一般为 35~45 m，电缆与路面的距离为 4.5~5.5 m。电话电缆也可沿墙卡设，卡钩间距为 0.5~0.7 m，距地面为 3.5~5.5 m。

2. 管道电缆敷设

管道电缆敷设采用的管道有混凝土多孔管块及钢管、塑料管、石棉水泥管等。

多孔管块的内径一般为 90 mm，管道上皮距离地坪一般为 0.7 m。

钢管、塑料管、石棉水泥管用作主干管道时内径不宜小于 75 mm，用作分支电缆管道时内径不宜小于 50 mm。对钢管需做防腐处理，缠包浸透沥青的麻被或打在素混凝土内保护。

塑料管及石棉水泥管均需在四周用 10 mm 厚混凝土保护。每段管道长不应大于 150 m，管道埋深一般为 0.8~1.2 m。

当室外电话电缆与市内电话管道有接口要求或者对线路有较高要求时，室外电话电缆宜采用管道电缆敷设。

3. 直埋电缆敷设

直埋电缆敷设一般采用钢带铠装电话电缆。在坡度大于 30°的地段或电缆可能承受拉伸力的地段需采用钢带铠装电话电缆。

在直埋电缆四周铺 50~100 mm 厚的砂或细土，并在上面盖一层砖或混凝土板进行保护。电话电缆穿越道路时常用钢管保护；直线段每隔 200 m，以及盘留点、转弯点及与其他管路交叉点应设电缆标志，进入室内应穿管引入。

12.3.3 室内电话线路敷设

室内电话通常利用综合布线系统来完成通信。根据《综合布线系统工程验收规范》(GB/T 50312—2016)，综合布线系统包括配线子系统、干线子系统和工作区子系统等。综合布线系统施工工艺流程为线槽、桥架敷设—配线子系统通信线路敷设—干线子系统通信线路敷设—信息插座模块安装—配线架安装—接地—线缆端接—信息插座端接—系统测试。

1. 配线子系统通信线路敷设

配线子系统通信线路一般采用五类、六类、七类的4对双绞线，应用高宽带时，可以采用光缆。

根据智能建筑的特点，配线子系统通信线路的敷设通常采用两种主要形式，即地板下或地平面中敷设与楼层吊顶敷设。

2. 干线子系统通信线路敷设

干线子系统通信线路一般采用大对数线缆、光缆，也可以采用4对双绞线，沿弱电竖井敷设。

3. 工作区子系统设置

工作区子系统由自配线子系统的信息插座模块延伸到终端设备处的连接线缆及适配器组成。工作区通信线路包括自电话出线盒至通信终端的线路组成部分。

电话出线盒一般设于工作场所、住宅的起居室或主卧室、宾馆的床头柜后及卫生间内。电话出线盒宜暗设，应采用专用出线盒或插座，不得使用其他插座代替；其安装高度以底边距室内地面计算，一般在房间为 0.2～0.3 m，在卫生间为 1.4～1.5 m。

在电话出线盒一侧宜安装一个单相220 V 电源插座，以备数据终端使用，两者距离宜为 0.5 m，电话插座应与电源插座齐平。室内出线盒与通信终端相接部分的连线不宜超过 7 m，可在室内明配线或在地板下敷设。

12.4 火灾自动报警系统安装

12.4.1 火灾自动报警系统的工作流程

火灾自动报警系统的工作流程如图 12.6 所示。

当火灾发生时，在火灾的初期阶段，根据现场探测到的情况，火灾探测器(温度探测器、可燃气体探测器等)将首先发送信号给各所在区域的报警显示器及消防控制室的中央处理区域报警显示器，或者火灾探测器将直接发信号给中央处理器，然后用手动报警器或消防专用电话报告给中央处理器。

消防系统中央处理器在收到报警信号后，迅速进行火情确认。当确认火情后，中央处理器将根据火情及时做出一系列预定的动作指令，如及时开启着火层及上下关联层的疏散警铃，消防广播通知人员尽快疏散；打开着火层及上下关联层电梯前室、楼梯前室的正压风机及过道内的排烟系统，同时停止空调机、抽风机、送风机的运行；启动消防泵、喷淋泵，开启紧急诱导照明灯；迫降电梯回底层，普通电梯停止运行，消防电梯紧急运行。

如果所设置的火灾自动报警控制系统是智能型的，那么整个系统将以计算机数据处理传输进行信息报警和自动控制。系统将利用智能类比式探测器在所监测的环境范围中采集烟浓度或温度对时间变化的综合信息数据，并与系统中央处理器数据库中存有的大量火情资料进行分析比较，迅速分清信号是真实火情所致，还是环境干扰的误报(这在常规探测系统中是难以办到的)，从而准确地发出实时火情状态警报，联动各消防设备投入灭火。

不同的建筑物，其使用性质、重要性、位置环境条件、火灾所带来的危害程度、管理模式

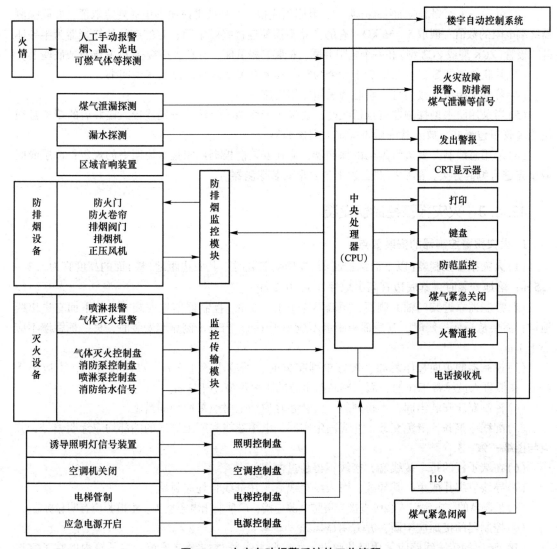

图 12.6　火灾自动报警系统的工作流程

各有不同，所构成的火灾报警控制系统方式也不同，应设置与其性质、等级相配的火灾自动报警控制系统。所以，设计人员在设计时应首先认真分析工程的建设规模、用途、性质、等级等条件，从而确定并构成与其相适应的火灾自动报警控制系统。

12.4.2　火灾探测器安装

火灾探测器是火灾自动报警系统的检测元件，它将火灾初期所产生的热、烟或光转变为电信号，当其电信号超过某一确定值时，传递给与之相关的报警控制设备。它的工作稳定性、可靠性和灵敏度等技术指标直接影响着整个消防系统的运行。探测器安装时应注意以下问题：

（1）探测器有中间型和终端型之分。每分路（一个探测区内的火灾探测器组成的一个报警回路）应有一个终端型探测器，以实现线路故障监控。一般来说，感温探测器的探头上有红色标记的为终端型，无红色标记的为中间型。感烟探测器上的确认灯为白色发光二极管者为终端型，而确认灯为红色发光二极管者为中间型。

（2）最后一个探测器应加终端电阻 R，其阻值应根据产品技术说明书中的规定取值，并联探测器终端电阻的数值一般取 5～56 kΩ。有的产品不需要连接终端电阻；有的产品的终端器为半导体硅二极管(ZCK 型或 ZCZ 型)和一个电阻并联，安装二极管时，其负极应接在 24 V 端子或底座上。

（3）并联探测器数目一般以少于 5 个为宜，其他有关要求见产品技术说明书。

（4）若要求设装设外接门灯，则必须采用专用底座。

（5）当采用防水型探测器有预留线时，要采用接线端子过渡，分别连接。接好后的端子必须用绝缘胶布包缠好，放入盒内后再固定火灾探测器。

（6）采用总线制并要进行编码的探测器，应在安装前根据厂家技术说明书的规定，按层或区域事先进行编码分类，然后按照上述工艺要求安装探测器。

12.4.3　火灾报警控制器安装

1. 火灾报警控制器的安装要点

（1）火灾报警控制器(以下简称控制器)在墙上安装时，其底边距地(楼)面的高度宜为 1.3～1.5 m；落地安装时，其底边宜高出地坪 0.1～0.2 m。

（2）控制器靠近其门轴的侧面，距墙不应小于 0.5 m。控制器落地安装时，柜下面有进出线地沟；需要从后面检修时，其后面板距墙不应小于 1 m，当有一侧靠墙安装时，另一侧距墙不应小于 1 m。

（3）控制器的正面操作距离：设备单列布置时，不应小于 1.5 m；双列布置时，不应小于 2 m；在值班人员经常工作的一面，控制盘至墙的距离不应小于 3 m。

（4）控制器应安装牢固，不得倾斜，安装在轻质墙上时应采取加固措施。

（5）配线应整齐，避免交叉，并应固定牢固，电缆芯线和所配导线的端部均应标明编号，并应与图纸一致。

（6）在端子板的每个接线端，接线不得超过两根。

（7）导线应绑扎成束，其导线、引入线穿线后，在进线管处应封堵。

（8）控制器的主电源引入线应直接与消防电源连接，严禁使用电源插头。主电源应有明显标志。

（9）控制器的接地应牢固，并有明显标志。

（10）竖向的传输线路应采用竖井敷设，每层竖井分线处应设端子箱，端子箱内的端子宜选择压接或带锡焊接的端子板，其接线端子上应有相应的标号。分线端子除作为电源线、故障信号线、火警信号线、自检线、区域号线外，宜设两根公共线供调试时通信联络用。

（11）消防控制设备的外接导线，当采用金属软管作为套管时，其长度不宜大于 2 m，且应采用管卡固定，其固定点间距不应大于 0.5 m。金属软管与消防控制设备的接线盒(箱)应采用锁母固定，并应根据配管规定接地。

（12）消防控制设备外接导线的端部应有明显标志。

（13）消防控制设备盘(柜)内不同电压等级、不同电流类别的端子应分开，并有明显标志。

（14）控制器(柜)接线应牢固、可靠，接触电阻宜小，线路绝缘电阻要求保证不小于 20 mΩ。

2. 火灾报警控制器的安装方法

（1）区域火灾报警控制器的安装。

1)安装控制器时，首先根据施工图中的位置确定其具体位置，量好箱体的孔眼尺寸，在墙上画好孔眼位置，然后进行钻孔，孔应垂直于墙面，使螺栓间的距离与控制器上的孔眼位置相同。安装控制器时应平直端正。

2)区域火灾报警控制器一般为壁挂式，可以直接安装在墙上，也可以安装在支架上。控制器底边距地面的高度不应小于 1.5 m。

3)控制器安装在墙面上可采用膨胀螺栓固定，若控制器质量小于 30 kg，则采用 $\phi8\times120$ 膨胀螺栓固定；若控制器质量大于或等于 30 kg，则采用 $\phi10\times120$ 膨胀螺栓固定。

4)若报警控制器安装在支架上，则应先将支架加工好，并进行防腐处理，然后在支架上钻好固定螺栓的孔眼，将支架装在墙上。

(2)集中火灾报警控制器的安装。

1)集中火灾报警控制器一般为落地式安装，柜下面有进出线地沟。

2)应将集中火灾报警控制箱(柜)、操作台安装在型钢基础底座上，一般采用 8～10 号槽钢，也可以采用相应的角钢。型钢的底座制作尺寸应与控制器的外形尺寸相符。

3)火灾报警控制设备经检查，内部器件完好、清洁整齐、各种技术文件齐全、盘面无损坏时，才可将设备安装就位。

4)报警控制设备固定好后，应进行内部清扫，用抹布将各种设备擦干净，柜内不应有杂物，同时应检查机械活动部分是否灵活，导线连接是否紧固。

小贴士

一般设有集中火灾报警控制器的火灾自动报警系统的控制柜都较大。竖向的传输线路应采用竖井敷设，每层竖井分线处应设端子箱，端子箱内最少有 7 个分线端子，分别作为电源负线、故障信号线、火警信号线、自检线、区域号线、备用 1 和备用 2 分线。两根备用公共线是供调试时通信联络用的。由于楼层多、距离远，在调试过程中用步话机联络不上，所以必须使用临时电话进行联络。

12.5 其他建筑弱电系统安装

12.5.1 保安系统安装

保安系统最初应用于军事领域，后来其应用领域逐步扩大到金融、商业、政府机关和工业、企业等的建筑，用于防止各种盗窃和暴力事件的发生。目前，保安系统已广泛应用于中档住宅、高档住宅、别墅等民用建筑，形成了多层次、立体化的保安系统。

1. 楼宅对讲式电控门保安系统

(1)楼宅对讲式电控门保安系统简介。如图 12.7 所示，对讲式电控门保安系统主要由对讲主机、用户分机、电控门及不间断电源等设备组成。对讲主机与用户分机之间采用总线制或多线制连接，通过主机面板上的按键可任意选择联通用户分机，进行双工对讲。电控门可通过用户分机上的开锁键开启，也可用钥匙随时开门进出，若加入闭路电视系统，则可构成较高档次的监控保安系统。

楼宅对讲式电控门保安系统主要用于住宅楼、写字楼等建筑；在其他重要建筑的入口、金库门、档案室等处，可以安装智能化程度较高的入口控制系统，想进入

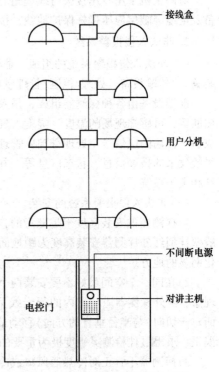

图 12.7 对讲式电控门保安系统

室内的合法用户需持用户磁卡经磁卡识别器识别，或在密码键盘输入密码后，方可入内，不可通过指纹、掌纹等生物辨识系统来判别申请入内者的身份，将非法入侵者拒之门外。采用这一系统，可以在楼宅控制中心掌握整个大楼内外所有出入口处的人流情况，从而提高安保效果和工作效率。

(2)楼宅对讲式电控门保安系统安装。

1)设备箱安装。设备箱的安装位置、高度等应符合设计要求；当无设计要求时，应安装在较隐蔽或安全的地方，底边距地面宜为 1.4 m。

设备箱明装时，箱体应按设计位置用膨胀螺栓固定，箱体应水平。

设备箱暗装时，箱体应紧贴建筑物表面用锁具固定，严禁采用电焊或气焊将箱体与预埋管焊在一起。

2)设备安装。电源箱通常安装在防盗铁门内侧墙壁上，距离电控锁不宜太远，一般在 8 m以内。电源箱正常工作时不可倒放或侧放。

门口对讲主机通常镶嵌在防盗门或墙体主机的预埋盒内。对讲主机底边距地不宜高于 1.5 m，操作面板应面向访客且便于操作。其安装应牢固可靠，并应保证摄像镜头的有效视角范围。

为防止雨水进入，门口对讲主机与墙之间要用玻璃胶堵住缝隙，对讲主机安装高度应保证摄像头距地面为 1.5 m。

室内机一般安装在室内的门口内墙上，安装高度中心距地面宜为 1.3～1.5 m，安装应牢固可靠，平直不倾斜。

联网型(可视)对讲系统的处理机宜安装在监控中心内或小区出入口的值班室内，安装应牢固可靠。

3)设备接线。接线前，对已经敷设好的线缆再次检查线间和线对地的绝缘，合格后才可按照设备接线图进行端接。

对讲主机采用专用接头与线缆进行连接，压接应牢固可靠，接线端应按图纸进行编号。设备及电缆屏蔽层应压接好保护地线，接地电阻值应符合设计要求。

2. 非法入侵报警系统

(1)非法入侵报警系统的组成。非法入侵报警系统通常由前端设备(包括探测器和紧急报警装置)、传输设备、处理/控制/管理设备和显示/记录设备构成。

前端设备由各种探测器组成，是入侵报警系统的触觉部分，相当于人的眼睛、鼻子、耳朵、皮肤等，可感知现场的温度、湿度、气味、能量等物理量的变化，并将其按照一定的规律转换成适于传输的电信号。处理/控制/管理设备主要是报警控制器。监控中心负责接收、处理各子系统发来的报警信息、状态信息等，并将处理后的报警信息、监控指令分别发往报警接收中心和相关子系统。

(2)非法入侵报警系统的安装。

1)探测器的安装高度不是随意的，高度不合理会直接影响其灵敏度和防小动物的效果，一般壁挂型红外探测器安装高度为距地面 2.0～2.7 m，且要远离空调、冰箱、火炉等空气温度变化明显的地方。

2)在同一个空间最好不要安装两个无线红外探测器，以避免发生因同时触发而互相干扰的现象；红外探测器应与室内的行走线呈一定的角度，因为探测器对于径向移动反应最不敏感，而对于切向(与半径垂直的方向)移动最为敏感。在现场选择合适的安装位置是避免红外探测器误报、求得最佳检测灵敏度极为重要的一环。

3)探测器不宜正对冷热通风口或冷热源。红外探测器感应作用与温度的变化具有密切的关系，冷热通风口和冷热源均有可能引起探测器的误报，对有些低性能的探测器，有时门窗的空气对流也会造成误报。

4)不宜正对易摆动的大型物体。物体大幅度摆动可瞬间引起探测区域的突然气流变化，因此同样可能造成误报。应注意，非法入侵系统安装探测器的目的是防止犯罪分子非法入侵，在确定安装位置之前，必须考虑建筑物主要出入口。

5)红外探测器的种类有普通的红外探头、幕帘、高级红外探测器和三鉴广角探测器等类型，从10 m到25 m，从双元红外到双鉴再到多鉴，从防宠物到防遮挡、防摆动，从壁挂式到吸顶式等。应根据需要考虑防范空间的大小、周边的环境、出入口的特性等实际状况选择合适的探测器。

小贴士

保安系统的设计与施工必须保密，所有的线路及设备安装均应隐蔽和可靠。在进行室内装修时，不得将系统内的设备和线路随意移动，以确保系统能发挥其应有的作用。

12.5.2 有线广播音响系统安装

1. 有线广播音响系统的分类

有线广播音响系统是一种宣传和通信工具，由于该系统的设备简单，维护使用方便，影响大，易普及，因此被普遍采用。有线广播音响系统通常可分为下列3种类型：

(1)业务性广播音响系统。业务性广播音响系统是指设置于办公楼、商场、教学楼、车站、客运码头等建筑物内，以满足业务和行政管理等要求为主的语言广播系统。该系统一般较简单，在设计和设备选型上没有过高的要求。

(2)服务性广播音响系统。服务性广播音响系统是以背景音乐和对客房进行广播为主的广播系统，如大型公共活动场所和宾馆、饭店内的广播系统。

(3)火灾事故广播音响系统。对具有综合防火要求的建筑物，特别是高层建筑，应设置火灾事故广播音响系统，用于发生火灾时或在其他紧急情况下，指挥扑救火灾并组织引导人员疏散。该系统对运行的可靠性有很高的要求，应保证在发生紧急情况时仍然能正常工作。

2. 有线广播音响设备的安装

有线广播音响系统中的设备主要有扩音设备、扬声器及广播线路等。

(1)扩音设备。扩音机是扩音设备的主机，其功率输出有定阻输出和定压输出两种方式。在定压输出方式中，负荷在一定范围内变化时，其输出电压能保持一个定值，可使扩音系统获得较好的音质。因此，建筑物内的有线广播音响系统常采用定压输出方式。定压输出方式扩音机的输出电压一般为120 V。

(2)扬声器。扬声器可分为电动式扬声器、静电式扬声器和电磁式扬声器等，其中，电动式扬声器应用最广。选择扬声器时应考虑其灵敏度、频率响应范围、指向性和功率等因素。

在办公室、生活间、客房等场所，可采用1～2 W的扬声器。其在墙、柱等处明装时的安装高度为2.5 m，也可嵌入吊顶内暗装。用于走廊、门厅及商场、餐厅处的背景音乐或业务广播的扬声器可采用3～5 W的纸盆扬声器，安装间距为层高的2～2.5倍；当层高大于4 m时，也可采用小型声柱。

(3)广播线路。室内广播线一般采用铜芯双股塑料绝缘导线(如RVB或RVS型)，导线截面面积为(2×0.5)mm²或(2×0.8)mm²。导线应穿钢管沿墙、地坪或吊顶暗敷，钢管的预埋和穿线方法与强电线路相同。

有线广播音响系统接线应根据系统原理图，通过分线箱内的接线端子排将广播系统内的有关设备进行有序连接。如图12.8所示为宾馆、饭店等建筑内常用的背景音乐广播与火灾广播系统原理。

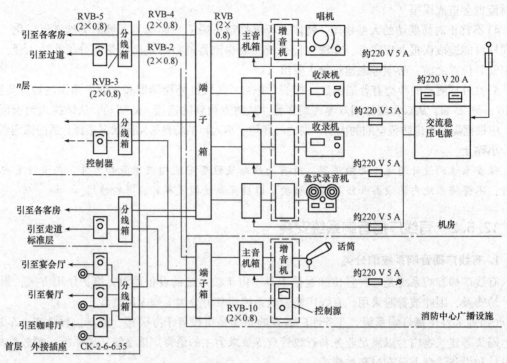

图 12.8　常用背景音乐广播与火灾广播系统原理图

12.5.3　综合布线系统安装

综合布线系统(Premise Distribution System, PDS)又称为开放式布线系统,它将建筑物内部的语音交换设备、智能数据处理设备及其他数据通信设施相互连接起来,并采用必要的设备与建筑物外部数据网络或电话线路相连接。综合布线系统的出现,打破了数据传输和语音传输之间的界限,使不同的信号能在同一条线路上传输,为综合业务数据网络(Integrated Services Digital Network, ISDN)的实施提供了传输保证。

1. 综合布线系统的组成

综合布线系统一般由工作区子系统、管理子系统、水平子系统、干线了系统、设备间子系统和建筑群子系统组成,如图 12.9 所示。

(1)工作区子系统。工作区子系统是指通过信息插座、跳线、适配器和其他信息连接设备,与用户使用的各种设备连接的部分。用户可使用的设备包括电话、数据终端、计算机设备及控制器、传感器、可视设备等弱电通信设备。

(2)管理子系统。管理子系统是结构化的综合布线系统中用于实现不同功能的重要组成部分,它可在不同的通信系统之间建立起灵活管理的"桥梁"。管理子系统包括双绞线跳线架和跳线,在有光纤的布线系统中,还应有光纤跳线架和光纤跳线。这样,当终端设备位置或局域网的结构变化时,往往只需改变跳线方式,而无须重新布线即能满足用户的需要。

(3)水平子系统。水平子系统是指从工作区子系统的信息插座出发,连接管理区子系统通信交叉配线设备的线缆部分,其作用是将干线子系统线路延伸到用户工作区。水平子系统一般布置在同一层楼上,其一端接在信息插座上,另一端接在楼层配线间的跳线架上。

(4)干线子系统。干线子系统是指用于将管理区子系统的配线间与设备间子系统或建筑群子

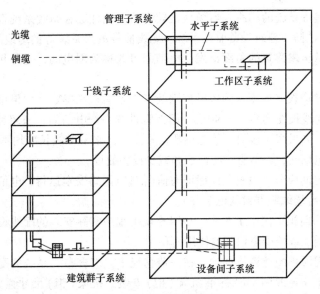

图 12.9　综合布线系统

系统相连接的主干线缆部分，它采用大对数的电缆馈线或光缆，两端分别端接在设备间和管理间的跳线架上。

（5）设备间子系统。设备间子系统是由设备间内的电缆、连接跳线架及有关支撑硬件、防雷保护装置等组成的。可以说是整个配线系统的中心单元，因此它的布放、造型及环境条件的考虑适当与否，直接影响到将来信息系统的正常运行及维护和使用的灵活性。

（6）建筑群子系统。建筑群子系统（或建筑群接入子系统）是将多个建筑物的数据通信信号连成一体的布线系统，它包括各种线缆、连接硬件、保护设备和其他将建筑物之间的线缆与建筑物内的布线系统相连接所需要的各种设备。

综合布线系统能够满足建筑物内部及建筑物之间的所有计算机、通信设备及楼宇自动化系统设备的需求。目前，国内已建成的综合布线系统中，绝大多数采用国外的通信与网络公司的产品。这些产品共同的特点：可将各种语音、数据、视频图像，以及楼宇自动化系统中的各类控制信号在同一个系统布线中传输；在室内各处设置标准的信息插座，由用户根据需要采用跳线方式选用；系统中信号的传输介质，可按传输信号的类型、容量、速率和带宽等因素，选用非屏蔽双绞线、光缆或两者的混合布线。

2. 综合布线系统的安装方法

（1）工作区。

1）工作区通信引出端（又称信息插座）的安装工艺宜符合以下规定：

安装在地面上的信息插座接线盒应有防水和抗压的性能。柱子上的信息插座底盒下侧、多用户信息插座盒底部离地面的高度宜为 300 m；当房间内设置活动地板时，上述高度必须保证，务必增加活动地板的安装高度。

2）工作区的电源配置和安装工艺应符合以下规定：

①每个工作区至少应配置 1 个 220 V 交流电源插座，其安装位置应便于使用。

②工作区的电源插座应选用带保护接地的单相电源插座，保护接地与零线应严格分开，

（2）电信间。电信间又称交接间或接线间等，是指专门安装综合布线系统楼层配线设备和计算机系统楼层网络设备集线器或交换机，并可根据场地情况设置电缆竖井、等电位接地体，电

源插座，UPS配电箱等设施的场所。当场地比较宽裕，允许综合布线系统设备与弱电系统设备（如建筑物的安防、消防、建筑设备监控系统、无线信号覆盖系统等的缆线线槽和功能模块）设置在同一场所时，从房屋建筑的角度出发，电信间可改称为弱电间，它是相对于电力线路的强电间而区分的。

1）电信间的数量应按其所服务的楼层范围及工作区面积来确定。如果该楼层信息点数量不大于 400 个，水平缆线长度均不大于 90 m，那么宜设置一个电信间；当超过这一范围时，宜设两个或多个电信间，如果每个楼层的信息点数量较少，且水平缆线长度均不大于 90 m，那么可几个楼层合设一个电信间，以节省房间面积和减少设备数量。

2）电信间与强电间应分开设置，以保证通信（信息）网络安全运行，电信间内或其紧邻处应设置电缆竖井（有时称缆线竖井或弱电竖井）。

3）电信间的使用面积不应小于 5 m^2，也可根据工程中实际安装的配线设备和网络设备的容量进行调整，即可增加或减少电信间的使用面积。

上述电信间使用面积的计算依据为：在一般情况下，综合布线系统的配线设备和计算机网络设备采用 19 in（1 in ≈ 2. 54 cm）标准机架（柜）安装。机架（柜）尺寸通常为 600 mm（宽）×900 mm（深）×2 000 mm（高），共有 42 U（1 U = 44. 45 mm，42 U 容量的机架的外观高度是 2 000 mm）的安装机盘的空间。在机架（柜）内可以安装光纤连接盘、RJ45（24 口）配线模块、多线对卡接模块（100 对）、理线架、计算机系统集线器或交换机设备等。如果按建筑物每层电话和数据信息点各为 200 个考虑配置上述设备，大约需要两个 19 in（42 U）的机架（柜）空间。当电信间内同时设置了内网、外网或专用网时，考虑它们的网络结构复杂、网络规模扩大、设备数量增多和便于维护管理等因素，19 in 机架（柜）应分别设置，并在保持一定间距的情况下预测和估算电信间的面积。

4）电信间的设备安装和电源要求应参照相关标准对设备间的规定办理。

5）电信间应采用向外开的丙级防火门，门宽大于 0. 7 m。电信间的温、湿度是按配线设备要求提出的，电信间内温度应为 10 ℃ ~35 ℃，相对湿度宜为 20% ~80%。如在机架（柜）中安装计算机信息网络设备（如集线器、交换机），其环境条件应满足设备提出的要求。温、湿度的保证措施由空调专业负责考虑解决。

3. 综合布线系统工程的特点

（1）工程内容较多且很复杂。综合布线系统工程包含的子系统项目数量较多，既有屋内，又有屋外；在安装工艺方面要求较高且很复杂，既有细如头发的光纤，也有吊装体型较大的预制水泥构件。

（2）技术先进、专业性强，安装工艺要求较高。随着光通信的加入，综合布线系统的安装工艺要求更加严格，未经专业培训的人员是不允许参与操作或进入工程现场的。

（3）涉及面极为广泛，对外配合协调工作很多，且有一定的技术难度。只有做好各方面的工作，才能确保工程质量和施工进度。

（4）由于外界干扰影响的因素较多，工程施工周期容易被延长，尤其是屋外施工部分，更需及早采取相应措施，妥善处理、细致安排。

（5）工程现场比较分散，安装施工人员流动作业也多，设备和布线部件的品种类型较多，且价格较高，工程管理有相当的难度。

上述关于安装工艺的要求，均以总配线架等设备所需的环境要求为主，适当考虑了安装少量计算机系统等网络设备的情况。若设备与用户程控电话交换机、计算机网络系统等设备合装在一起，则电信间或设备间的安装工艺要求应执行相关标准中的规定。

1. 电话通信系统是由用户终端设备、电话传输设备和电话交换设备三大部分组成。

2. 计算机网络的功能是实现网络中资源共享和数据通信。计算机网络的组成可以划分为 3 个部分：用于连接各局域网的骨干网部分、智能楼宇内部的局域网部分以及连接 Internet 网络的部分。计算机网络设备主要有服务器、工作站、网卡、集线器、交换机、网关、网桥、路由器等。

3. 有线电视系统由信号源及前端系统、干线系统、用户分配系统 3 个部分组成。有线电视系统中设备较多，应了解它们的功能。

4. 建筑电话通信系统工程图、计算机网络系统工程图、有线电视系统工程图都是由系统图和平面图组成，是指导具体安装的依据。

5. 火灾自动报警系统由两大部分组成：探测报警子系统、自动减灾灭火系统。根据建筑防火分类和火灾自动报警系统保护对象分级，火灾自动报警系统有区域报警系统、集中报警系统、控制中心报警系统三种。确保消防联动设备在火灾发生时能正常发挥效益的控制称为消防设备的联动控制。火灾自动报警与联动控制系统工程图主要由系统图和平面图组成。

课后评价

一、填空题

1. 建筑弱电系统包括_____、_____、_____、_____、_____和_____等。

2. 电话系统施工图主要表示系统的_____、_____、_____、_____和_____等。电话系统平面图表示设备的_____、_____和_____等。

3. 有线电视(CATV)系统由_____、_____和_____ 3 部分组成。

4. 有线电视系统主要设备的安装主要包括_____、_____、_____、_____、_____和_____等。

5. 电话通信系统由三部分组成，即_____、_____和_____。管道电缆敷设采用的管道有_____、_____、_____和_____等。

6. 有线广播音响系统通常可分为_____、_____、_____ 3 种类型。

二、简答题

1. 简述有线电视系统主要设备的安装流程。

2. 火灾探测器安装时应注意哪些问题？

3. 简述火灾报警控制器的安装要点。

4. 简述集中火灾报警控制器的安装要点。

参 考 文 献

[1]中华人民共和国住房和城乡建设部．GB 50015—2019 建筑给水排水设计标准[S]．北京：中国计划出版社，2019．

[2]中华人民共和国建设部，中华人民共和国国家质量监督检疫总局．GB 50242—2002 建筑给水排水及采暖工程施工质量验收规范[S]．北京：中国建筑工业出版社，2002．

[3]中华人民共和国住房和城乡建设部．CJJ/T 29—2010 建筑排水塑料管道工程技术规程[S]．北京：光明日报出版社，2011．

[4]中华人民共和国住房和城乡建设部．GB 50974—2014 消防给水及消火栓系统技术规范[S]．北京：中国计划出版社，2014．

[5]中华人民共和国住房和城乡建设部．GB 50243—2016 通风与空调工程施工质量验收规范[S]．北京：中国计划出版社，2017．

[6]中华人民共和国住房和城乡建设部．GB 50303—2015 建筑电气工程施工质量验收规范[S]．北京：中国建筑工业出版社，2016．

[7]中华人民共和国住房和城乡建设部．GB 50057—2010 建筑物防雷设计规范[S]．北京：中国计划出版社，2011．

[8]中华人民共和国住房和城乡建设部，中华人民共和国国家质量监督检疫总局．GB/T 50106—2010 建筑给水排水制图标准[S]．北京：中国建筑工业出版社，2011．

[9]中华人民共和国住房和城乡建设部，中华人民共和国国家质量监督检疫总局．GB/T 50114—2010 暖通空调制图标准[S]．北京：中国建筑工业出版社，2011．

[10]中华人民共和国住房和城乡建设部．CJJ/T 78—2010 供热工程制图标准[S]．北京：中国计划出版社，2011．

[11]中华人民共和国住房和城乡建设部．GB/T 50786—2012 建筑电气制图标准[S]．北京：中国建筑工业出版社，2012．

[12]汤万龙．建筑设备安装识图与施工工艺[M]．4 版．北京：中国建筑工业出版社，2020．

[13]王东萍．建筑设备与识图[M]．北京：机械工业出版社，2019．